SASプログラミング

SAS Programming

宮岡 悦良・吉澤 敦子 [著]

共立出版

はじめに

　SAS (Statistical Analysis System) は，非常に強力なデータ処理とデータ解析のソフトウェアである．現在広く使われている汎用統計ソフトウェアであり，非常に高度なプログラミング言語でもある．

　本書は，SASを使ったことをある人を対象として，特にデータ処理として利用するためにSASプログラミングを学ぶことを目的としている．たとえば，拙著『データ処理のためのSAS入門』(朝倉書店) 程度の知識はあるものとしている．統計処理については，SASのような汎用統計ソフトを利用するためには，きちんとした理解が必要となるので，それぞれ適切な専門書を参考にしていただきたい．

　本書は，SASプログラミング，マクロ機能，グラフ機能，SQL，そして，対話型行列言語であるIMLの簡潔なガイドであり，SASを実務で利用する人が必要なプログラミングの詳細などをわかりやすく著している．拙著『SASハンドブック』(共立出版) からの抜粋を含め，東京理科大学理学部二部数学科でのSASの講義をもとにして，新たにいくつかのトピックを付け加えている．

　なお，本書のプログラムを動かすのに必要なプロダクトは，SAS/BASE®，SAS/STAT®，SAS/GRAPH®，SAS/IML®，version9.3である．完全なマニュアルはonline helpを参照のこと．

　本書で用いているほとんどのプログラムは共立出版のホームページ

　　　　　　http://www.kyoritsu-pub.co.jp/bookdetail/9784320110557

に掲載している．

　本書の出版にあたり，終始ご尽力いただいた共立出版株式会社 社長 南條光章氏，岩下孝男氏，吉村修司氏には，心からお礼申し上げたい．

2013年6月　著者

○本書で使用しているフォント

数字：0123456789

英字：ABCDEFGHIJKLMNOPQRSTUVXYZ
　　　Abcdefghijklmnopqrstuvwxyz

数字：0123456789

英字：ABCDEFGHIJKLMNOPQRSTUVXYZ
　　　Abcdefghijklmnopqrstuvwxyz

記号："（ダブルクォート）　'（シングルクォート）　`（バックシングルクォート）
　　　/（スラッシュ）　;（セミコロン）　:（コロン）

1, l, I, 0, O, o の違いに注意

1	l	I
（いち）	（エル小文字）	（アイ大文字）
0	O	o
（ゼロ数字）	（オー大文字）	（オー小文字）

○本書で使用している規則

記号	意味
<,>	省略可能なオプション．<> は入力しないが，カンマ (,) は必要．
</>	省略可能なオプション．<> は入力しないが，スラッシュ (/) は必要．
|	いくつかの選択可能オプションがある場合，それぞれのオプションを区切って表示するために用いた記号であり，実際には，| は入力しない．またこれらのうち，いくつかのオプションを指定する．複数のオプションを指定する場合は半角空白で区切る．
/	/（スラッシュ）を入力し，その後にオプションを指定する．省略した場合は，デフォルト値が用いられる．

引数など任意の文字列や数値はイタリック（斜体）で表記している．

目 次

第1章　基本プログラミング　・・・・・・・・・・・・・・・・・・1

1.1　はじめに　2
　　(1.1.1)　SASプログラムの例　2
　　(1.1.2)　ExcelファイルからのSASデータセットの作成　6
1.2　データセットの加工　13
　　(1.2.1)　フォーマット（出力形式）の指定（proc format）　13
　　(1.2.2)　データセットの情報の表示（proc contents）　18
　　(1.2.3)　値の一部の抽出（substr関数）　20
1.3　いろいろなタイプのデータ入力　22
　　(1.3.1)　オブザベーションのカウント（通し番号 _N_）　22
　　(1.3.2)　lag関数を用いた読み込み　24
　　(1.3.3)　繰り返し測定データの読み込み　25
　　(1.3.4)　データの結合（横方向の連結）　26
　　(1.3.5)　グループの最初と最後のオブザベーションの検出（first, last）　32
　　(1.3.6)　欠損値データの読み込み1（missover）　35
　　(1.3.7)　欠損値データの読み込み2（値999を．に変換）　36
　　(1.3.8)　欠損値データの読み込み3（値NA, naを．に変換）　36
　　(1.3.9)　日付データの取り扱い　37
　　(1.3.10)　年齢の計算　38
　　(1.3.11)　文字値から数値への変換（input関数）　39
1.4　Excelファイルへの出力　40
　　(1.4.1)　結果ビューアに出力された数表，統計量の保存　40
　　(1.4.2)　EXPORTプロシジャを利用したSASデータセットのExcelへの出力　41
　　(1.4.3)　DDEの機能を用いたSASの計算結果のExcelへの保存　41
第1章　付録　43
　1A　データセット　43
第1章　演習　45

第 2 章　統計グラフ ・・・・・・・・・・・・・・・・・・・・ 51

- 2.1　さまざまな統計グラフ（SGPLOT プロシジャ）　51
  - (2.1.1)　棒グラフ　51
  - (2.1.2)　要約棒グラフ　53
  - (2.1.3)　棒グラフと折れ線グラフの重ね合わせ　55
  - (2.1.4)　ラインプロット（折れ線グラフ）　56
  - (2.1.5)　箱ひげ図　58
  - (2.1.6)　ヒストグラムと密度曲線グラフ　60
  - (2.1.7)　散布図　61
  - (2.1.8)　直線，曲線の当てはめ　62
  - (2.1.9)　ベクトルプロット　65
- 2.2　グラフの比較（SGSCATTER プロシジャ）　66
- 2.3　分類変数の値で比較するグラフ（SGPANEL プロシジャ）　69
- 2.4　グラフテンプレートを利用したグラフ（SGRENDER プロシジャ）　72
  - (2.4.1)　テンプレート　72
  - (2.4.2)　ダイナミック変数　77
- 第 2 章　付録　82
  - 2A　SGPLOT プロシジャの基本構文　82
  - 2B　ODS 統計グラフの基礎知識　83
    - (2B.1)　ODS スタイル　83
    - (2B.2)　SG グラフの Web リンク処理　84
    - (2B.3)　RTF 形式への出力　85
  - 2C　マーカーシンボルのリスト　85
  - 2D　線種のリスト　86
  - 2E　データラベルの設定　86
- 第 2 章　演習　87

第 3 章　SAS マクロ ・・・・・・・・・・・・・・・・・・・・・ 91

- 3.1　マクロ変数　93
  - (3.1.1)　SAS マクロ変数　93
  - (3.1.2)　マクロ変数への値の代入 ― %let ステートメント　93
  - (3.1.3)　マクロ変数の値の表示 ― %put ステートメント　96
  - (3.1.4)　マクロ変数の使用例　96
  - (3.1.5)　'（シングルクォート）と"（ダブルクォート）の文字処理　97
  - (3.1.6)　展開されたマクロ変数の確認　98

- 3.2 マクロ　99
  - (3.2.1) プログラム全体のマクロ　99
  - (3.2.2) マクロ変数を含んだマクロ　100
  - (3.2.3) 展開されたプログラムの確認　100
  - (3.2.4) PROC ステップ，および，DATA ステップのマクロ　101
- 3.3 マクロのパラメータ（引数）　103
  - (3.3.1) パラメータ（引数）　103
  - (3.3.2) 定位置パラメータ　103
  - (3.3.3) キーワードパラメータ　104
  - (3.3.4) パラメータのデフォルト値　104
  - (3.3.5) コメント文　106
- 3.4 グローバルマクロ変数とローカルマクロ変数　107
  - (3.4.1) グローバルマクロ変数とローカルマクロ変数の違い　107
  - (3.4.2) マクロ変数の属性の変更　108
  - (3.4.3) %global ステートメントと %local ステートメント　108
- 3.5 自動マクロ変数　109
- 3.6 マクロ処理の流れ　110
- 3.7 プログラム制御　112
  - (3.7.1) マクロのネスティング　112
  - (3.7.2) %if−%then ステートメント　112
  - (3.7.3) 反復処理　115
  - (3.7.4) %goto と%label による指定したラベルの実行　119
  - (3.7.5) && による複数のマクロ変数の展開　120
  - (3.7.6) マクロ変数とテキストの識別　121
  - (3.7.7) 単純移動平均の例　121
- 3.8 マクロ関数　124
  - (3.8.1) 数値の属性を与える ― %eval と&sysevalf 関数　124
  - (3.8.2) 文字列の操作　127
  - (3.8.3) SAS 関数を利用する ― %sysfunc 関数　128
- 3.9 DATA ステップとのインターフェース　130
  - (3.9.1) DATA ステップで処理した値をマクロ変数に格納する　130
  - (3.9.2) DATA ステップから，マクロを実行する　133
- 3.10 乱数の応用　133
- 3.11 ストアードマクロ　139
- 第 3 章 付録　142
  - 3A マクロ関数　142
  - 3B 自動マクロ変数　144

3C　マクロのデバッグ　145
　　（3C.1）　%put ステートメント　145
　　（3C.2）　デバッグ用システムオプション　146
第 3 章　演習　148

第 4 章　SQL　153

4.1　データ検索と操作　154
　　（4.1.1）　データ検索　154
　　（4.1.2）　デバッグ　162
　　（4.1.3）　複数のテーブルの参照　164
　　（4.1.4）　テーブルの結合（join 句）　167
　　（4.1.5）　RDB タイプのテーブルの連結例　173
　　（4.1.6）　副照会　175
　　（4.1.7）　セット演算子　177
4.2　テーブルの作成と削除　179
　　（4.2.1）　select ステートメント出力の新しいテーブルの作成　179
　　（4.2.2）　新規テーブルの作成　180
　　（4.2.3）　既存テーブルと同じ変数属性で新規テーブルを作成　182
4.3　既存のテーブルへの行の追加や削除　184
　　（4.3.1）　行の追加　184
　　（4.3.2）　行の削除　185
第 4 章　付録　187
　　4A　SQL プロシジャの基本構文と主な処理の内容　187
　　4B　演算子　187
第 4 章　演習　189

第 5 章　IML　193

5.1　IML の基本知識　195
　　（5.1.1）　IML の起動と終了　195
　　（5.1.2）　IML の行列ルール　196
5.2　ベクトルと行列　197
　　（5.2.1）　代入　197
　　（5.2.2）　スカラー　197
　　（5.2.3）　ベクトル　197
　　（5.2.4）　行列　199
　　（5.2.5）　繰り返し成分のある行列　200

(5.2.6) 連番　200
5.3 行列の演算　201
　　　(5.3.1) 演算　201
5.4 SAS 関数　207
　　　(5.4.1) 行列の操作に関する関数とサブルーチン　207
　　　(5.4.2) スカラー関数　213
　　　(5.4.3) 確率に関する関数　214
　　　(5.4.4) 乱数関数　218
5.5 行列成分　220
　　　(5.5.1) 行列の成分，行・列の操作　220
5.6 数学への応用　224
　　　(5.6.1) 多項方程式の解　224
　　　(5.6.2) 行列のランク　224
　　　(5.6.3) 連立方程式の解　227
　　　(5.6.4) 固有値・固有ベクトル　231
5.7 統計への応用　234
　　　(5.7.1) 平均，分散など　234
　　　(5.7.2) 対応のある t 検定　240
　　　(5.7.3) 線形回帰　241
　　　(5.7.4) 一要因分散分析　246
5.8 SAS / IML プログラミング　250
　　　(5.8.1) IML のプログラミングステートメント　250
　　　(5.8.2) if−then/else ステートメント　250
　　　(5.8.3) do ステートメント　251
5.9 IML モジュール　254
　　　(5.9.1) モジュール　254
　　　(5.9.2) ユーザー関数　255
　　　(5.9.3) 引数なしのモジュール　257
第 5 章 付録　259
　5A　print ステートメント　259
　5B　reset ステートメント　260
　5C　mattrib ステートメント　262
　5D　submit, endsubmit ステートメント　264
第 5 章 演習　266

巻末付録　269

　A　出力に関する設定（プリファレンスダイアログ）　269

x 目次

    A.1 結果タブ　269

B　SAS バッチモード　272

    B.1 メニューから実行する　272

    B.2 SAS コマンドで実行する　273

    B.3 SAS バッチジョブの中止　275

    B.4 バッチジョブの再実行　275

C　SAS Enterprise Guide　277

    C.1 SAS Enterprise Guide を使う　278

        C.1.1 SAS データセットを使う　278

            （C.1.1.1）SAS データセットをダブルクリックして，SAS EG を起動する　278

            （C.1.1.2）エクスプローラのポップアップメニューから，SAS EG を起動する　279

            （C.1.1.3）メニューから SAS EG を起動する　280

        C.1.2 Excel ファイルから読み込む　281

        C.1.3 データを直接入力する　286

        C.1.4 フォーマットの設定　287

        C.1.5 新しい変数の作成（クエリビルダ）　291

        C.1.6 データセットのサブセット（フィルタ）　295

    C.2 グラフを描く　296

    C.3 データ分析　298

        （C.3.1）記述統計量：それぞれの変数の特性をみる　298

        （C.3.2）money 変数（所持金）を ctime 変数（通学時間）から求める回帰分析を行う　299

    C.4 クエリビルダを使う　300

    C.5 プロジェクトの保存とオープン　301

D　データセット　303

    D.1 データセット health　303

    D.2 データセット survey　305

参考文献　307

索引　309

第1章 基本プログラミング

SASシステムを起動すると，Windows版のような対話型モード[1]では，次の初期画面が表示され，右側にエディタ，ログウィンドウ，アウトプットウィンドウが表示され，左側にエクスプローラと結果タブが表示される（重なっている場合もある）．

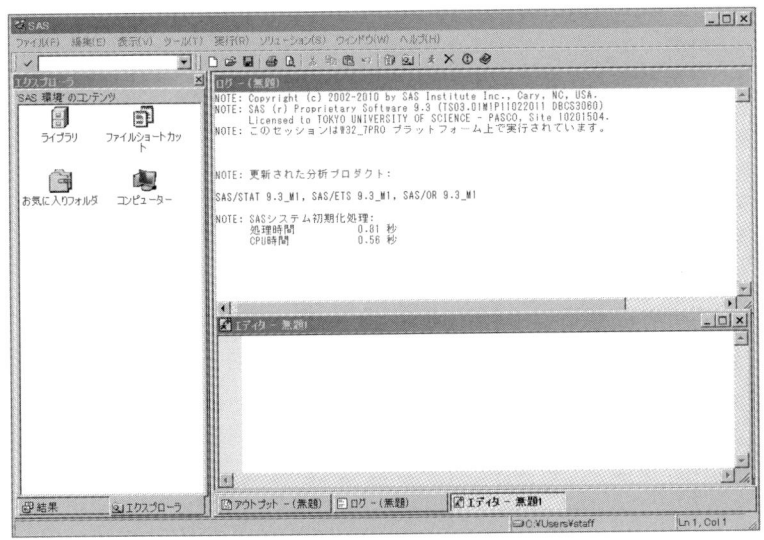

SASを利用するには，SAS独自のプログラミングを習得する必要があり，右側のエディタにSASプログラムを入力し，実行を繰り返しながら，データ処理を進めていく．

プログラミングを進めていくと，次のような出力が得られる．

本書では，SASを効率よく利用するために，実務でよく利用するプログラミングの方法を中心に紹介する．

---

[1] バッチモードについては，巻末付録Bを参照．

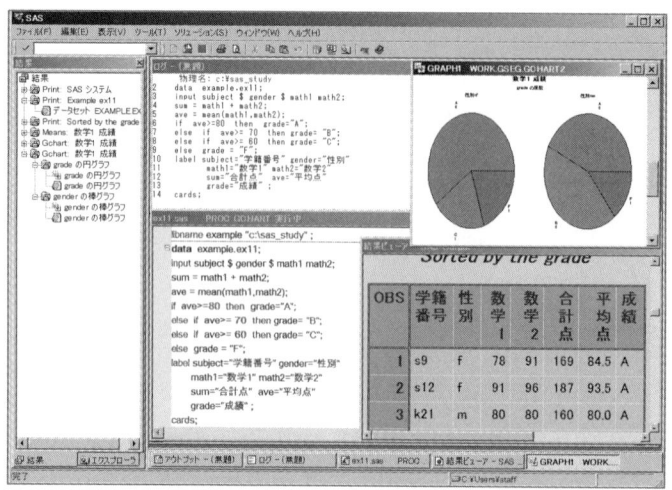

SASプログラムは，次の2つのステップといわれる部分を組み合わせて構築される．それぞれのステップは，キーワードとそれに続く引数などからなるSASステートメントの集まりからなる．

DATAステップ	キーワードdataで始まり，データの入力，加工，編集などを行い，SASデータセット[2]を作成する．
PROCステップ	キーワードprocで始まり，SASデータセットのデータの集計，解析，出力などを行う．

```
グローバルステートメント；
DATA データセット名；
  SAS ステートメント；
  ‥‥‥
run；
PROC プロシジャ名；
  SAS ステートメント；
  ‥‥‥
run；
```

各ステートメントは，セミコロン（；）で終了する．この2つのステップの他に，出力全体に関するオプションを設定するグローバルステートメント（optionsなど）を適宜挿入することにより，出力の設定を変更することができる．

グローバルステートメントは，プログラム中，SASステートメントとSASステートメントの間であればどこにでも挿入することができ，変更するまで有効となる．

1.1 はじめに

(1.1.1) SASプログラムの例

Program 1.1.1.1は，学生12名の数学1，数学2の成績データを含むSASデータセットを作成する．DATAステップに生データを入力し，ex11という名前のデータセットを作成する．

---

[2] SASデータセットについては，章末付録1A「データセット」を参照．

生データは，学生の学籍番号，性別，数学 1 と数学 2 の点数を含み，それぞれの変数名を subject, gender, math1, math2 とする．また，数学 1 と数学 2 の合計点，平均点，成績ごとのグループ分けを行い，新しい変数を追加する．すべての変数には，変数ラベルを割り当てる．

Program 1.1.1.1

```
data ex11;
input  subject $  gender $  math1  math2;
sum = math1 + math2;
ave = mean(math1, math2);
if  ave >=80  then  grade="A";
else  if  ave >= 70  then  grade= "B";
else  if  ave >= 60  then  grade= "C";
else  grade = "F";
label  subject="学籍番号"  gender="性別"
   math1="数学1"  math2="数学2"
   sum="合計点"  ave="平均点"
   grade="成績";
cards;
s002  m  89   68
s003  m  69   77
s004  f  54   68
s009  f  78   91
s012  f  91   96
s013  m  63   44
k021  m  80   80
k023  f  56   61
k024  m  72   79
k026  f  89   89
s103  m  91  100
s106  m  90   98
;
run;
```

プログラムの解説

1 行目：ex11 という名前のデータセットを作成する DATA ステップを始める．

2 行目：生データから，変数 subject, gender, math1, math2 を読み込む．$ が後ろにある subject, gender は文字型変数．それ以外は数値型変数．

3 行目：math1 と math2 の合計点を求め，変数 sum に代入する．

4 行目：mean 関数で math1 と math2 の平均を求め，変数 ave に代入する．

5 行目：ave >= 80 のとき，grade に A を代入する．

6～8 行目：ave の値ごとに grade に B, C, F を代入する．
A 以外，ave >= 70 のとき，grade に B
それ以外，ave >= 60 のとき，grade に C
それ以外，grade に F

9～12 行目：すべての変数に変数ラベルを作成する．

13 行目：cards ステートメントで，生データの入力を宣言する．

14～25 行目：入力する生データ．

26 行目：セミコロン（;）で生データの終了を宣言する．

27 行目：run ステートメントで，ステップの終わりを明示し，1 行目から 27 行目までを実行し，ex11 データセットを作成する．

DATA ステップを実行（サブミット）すると，ログウィンドウには，生成したデータセットと，オブザベーションと変数の数，処理時間などの情報が表示される．実行したプログラムにエラーやワーニング（警告）があった場合にもログウィンドウに表示されるので，プログラムを実行した後は，ログウィンドウを確認するとよい．

Program 1.1.1.1　実行時のログウィンドウの表示

```
NOTE: データセット EX11 は 12 オブザベーション，7 変数です．
NOTE: DATA ステートメント処理(合計処理時間):
    処理時間          0.10 秒
    CPU 時間          0.06 秒
```

次の PROC ステップで，ex11 データセットの表示，ソート，ソート済みデータセットを表示する．

Program 1.1.1.2

```
title    "Example ex11";
proc    print    data= ex11 ;
run;
title    "Sorted by the grade" ;
proc    sort    data=ex11  ;
    by    grade;
proc    print    label;
run;
```

プログラムの解説

1 行目： タイトルの定義．テキストはクォートで囲む．

2〜3 行目： PRINT プロシジャは，ex11 データセットの内容を表示する．

4 行目： グローバルステートメント (title) でタイトルを変更する．

5〜6 行目： ex11 データセットを grade 変数の値で並べ替える．デフォルトは昇順でソートされる．

7〜8 行目： grade 変数の値で並べ替えた ex11 データセットの内容を表示する．label オプションは，変数ラベルを表示する．data= を省略すると，直前に作成したデータセットを参照する．

Program 1.1.1.2 の出力

Example ex11								
OBS	subject	gender	math1	math2	sum	ave	grade
1	s002	m	89	68	157	78.5	B
2	s003	m	69	77	146	73.0	B
3	s004	f	54	68	122	61.0	C
4	s009	f	78	91	169	84.5	A
5	s012	f	91	96	187	93.5	A
6	s013	m	63	44	107	53.5	F
7	k021	m	80	80	160	80.0	A
8	k023	f	56	61	117	58.5	F
9	k024	m	72	79	151	75.5	B
10	k026	f	89	89	178	89.0	A

OBS	subject	gender	math1	math2	sum	ave	grade
11	s103	m	91	100	191	95.5	A
12	s106	m	90	98	188	94.0	A

Sorted by the grade

OBS	学籍番号	性別	数学1	数学2	合計点	平均点	成績
1	s009	f	78	91	169	84.5	A
2	s012	f	91	96	187	93.5	A
3	k021	m	80	80	160	80.0	A
4	k026	f	89	89	178	89.0	A
5	s103	m	91	100	191	95.5	A
6	s106	m	90	98	188	94.0	A
7	s002	m	89	68	157	78.5	B
8	s003	m	69	77	146	73.0	B
9	k024	m	72	79	151	75.5	B
10	s004	f	54	68	122	61.0	C
11	s013	m	63	44	107	53.5	F
12	k023	f	56	61	117	58.5	F

NOTE: SAS 9.2以降バージョンでは，デフォルトで，HTML形式で出力される[3]．

次のPROCステップでは，数表やグラフの作成，データ解析を行える．ex11データセットのmath1変数の記述統計量（MEANSプロシジャ）とグラフ（GCHARTプロシジャ）を作成してみる．

Program 1.1.1.3

```
title   "数学1 成績";
proc   means   data= ex11;
var   math1;
class   gender ;
proc   gchart   data= ex11;
pie   grade   /   group= gender   across=2;
hbar   gender   / sumvar=math1   type=mean   width=15  ;
run ;
```

[3] HTMLの出力スタイルを変更するには，メニューの［ツール］→［オプション］→［プリファレンス］の結果タブで行う．巻末付録Bを参照．

Program 1.1.1.3 の結果

数学 1 成績

MEANS プロシジャ

分析変数：math1 数学 1						
性別	オブザベーション数	N	平均	標準偏差	最小値	最大値
f	5	5	73.6000000	17.7002825	54.0000000	91.0000000
m	7	7	79.1428571	11.3347338	63.0000000	91.0000000

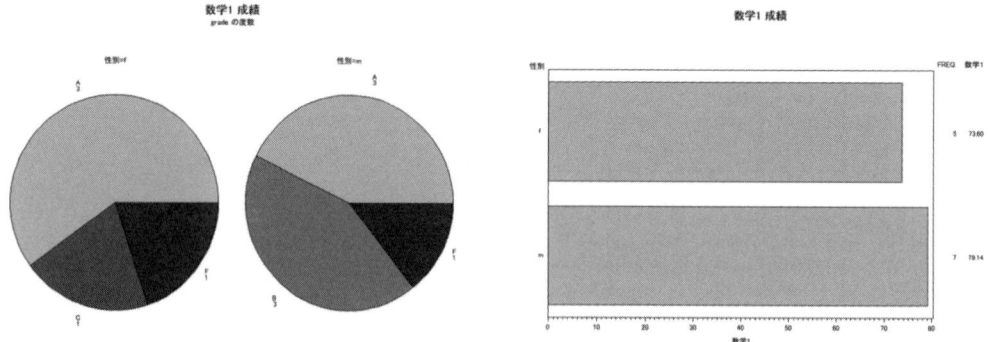

(1.1.2) Excel ファイルからの SAS データセットの作成

Excel ファイルに保存されたファイルから，SAS データセットを作成する．Excel ファイルには，25 人の学生の健康診断が health check シートに保存され，学生生活の満足度や今後の進路などのアンケート調査結果が student survey シートに保存されている．これら 2 つのシートを含む student.xls ファイルから，それぞれ SAS データセットを作成する[4]．

Table 1.1.2.1　student.xls の health check シート内容

変数名（列名）	内容	変数の型	内容
id	学籍番号	文字	
age	年齢	数値	
gender	性別	数値	0：男性　　1：女性
height	身長（cm）	数値	
weight	体重（kg）	数値	
sleeping	睡眠時間（時間）	数値	睡眠は時間単位
smoking	喫煙歴の有無	数値	0：禁煙歴なし　　1：喫煙
nsmoking	1 日の喫煙本数	数値	

---
[4] 直接データセットを作成するには巻末付録 D を参照．

Picture 1.1.2.1 student.xls の health check シートの内容

（i）インポートウィザードの利用[5]

student.xls の Excel ファイルの health check シートの 1 行目を変数名，2 行目以降をデータとする health データセットを，インポートウィザードを利用して作成する．インポートウィザードは，メニューから SAS データセットを作成するアプリケーションである．

インポートウィザードの起動は，［ファイル］→［データのインポート…］を選択する．読み込むファイルとして，デフォルトで Excel ファイルが既に選択されているため，［次へ］ボタンを選択する．

Picture 1.1.2.2 インポートウィザード

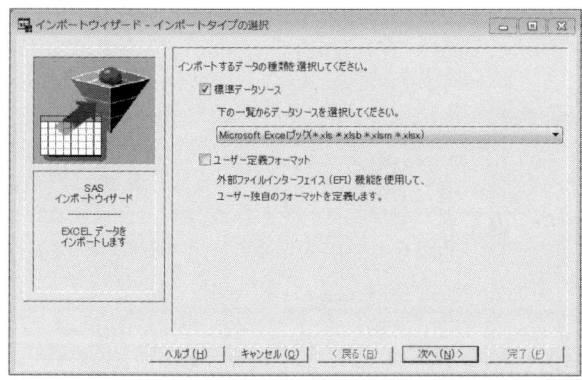

ワークブックには，student.xls ファイルの保存場所を指定する．［参照…］ボタンを選択すると，ファイル一覧が表示され，読み込む Excel ファイルを選択する．［OK］ボタンを選択して，ファイルを指定し，次の設定に進む．

---

[5] 64 bit 版 SAS 9.3 システムのインポートウィザードを使用した Excel の読み込み，書き込みは環境により実行できない場合がある．csv 形式や tab を区切り文字とするデータに変換してから，読み込むとよい．

Picture 1.1.2.3　ワークブックに読み込む Excel ファイルとその保存場所を指定する

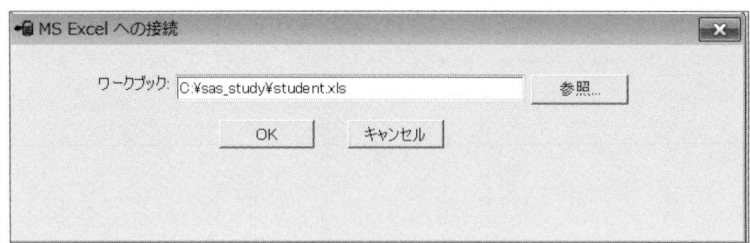

　SAS データセットに読み込むシートは，インポートするテーブルの右端にある，▼ボタンをクリックし，health check シートを選択する．このリストには，Excel データが含んでいるすべてのシートがリストされる．

Picture 1.1.2.4　Excel に含まれるシート一覧から，読み込むシートを選択する

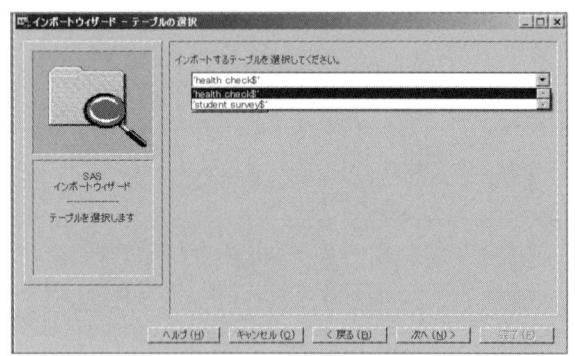

NOTE: Excel ファイルは，health check と student survey シートを含んでいるが，インポートするテーブルに表示されるシート名は，実際のシート名の最後に $ (ドル) が追加され，シングルクォートで囲まれたシート名が表示される．

Picture 1.1.2.5

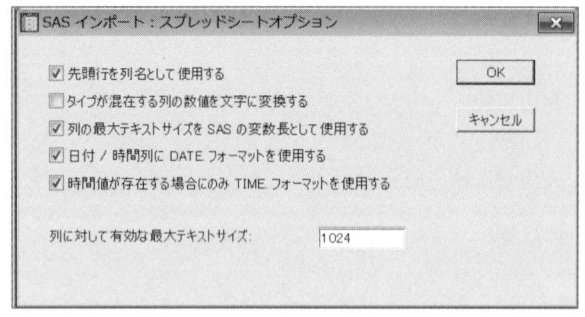

　Picture 1.1.2.4 のテーブル選択ウィンドウにある [オプション...] ボタンを選択すると，「スプレットシートオプション」ウィンドウが表示され，データセット生成時の特別な設定を行える．

　ここで，「先頭行を列名として使用する」がチェックされていることを確認する．

　Picture 1.1.2.4 のテーブル選択ウィンドウから，[次へ] ボタンを選択し，生成する SAS データセットの保存先のライブラリと，メンバーには，データセット名を指定する．入力後，[完了] ボタンをクリックすると，プログラムが自動的に生成されて，指定したライブラリに health データセットが作成される．ここでは，ライブラリを WORK，メンバーを health とする．

Picture 1.1.2.6 テーブル選択ウィンドウ

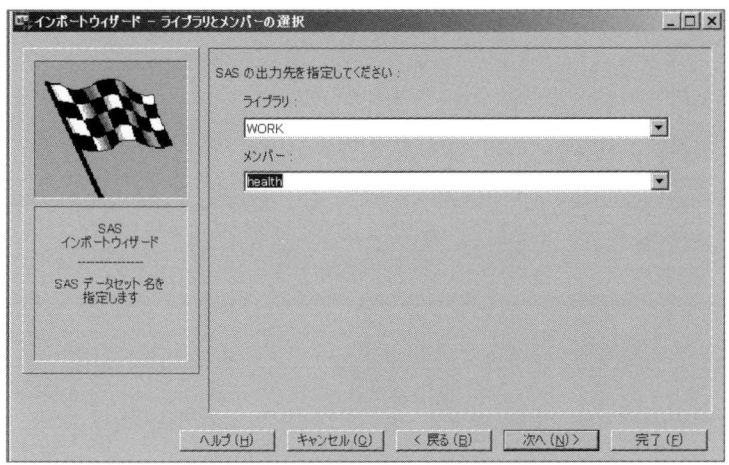

PRINT プロシジャを利用して，生成した health データセットの内容を確認する．

Program 1.1.2.1

```
proc print data=health;
run;
```

Program 1.1.2.1 の出力（health データセットの出力の抜粋）

OBS	id	age	gender	height	weight	sleeping	smoking	nsmoking
1	s001	20	1	162	50	7	0	0
2	s002	20	0	.	.	7	0	0
3	s003	20	0	178	74	4	1	10
4	s004	20	1	165	66	5	1	5
5	s005	20	0	173	85	8	1	7
6	s006	21	1	170	65	8	0	0
7	s007	21	0	180	78	5	1	5
8	s008	23	0	181	75	7	1	3
9	s009	23	1	166	54	6	0	0
10	s010	20	0	175	59	8	0	0

（ⅱ）IMPORT プロシジャで Excel データを読み込む[6]

IMPORT プロシジャを利用して，Excel ファイルから SAS データセットを作成してみる．

IMPORT プロシジャは，Excel や Access, SPSS, Stata などの SAS と異なるデータ形式の外部ファ

---

[6] インポートやエクスポートウィザード，IMPORT, EXPORT プロシジャを利用した Excel ファイルの操作が，実行できない場合がある．この場合，csv（カンマ区切り文字）や tab（タブ区切り）のデータに変換してから，読み込むとよい．

イルをSASデータセットに読み込むプロシジャである．

　IMPORTプロシジャは，インポートウィザードで利用され，マウス操作によって指定された情報をもとに，SASプログラムを自動生成するプロシジャとして使われる．インポートウィザードの最後のウィンドウで，「プログラムの保存先」を選択し，保存すると，生成されたプログラムの再検証や再実行をすることも可能である．

　次のプログラムは，Picture 1.1.2.1「student.xlsのhealth checkシートの内容」を，インポートウィザードと同じ条件で読み込むときのSASプログラムである．

Program 1.1.2.2

```
 proc   import   out= health
             datafile = "C:¥sas_study¥student.xls"
             dbms = EXCEL   REPLACE;
    sheet = "health check" ;
    getnames = YES;
    mixed = NO;
    scantext = YES;
    usedate = YES;
    scantime = YES;
run ;
```

プログラムの解説

1行目： out= に生成するSASデータセットを指定する．
2行目： datafile= には，読み込む外部ファイルのフルパスとファイル名を指定する．指定は必須．
3行目： dbms= には，読み込むファイル形式を指定する．REPLACEは，同じ名前のSASデータセットが存在した場合，上書きする．
4行目： sheet= に読み込むExcelのシート名をクォートで囲んで指定する．sheet= の代わりに，range= オプションで，range="health check$"; のように指定することもできる．
　　　　range= では，シート名の最後に$（ドル）を追加し，クォートで囲むことに注意する．
5行目： getnames=YES は，読み込むデータの1行目をSASデータセットの変数名にする．
6行目： mixed=YES は，数値と文字が混ざったデータ（列）を文字型変数として読み込む．
　　　　デフォルトはNOである．Excelファイルの読み込み時のみ有効なオプションである．
7行目： scantext= は，変数の長さに関するオプションである．YESを指定すると，読み込むデータ（列）の最大長をSASデータセットの変数の長さとする．
8行目： usedate=YES は，日付値の列をDATEフォーマット（SAS日付値）として読み込む．
9行目： scantime=YES は，時間値の列をTIMEフォーマット（SAS時間値）として読み込む．

（ⅲ）DDE を利用して Excel データを読み込む

DDE とは，Windows アプリケーションと SAS の間で，ダイナミックにデータ情報のやり取りを行う機能であるが，この DDE（Dynamic Data Exchange：動的データ交換）を利用して，Excel から SAS データセットを作成してみる．

Excel データの student survey シートを読み込み，survey データセットを作成する．

student survey シートは，1～3 行目が，変数の説明に割り当てられ，5 行目以降がデータである．また，読み込むデータの次の列（カラム）には，変数の内容が説明された部分も含み，読み込むデータ以外の情報を含んだ特殊な Excel ファイルである．

今回は，DDE のプログラミングの機能を使って，Excel ファイルの読み込みを行う．Excel データのカラム H には，満足度と進路についての数値の説明文が含まれているが，これらは，SAS データセットに保存しないこととする．（巻末付録 D も参照．）

Picture 1.1.2.7　student survey シート

Table 1.1.2.2　student.xls の student survey シート内容

変数名	内容	変数の型	内容
pin	学籍番号	文字	
area	住所	文字	
ctime	通学時間（分）	数値	
money	所持金	数値	
sc	学生生活の満足度 （5 段階評価）	数値	1：大変満足，2：満足，3：普通， 4：不満足，5：大変不満
career	進路	数値	1：就職，2：進学，3：教員，4：その他
カラム H	数値変数の内容説明		データセットには読み込まない

Program 1.1.2.3

```
options  noxsync  noxwait;
x   "C:¥sas_study¥student.xls" ;
filename  scfile   dde   "excel|student survey!r5c1:r30c6" ;

data   survey;
infile   scfile  dlm = '09'x   notab   dsd   missover   lrecl = 20000 ;
input   pin $   area $   ctime   money   sc   career ;
label   pin="学籍番号"    area="住所"    ctime="通学時間"
        money="所持金"    sc="満足度"    career="進路"   ;
informat   money   comma. ;
format   money   yen. ;
run;
title   "student survey";
proc   print   data= survey (obs=10) ;
run;
```

NOTE: 欠損値や空白を含むデータを読み込む場合は，infile ステートメントに

　　　　dlm = '09'x　　notab　　dsd　　missover

を指定したほうがよい.

プログラムの解説

1行目： DDE サーバー起動に必要なシステムオプションを指定する.
　noxsync システムオプションは，X ステートメントや X コマンド（SAS システムからオペレーティングシステムのコマンドを利用する）の処理と SAS セッションを非同期にする設定である．X ステートメント実行中でも，SAS を終了しない.
　noxwait システムオプションは，DOS プロンプトに exit を入力する必要なし，という設定である.
　noxsync と noxwait のシステムオプションが，DDE サーバー起動に必要である.

2行目： SAS の X コマンドで，参照する Excel を起動する.

3行目： filename ステートメントで DDE を指定する．student survey!r5c1:r30c6 は，student survey シートから読み込むデータの範囲を指定している．5行目から30行目まで，1列目から6列目までの範囲を読み込む.

　このように範囲指定をすることにより，カラム H にあるような，変数の値の意味を表す記述をデータセットとして，読み込まない指定となる．filename ステートメントでは，scfile というファイル参照名で，読み込むシートとレコードとカラムの範囲を割り当てる.

> 6行目： infile ステートメントに scfile ファイル参照名を割り当てる．dlm = '09'x は，タブを区切り文字とする．
> dsd オプションは，区切り文字が連続するときに，間に欠損値があるとして入力する．
> notab オプションは，タブをブランク（空白）に置き換えない．notab オプションが指定されていない場合，タブがブランクに置き換えられる．欠損値を含むデータで，値がずれて入力されないために，notab オプションを指定する．
> missover オプションは，値がない部分を欠損値として読み込み，外部ファイルのすべての行をもつデータセットが作成される．
> lrecl= オプションは，読み込むレコードの長さを指定し，値の切り捨てを防ぐ．デフォルトは 256 バイト．
> 14行目： (obs=10) は，survey データセットの 1～10 行目を表示する．

Program 1.1.2.3 の結果

OBS	pin	area	ctime	money	sc	career
1	s001	東京	60	¥1,000	1	1
2	s002	埼玉	90	¥300	1	2
3	s003	東京	70	¥3,000	1	2
4	s004	神奈川	65	¥5,000	1	1
5	s005	東京	5	¥300	4	1
6	s006	東京	15	¥3,000	5	2
7	s007	千葉	30	¥10,000	5	4
8	s008	神奈川	80	¥15,000	5	4
9	s009	その他	105	¥2,000	3	1
10	s010	埼玉	55	¥5,000	4	1

1.2 データセットの加工

(1.2.1) フォーマット（出力形式）の指定（proc format）

アンケート結果の満足度を表す 1 から 5 までの順序に意味をもつ（順序尺度）データは，format プロシジャを用いて，数値の代わりに表示時に，大変満足，満足，普通，不満足，大変不満，と表示するほうが，直感的にデータの傾向を理解しやすく，分析もわかりやすい．進路についても同様に，1 から 4 の数値を，就職，進学，教員，その他，と表示してみる．format プロシジャの特徴としては，元データの 0, 1 などの数値データの値を変えることなく，表示のときだけ，その表記だけを変更する．

ここでは，health データセットの gender, smoking 変数と survey データセット[7]の学生生活の満足度（5段階評価：1〜5）を示す sc 変数，進路（1〜4）を示す career 変数についても，format プロシジャで，表記をカスタマイズする．ex11 データセットについては，文字型変数の gender 変数の値，f と m のフォーマットの例も記載する．

Table 1.2.1　値と表示文字の対応を示すコード表

gender	出力
0	男
1	女

gender	出力
m	男
f	女

sc	出力
1	大変満足
2	満足
3	普通
4	不満足
5	大変不満

smoking	出力
0	喫煙歴なし
1	喫煙

career	出力
1	就職
2	進学
3	教員
4	その他

Program1.2.1.1

```
proc format;
value scfmt      1="大変満足"  2="満足"    3="普通"  4="不満足"   5="大変不満";
value careerfmt  1="就職"     2="進学"    3="教員"  4="その他";
value genderfmt  0="男"       1="女";
value smkfmt     0="喫煙歴なし" 1="喫煙";
value $ gfmt     "m"="男"     "f"="女";
run;
```

プログラムの解説

> 2行目：value ステートメントで，1, 2, 3, 4, 5 の数値に，それぞれ，大変満足から大変不満までの文字を割り当て，scfmt フォーマットという名前を割り当てる．
> 　元データの 1, 2, 3, 4, 5 は数値で順序に意味をもつデータである．scfmt フォーマットを使うと，その順序の特徴を損なわずに数表やグラフの作成，そして分析を行うことが可能である．
> 3行目：value ステートメントで，1, 2, 3, 4 の数値に，それぞれ，就職，進学，教員，その他の文字を割り当て，careerfmt フォーマットという名前を割り当てる．

---

[7] データセット health と survey については，(1.1.2) 参照．また，巻末付録 D も参照．

> 6行目： valueステートメントの後に $ (ドル) があるため，文字型変数に対してのフォーマットである．m, f をそれぞれ男，女と割り当て，gfmt フォーマットという名前を割り当てる．
> 4行目の genderfmt も性別を表すフォーマットであるが，0, 1 という数値を男，女と表示するフォーマットである．元データが文字型か数値型かによって，定義の方法が若干変わる．

Program 1.2.1.1 は，あくまでも数値や文字を，数表に表す割り当てを行っただけである．実際に作成したこれらのフォーマットは，PROC ステップと DATA ステップのどちらでも利用することができる．

作成したフォーマットを利用して，PROC ステップの PRINT プロシジャで survey データセットを出力してみる．sc や career 変数の数値の代わりに，フォーマットで定義した文字列で表示する．

Program 1.2.1.2
```
proc print data=survey;
format sc scfmt. career careerfmt. ;
run;
```

Program 1.2.1.2 の出力（抜粋）

OBS	pin	area	ctime	money	sc	career
1	s001	東京	60	¥1,000	大変満足	就職
2	s002	埼玉	90	¥300	大変満足	進学
3	s003	東京	70	¥3,000	大変満足	進学

次に，DATA ステップで変数にフォーマットを割り当ててみる．データセットの変数の属性で，フォーマットを割り当てておくと，PROC ステップで，プロシジャごとに format ステートメントを割り当てる必要はない．

health データセットの gender と smoking 変数にフォーマットを割り当てる．また，変数の意味を説明する変数ラベルも同時に作成する．

Program 1.2.1.3
```
data health ;
 set health;
 label age="年齢" gender="性別" height="身長"   weight="体重"
       sleeping="睡眠時間"   smoking="喫煙歴"   nsmoking="１日の喫煙本数";
 format gender genderfmt. ;
 format smoking smkfmt. ;
 run;
```

```
title   "health data";
proc   print   data=health   label;
run;
```

health データセットの表示（抜粋）

OBS	id	年齢	性別	身長	体重	睡眠時間	喫煙歴	1日の喫煙本数
1	s001	20	女	162	50	7	喫煙歴なし	0
2	s002	20	男	.	.	7	喫煙歴なし	0
3	s003	20	男	178	74	4	喫煙	10

survey データセットの sc と career 変数にもフォーマットを割り当てる．format ステートメントには，変数と割り当てるフォーマット名の順に，複数の変数を割り当てられる．ex11 データセットの文字型の gender 変数にも，フォーマットを割り当てる．文字型変数の場合は，変数の後に ＄（ドル）をつける．

Program 1.2.1.4

```
data   survey;
  set   survey;
  format   sc   scfmt.   career   careerfmt.;
data   ex11;
  set   ex11;
  format   gender   $ gfmt. ;
run;
title "student survey";
proc   print   data=survey   label;   run;
title   "Example ex11";
proc   print   data=ex11   label;   run;
```

survey データセットの表示（抜粋）

OBS	学籍番号	住所	通学時間	所持金	満足度	進路
1	s001	東京	60	¥1,000	大変満足	就職
2	s002	埼玉	90	¥300	大変満足	進学
3	s003	東京	70	¥3,000	大変満足	進学
4	s004	神奈川	65	¥5,000	大変満足	就職
5	s005	東京	5	¥300	不満足	就職

ex11 データセットの表示（抜粋）（grade でソートされた ex11 を用いた（Program 1.1.1.2））

OBS	学籍番号	性別	数学1	数学2	合計点	平均点	成績
1	s009	女	78	91	169	84.5	A
2	s012	女	91	96	187	93.5	A
3	k021	男	80	80	160	80.0	A
4	k026	女	89	89	178	89.0	A
5	s103	男	91	100	191	95.5	A

NOTE: Program 1.2.1.1 で作成したフォーマットは，デフォルトで一時ライブラリである work ライブラリの formats カタログに保存される．このため，SAS 終了時には，フォーマットは削除される．次回も同じフォーマットを利用するには，再度 FORMAT プロシジャを含んだ同じプログラムを実行してもよいが，永久ライブラリ（例えば，SAS が標準で提供している sasuser 永久ライブラリ）などにフォーマットを保存し，データ利用時に，そのライブラリを参照することも可能である．

sasuser ライブラリ[8]に保存するには，FORMAT プロシジャに lib=sasuser を指定する．
Program 1.2.1.1 の 1 行目に lib= オプションを加えて実行する．

  proc format lib=sasuser；
   value ….. <抜粋>
  run；

work ライブラリ以外の永久ライブラリに保存したい場合は，options fmtsearch= オプションで，SAS 起動後に参照先のライブラリを指定する必要がある．
sasuser ライブラリに保存したフォーマットを参照するには，次のプログラムを SAS 起動時ごとに指定する必要がある．

  options fmtsearch=(sasuser);

登録したフォーマットの情報は，次のプログラムで参照できる．lib= オプションには，参照する formats カタログを含むライブラリを指定する．lib= を指定しないときは，デフォルトの保存先である work ライブラリを参照する．

Program 1.2.1.5

```
proc   format   lib=sasuser   fmtlib；
run；
```

---

[8] 永久 SAS データセットについては，章末付録 1A を参照．

sasuser ライブラリの formats カタログの内容

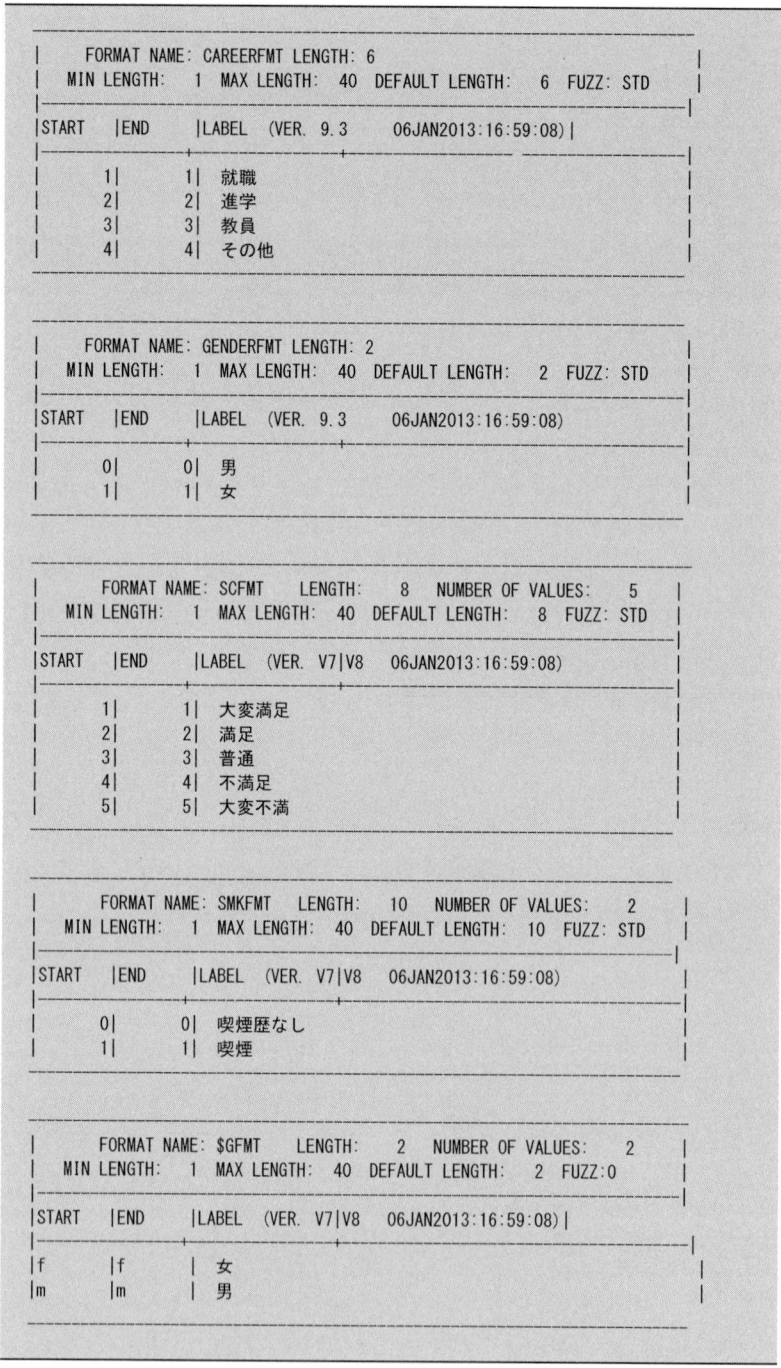

(1.2.2) データセットの情報の表示 (proc contents)

CONTENTS プロシジャは，データセットのさまざまな情報の確認が行える．

1.2 データセットの加工　19

例 survey データセットの情報を表示してみる．変数に割り当てたインフォーマット（入力形式）やフォーマット（出力形式）も表示される．

Program 1.2.2

```
proc contents data=survey;
run;
```

CONTENTS プロシジャ

データセット名	WORK.SURVEY	オブザベーション数	25
メンバータイプ	DATA	変数の数	6
エンジン	V9	インデックス数	0
作成日時	2013年01月06日 日曜日 午後04時51分34秒	オブザベーションのバッファ長	48
更新日時	2013年01月06日 日曜日 午後04時51分34秒	削除済みオブザベーション数	0
保護		圧縮済み	NO
データセットタイプ		ソート済み	NO
ラベル			
データ表現	WINDOWS_32		
エンコード	shift-jis Japanese (SJIS)		

エンジン/ホスト関連情報	
データセットのページサイズ	4096
データセットのページ数	1
データページの先頭	1
ページごとの最大 OBS 数	84
先頭ページの OBS 数	25
データセットの修復数	0
ファイル名	C:¥Users¥staff¥AppData¥Local¥Temp¥SAS Temporary Files¥_TD4796_MHP_¥survey.sas7bdat
作成したリリース	9.0301M2
作成したホスト	W32_7PRO

変数と属性の昇順リスト						
#	変数	タイプ	長さ	出力形式	入力形式	ラベル
2	area	文字	8			住所
6	career	数値	8	CAREERFMT.		進路
3	ctime	数値	8			通学時間
4	money	数値	8	YEN.	COMMA.	所持金
1	pin	文字	8			学籍番号
5	sc	数値	8	SCFMT.		満足度

NOTE: 変数はデフォルトでアルファベット順に並べられるが，varnum オプションを用いると input で指定した入力順で並べられる．

```
proc contents data=survey varnum; run;
```

(1.2.3) 値の一部の抽出（substr 関数）

文字列として保存された値の一部に意味がある場合，その一部を取り出して，新しい変数やデータセットを作成することができる．

ex11 データセットの subject 変数は，学籍番号と同時に，先頭の文字が学科を示している．subject 変数から，先頭の文字を取り出して，ex11a データセットに dept 変数（学科）を追加して作成する．

Program 1.2.3.1

```
data  ex11a (drop=tmp);
 set  ex11;
length  dept  $  6.;
tmp = substr(subject, 1, 1);
 put  "tmp= " tmp;
 if  tmp="s"  then  dept= "数学";
  else if  tmp="k"  then  dept = "化学";
  else if  tmp="b"  then  dept = "物理";
  else  dept = "その他";
label  dept="学科";
proc  print  data = ex11a  label;
run;
```

ログウィンドウの出力

```
tmp= s
tmp= s
tmp= k
tmp= k
tmp= s
tmp= s
tmp= s
tmp= s
tmp= k
tmp= s
tmp= s
tmp= k
```

プログラムの解説

1行目： tmp 変数は，学科識別用に一時的に作成した変数であるため，drop=tmp で，tmp 変数をデータセットに含まないことを示す．
3行目： length ステートメントで，dept 変数の長さを指定する．length ステートメントの指定がないと，if 文で最初に dept 変数に入力した値の長さで，変数の長さが決まり，それ以上の文字列があとから入力された場合，長さを超えた文字列は削除され，残りが保存される．
4行目： substr 関数で，subject 変数の1文字目から1文字だけ取り出して，tmp 変数に保存する．
5行目： put ステートメントで，ログウィンドウに tmp 変数の値を表示する．

Program 1.2.3.1 の結果（grade でソートされた ex11 を用いた（Program 1.1.1.2））

OBS	学籍番号	性別	数学1	数学2	合計点	平均点	成績	学科
1	s009	女	78	91	169	84.5	A	数学
2	s012	女	91	96	187	93.5	A	数学
3	k021	男	80	80	160	80.0	A	化学
4	k026	女	89	89	178	89.0	A	化学
5	s103	男	91	100	191	95.5	A	数学
6	s106	男	90	98	188	94.0	A	数学
7	s002	男	89	68	157	78.5	B	数学
8	s003	男	69	77	146	73.0	B	数学
9	k024	男	72	79	151	75.5	B	化学
10	s004	女	54	68	122	61.0	C	数学
11	s013	男	63	44	107	53.5	F	数学
12	k023	女	56	61	117	58.5	F	化学

学科別のデータセットを作成する．ex11a データセットの subject 変数の先頭の文字から，条件を指定する．化学科の k_ex11a データセットを表示する．

Program 1.2.3.2

```
data  s_ex11a  k_ex11a  o_ex11a ;
drop  tmp;
 set  ex11a ;
length  dept  $  6.;
label   dept="学科" ;
```

プログラムの解説

1行目： 作成するデータセットをリストする．
2行目： drop ステートメントには，データセットに含めない変数をリストする．
3行目： 参照するデータセットを指定する．

```
    tmp = substr(subject, 1, 1);
    if  tmp = "s"  then  do;
      dept = "数学";
      output  s_ex11a;
    end;
    else if  tmp="k"  then  do;
      dept = "化学";
      output  k_ex11a;
    end;
    else do;
      dept = "その他";
      output  o_ex11a;
    end;
    run;
title "化学科データ";
    proc  print  data=k_ex11a  label;
    run;
```

> 4 行目： dept 変数の長さを指定する．length ステートメントを指定しない場合，if 文で最初に入力された値の長さが割り当てられる．この場合，2 番目以降の文字列で，最初の長さを超えた文字は切り捨てられてしまう．
>
> 6 行目： subject 変数の先頭の 1 文字を tmp 変数に格納する．
>
> 7～10 行目： tmp 変数の値が s の場合，dept 変数に数学を入力し，s_ex11a データセットに出力する．
>
> 11～14 行目： tmp 変数の値が k の場合，dept 変数に化学を入力し，k_ex11a データセットに出力する．
>
> 15～18 行目：tmp 変数の値が s, k の以外の場合，dept 変数にその他を入力し，o_ex11a データセットに出力する．

Program 1.2.3.2 の結果

化学科データ								
OBS	学籍番号	性別	数学1	数学2	合計点	平均点	成績	学科
1	k021	男	80	80	160	80.0	A	化学
2	k026	女	89	89	178	89.0	A	化学
3	k024	男	72	79	151	75.5	B	化学
4	k023	女	56	61	117	58.5	F	化学

1.3　いろいろなタイプのデータ入力

　この節では，いろいろな形式のデータを効率的に読み込む方法や，便利な SAS の機能を用いた DATA ステップのプログラミング手法についてみていく．

(1.3.1)　オブザベーションのカウント（通し番号 _N_ ）

例1　SAS の _n_ 自動変数を利用したプログラム

Program1.3.1.1

```
title ;
data ;
file  print ;
obs = _n_ ;
input  y ;
 put "y=" y "obs=" _n_ ;
 cards;
  11
  15
  8
  3
  ;
run;
proc  print ; run;
```

プログラムの解説

1 行目：title；のみは，タイトルのテキストをリセットする．
2 行目：データセット名を省略すると，data1, data2, …と自動的に SAS がデータセット名を割り当て，生成する．
3 行目：出力先を SAS Output（結果ビューアなど）にする．
4 行目：_n_ は，DATA ステップで SAS が自動的にループのカウントを行う自動変数である．このループのカウントの機能を利用して，オブザベーションのカウントをデータセットに保存する．
　一般的には，保存されない変数のため，ここでは，obs 変数に _n_ 自動変数の値を保存する．
6 行目：y と obs 変数の値を SAS Output に出力する．作成したデータセットには，SAS Output の出力と同様に，obs と y 変数が保存される．

Program 1.3.1.1 の SAS Output の結果

```
y=11    obs=1
y=15    obs=2
y=8     obs=3
y=3     obs=4
```

例 2　変数の値をカウントしながら，通し番号をもつ変数を作成するプログラミングである．ここで，変数名 idno は任意である．

Program 1.3.1.2

```
data ;
input  y ;
idno + 1 ;
 cards;
  11
  15
  8
  3
  ;
proc  print ;  run;
```

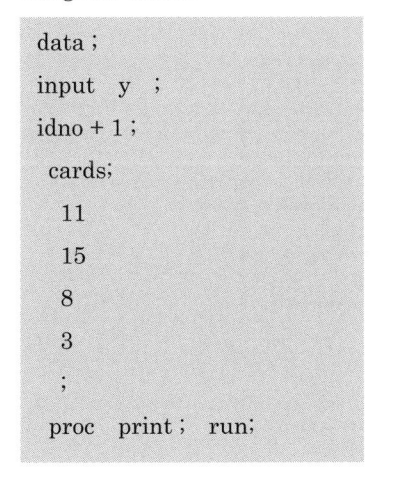

Program 1.3.1.2 の結果

OBS	y	idno
1	11	1
2	15	2
3	8	3
4	3	4

例3 retain ステートメントで，変数に初期値を与えて，オブザベーションのカウントを保存する．

Program 1.3.1.3

```
data ;
retain  indo  0 ;
input  x ;
indo = indo + 1 ;
cards;
10
-3
5
9
0
;
proc   print;
run;
```

Program 1.3.1.3 の結果

OBS	indo	x
1	1	10
2	2	-3
3	3	5
4	4	9
5	5	0

プログラムの解説

2行目： retain ステートメントは indo 変数に初期値 0 を代入する．
4行目： input ステートメントの後のプログラムのため，indo 変数の値に 1 が加えられる（indo + 1 ; だけでも良い）．

(1.3.2) lag 関数を用いた読み込み

時系列データのような，1 つのオブザベーションの値を次のオブザベーションでも利用できるデータを作成する．このようなときに，lag 関数は有効である．lag 関数は，100 オブザベーションまで保存可能である．

lag 関数の構文

> **lag**<*n*>（変数）

Program 1.3.2.1

```
data;
input  x;
x_lag = lag(x);
x_lag2 = lag2(x);
x_lag3 = lag3(x);
cards;
10
-3
5
```

Program 1.3.2.1 の結果

OBS	x	x_lag	x_lag2	x_Lag3
1	10	.	.	.
2	-3	10	.	.
3	5	-3	10	.
4	9	5	-3	10

```
9
;
proc print; run;
```

3〜5行目: lag 変数は，次のオブザベーションにシフトしながら保存して，データを作成する．

例 読み込むデータの差分を自動的に計算する関数に dif 関数がある．

dif 関数の構文

dif<*n*>(*変数*)

Program 1.3.2.2

```
data;
input  x ;
x_dif = dif(x);
x_dif2 = dif2(x);
x_dif3 = dif3(x);
cards;
  10
  -3
  5
  9
;
proc print;  run;
```

Program 1.3.2.2 の結果

OBS	x	x_dif	x_dif2	x_dif3
1	10	.	.	.
2	-3	-13	.	.
3	5	8	-5	.
4	9	4	12	-1

(1.3.3) 繰り返し測定データの読み込み

Program 1.3.3.1

```
data  repeat;
input  id  gender $  y1  y2  y3;
array  n_y{*}  _numeric_ ;
do  i=1  to  dim(n_y);
  time= i;
  y= n_y(i);
  output;
  end;
keep  id  gender  time  y;
```

Program 1.3.3.1 の結果

OBS	id	gender	time	y
1	1	M	1	1
2	1	M	2	1
3	1	M	3	2
4	1	M	4	3
5	2	F	1	2
6	2	F	2	0

```
cards;
001 M    1 2 3
002 F    0 4 5
003 F    10 11 12
;
run;
proc  print  data=repeat;  run;
```

7	2	F	3	4
8	2	F	4	5
9	3	F	1	3
10	3	F	2	10
11	3	F	3	11
12	3	F	4	12

プログラムの解説

2行目： input ステートメントで，読み込む変数名を割り当てる．id, y1, y2, y3 の 4 変数が数値型変数である．gender は文字型変数．

3行目： array ステートメントは配列処理を行う．array n_y{*} _numeric_ は，すべての数値型変数（_numeric_）を要素とする配列 n_y を定義する．

4行目： dim 関数は配列の要素数を戻す．do ループで使用をすると，do ループの終わり値を配列の要素数で与える．この場合，数値型変数は id, y1, y2, y3 の 4 変数であり，4 が要素数で，do ループの終わり値になる．

6行目： y に，配列 n_y の値（id, y1, y2, y3）を順に格納していく．

9行目： この repeat データセットに保存する変数をリストする．

(1.3.4) データの結合（横方向の連結）

ここでは，複数のデータセットの特殊な結合のプログラム例を見ていく．

例1 one データセットの 1 オブザベーションの x, y 変数の値をすべて保存しつつ，z 変数の値も保存するデータセットを作成する．

それぞれのデータセットと生データ，最終データセットの内容は次のとおりである．

one データセット	結合するデータ	最終的に生成する two データセット
OBS x y 1 1 2	z 10 11 12	OBS X y z 1 1 2 10 2 1 2 11 3 1 2 12

1.3 いろいろなタイプのデータ入力

Program 1.3.4.1

```
data one;
input x y;
cards;
 1  2
;
proc print data=one; run;

data two;
 if _n_=1 then set one;
 input z;
 cards;
10
11
12
;
proc print data=two; run;
```

one データセット

OBS	x	y
1	1	2

two データセット

OBS	x	y	z
1	1	2	10
2	1	2	11
3	1	2	12

プログラムの解説

9行目： if 文により，データセット one の1オブザベーションを読み込み，データセット two 作成の生データを読み込むたびに，one データセットから読み込んだ x, y の1オブザベーションのデータと，cards ステートメントで指定したすべての生データを，z 変数を横方向に連結して保存する．

例2　merge ステートメントを利用した結合処理

Program 1.3.4.2

```
data two;
merge one;
 input z;
 cards;
10
11
12
;
proc print data=two;
run;
```

プログラムの解説

2行目： ここでの merge ステートメントは，もっとも基本的な1対1マージであり，オブザベーションの出現順に結合される．

Program 1.3.4.2 の結果

OBS	x	y	z
1	1	2	10

例3　データセットの横方向の結合プログラム例

set1 データセットと set2 データセットを，id 変数をキーとして，横方向の結合を行う．

Table 1.3.4.1

set1 データセット (Program 1.3.4.3 の結果)		
OBS	id	name
1	s201	a
2	s202	b
3	s203	c
4	s205	e
5	s208	h

set2 データセット (Program 1.3.4.4 の結果)		
OBS	id	score
1	s201	80
2	s202	67
3	s205	92
4	s207	100

生成する set3 データセット (Program 1.3.4.5 の結果)			
OBS	id	name	score
1	s201	a	80
2	s202	b	67
3	s203	c	.
4	s205	e	92
5	s207		100
6	s208	h	

Program 1.3.4.3　set1 データセット作成

```
data   set1;
input  id $   name $;
cards;
s201   a
s202   b
s203   c
s205   e
s208   h
;
proc   print   data=set1;   run;
```

Program 1.3.4.4　set2 データセット作成

```
data   set2;
input  id $   score;
cards;
s201   80
s202   67
s205   92
s207   100
;
proc   print   data=set2;   run;
```

（ⅰ）set1, set2 データセットを，id 変数をキーとして，横方向への連結

連結（merge ステートメント）を用いるときは，連結前にキー変数で，それぞれのデータセットをソートしておく必要がある．連結結果は，Table 1 3.4.1 の set3 データセットを参照．

Program 1.3.4.5

```
proc   sort   data=set1;
  by   id ;
proc   sort   data=set2;
```

```
  by  id;
data  set3;
merge  set1  set2;
  by  id;
proc  print  data=set3; run;
```

NOTE: キー変数以外に欠損値があっても，生成したデータセットは，マージしたデータセットが生成される．

(ⅱ) キー変数を使用した連結

連結する他の変数の値が欠損値の場合，新データセットに，そのオブザベーションを含めない．

Program 1.3.4.6

```
data  set4;
merge  set1(in=mis1)  set2(in=mis2);
  by  id;
  put  mis1=  mis2=  ;
  if  mis1  and  mis2;
run;
proc  print  data=set4;  run;
```

Program 1.3.4.6　ログウィンドウの出力

mis1=1	mis2=1
mis1=1	mis2=1
mis1=1	mis2=0
mis1=1	mis2=1
mis1=0	mis2=1
mis1=1	mis2=0

プログラムの解説

2行目：merge ステートメントの in= オプションを利用すると，読み込む変数の値の有無を in= オプションに指定した変数の値に保存できる．
ここでは，set1 データセットの変数の値の有無を mis1 変数に格納する．mis1 変数の値が 0 であれば，読み込まれない値の欠損値があることを表し，1 はすべて読み込まれる値であることを示す．set2 データセットの変数の値の有無は，mis2 変数に保存される．
4行目：デバッグ用に mis1 と mis2 変数の値をログウィンドウに表示する．
5行目：mis1 と mis2 変数の値が一致したデータのみを set4 データセットに格納する．
ログウィンドウの結果から，mis1, mis2 変数の両方の値が 1 のオブザベーションだけを set4 データセットに保存する．

Program 1.3.4.6 の結果

OBS	id	name	score
1	s201	a	80
2	s202	b	67
3	s205	e	92

（iii） 連結例 — update ステートメントの利用

update ステートメントを利用すると，マスターとして指定したデータセットをもとに連結が実行される．

ここでは，マスターデータセットに master データセットを指定し，マスターデータセットに変更を反映させるトランザクションデータセットとして new データセットを指定する．name 変数をキーとして，横方向の連結を行う．

Table 1.3.4.2

master データセット (Program1.3.4.7 の結果)				new データセット (Program1.3.4.8 の結果)				生成する now データセット				
OBS	name	x	y	OBS	name	x	z	OBS	name	x	y	z
1	a	11	30	1	a	3	100	1	a	3	30	100
2	b	8	45	2	c	5	110	2	b	8	45	.
3	c	.	20	3	d	55	130	3	c	5	20	110
4	e	15	50					4	d	55	.	130
								5	e	15	50	.

Program 1.3.4.7　master データセット作成

```
data   master;
input   name $ x y;
cards;
a  11  30
b  8   45
c  .   20
e  15  50
;
proc   print   data=master;  run;
```

Program 1.3.4.8　new データセット作成

```
data   new;
input   name $ x z;
cards;
a  3   100
c  5   110
d  55  130
;
proc   print   data=new; run;
```

master と new データセットを横方向に連結する．キーとなる name 変数で，それぞれのデータセットをソートし，その後，update ステートメントを利用して，マスターに指定した master データセットを new データセットの値で更新をする．結果は，Table 1.3.4.2 の now データセットを参照．

マスターデータセットに master データセットを指定することにより，マスターデータセットにトランザクションデータセットである new データセットとの変更点を反映させる．

Program 1.3.4.9

```
proc sort data=master;
 by name;
proc sort data=new;
 by name;
data now;
update master new ;
  by name ;
run;
proc print data=now; run;
```

(iv) 連結例 — update ステートメントを利用しない例

Program 1.3.4.10

```
data comb;
  set master new;
 by name ;
run;
proc print data=comb; run;
```

Program 1.3.4.10

OBS	name	x	y	z
1	a	11	30	.
2	a	3	.	100
3	b	8	45	.
4	c	.	20	.
5	c	5	.	110
6	d	55	.	130
7	e	15	50	.

(1.3.5) グループの最初と最後のオブザベーションの検出（first, last）

例 1 グループに分かれている生データを読み込み，グループの最初と最後のオブザベーションの検出を行う．

Program 1.3.5.1

```
data one;
input group $ x;
cards;
 A  10
 B  14
 A  11
 C  19
 A  22
 C  25
 A  12
 A  13
 B  33
 C  35
;
 proc sort data=one;
  by group;
 run;
proc print data=one; run;
data two;
 set one;
 by group;
first = first.group;
last = last.group;

proc print data=two;
run;
```

Program 1.3.5.1 の結果

OBS	group	x
1	A	10
2	A	11
3	A	22
4	A	12
5	A	13
6	B	14
7	B	33
8	C	19
9	C	25
10	C	35

OBS	group	x	first	last
1	A	10	1	0
2	A	11	0	0
3	A	22	0	0
4	A	12	0	0
5	A	13	0	1
6	B	14	1	0
7	B	33	0	1
8	C	19	1	0
9	C	25	0	0
10	C	35	0	1

プログラムの解説

1～14 行目： A, B, C のグループ (group) に属している生データの読み込み.
15～17 行目： group 変数の値で並べ替える.
20～24 行目： by ステートメントで指定した group 変数の値の最初に出現したオブザベーションと最後のオブザベーションについて，first 変数と last 変数に 1 を代入する．2 番目以降から最後の変数の前までに出現したオブザベーションについては，0 が代入される．

例 2 グループ内にオブザベーション数の合計を求める.

Program 1.3.5.1 のデータセット two から，グループ内のオブザベーションをカウントするデータセット three を作成する．

Program 1.3.5.2

```
data   three;
set    two;
if  first=1  then  num=0;
num+1 ;
if  last=1  then  output;
keep  group  num;
run;
proc  print  data=three;
run;
```

Program 1.3.5.2 の結果

OBS	group	num
1	A	5
2	B	2
3	C	3

プログラムの解説

2 行目： データセット two を参照する．
3～4 行目： first 変数の値が 1 のとき，num 変数に 0 を代入する．その後，first 変数の値が，0, 1 でも，num 変数の値に 1 を加えて，総数をカウントしていく．
5 行目： last 変数の値が 1 の場合，グループ変数の最後の値のため，output によりデータセット three に保存する．

例 3 グループごとに x 変数の値 x>0 の評価を行い，条件に合うオブザベーション総数を count 変数に保存する．

Program 1.3.5.3

```
data one;
input id period x;
cards;
1  1  -4
1  2  -2
1  3   4
2  1  -2
2  2   1
3  1   1
3  2   5
4  1  -1
;
proc sort data=one;
 by id period;
proc print data=one;
run;

data two;
 set one;
 by id;
if first.id=1 then count=0;
if x>0 then count+1;
if last.id=1 then output;
drop x;
run;
proc print data=two; run;
```

Program 1.3.5.3 の結果

OBS	id	period	x
1	1	1	-4
2	1	2	-2
3	1	3	4
4	2	1	-2
5	2	2	1
6	3	1	1
7	3	2	5
8	4	1	-1

OBS	id	period	count
1	1	3	1
2	2	2	1
3	3	2	2
4	4	1	0

例 4 DO ループと数値関数（mod 関数：剰余）のプログラム．
　次のプログラムは，3 つのブロックに 4 つの施設（site）があり，それぞれに 4 つの処理をランダムに与える．実行するたびに割り当てられる処理は変わる．

Program 1.3.5.4

```
data a;
   do  block = 1  to  3 ;
      do  site = 1  to  4 ;
         x = ranuni(0);
         output;
      end;
   end;
proc sort;
 by  block  x ;
data  c ;  set  a ;
   trt = 1 + mod(_N_-1,  4);
   /* mod = remainder of _N_/4 */
proc sort;
 by  block   site ;
proc  print ;
   var  block  site  trt ;
run;
```

Program 1.3.5.4 の結果

OBS	block	site	trt
1	1	1	3
2	1	2	2
3	1	3	1
4	1	4	4
5	2	1	3
6	2	2	2
7	2	3	4
8	2	4	1
9	3	1	3
10	3	2	2
11	3	3	1
12	3	4	4

プログラムの解説

4行目： ranuni 関数は，(0, 1) 区間の一様分布に従う乱数を発生する．

11行目： mod 関数は，割り算の余りを求める．

mod 関数は，_N_ − 1 を 4 で割ったときの余りを計算する．trt 変数には，余りに 1 を加えた値を代入する．

(1.3.6) 欠損値データの読み込み 1 (missover)

読み込んでいるデータの行末が，ブランク（空白）であるが，残っている変数を欠損値として，続けて読み込む場合，infile ステートメントに missover オプションを指定する．

Program 1.3.6.1

```
data   weight2;
infile   datalines   missover;
input   IDnumber $   Week1   Week16;
WeightLoss2 = Week1 − Week16;
datalines;
```

```
2477   195   163
2431
2456   173   155
2412   135   116
;
proc  print  data= weight2;
run;
```

Program 1.3.6.1 の結果

OBS	IDnumber	Week1	Week16	WeightLoss2
1	2477	195	163	32
2	2431	.	.	.
3	2456	173	155	18
4	2412	135	116	19

(1.3.7) 欠損値データの読み込み 2 （値 999 を . に変換）

Program 1.3.7.1

```
data  m999;
array  d{*}  x1 x2 y1 y2 z;
input       x1 x2 y1 y2 z;
do  i = 1  to  5;
if  d{i} = 999  then  d{i}= . ;
end ;
drop  i ;
cards;
2  0  999  1  1
1  2  3  4  999
3  11  12  13  14
;
run;
proc  print  data= m999;
run;
```

Program 1.3.7.1 の結果

OBS	x1	x2	y1	y2	z
1	2	0	.	1	1
2	1	2	3	4	.
3	3	11	12	13	14

プログラムの解説

> 2行目： 配列 d は，変数 x1, x2, y1, y2, z を要素にもつ.
> 3行目： cards ステートメントの値に変数を割り当てる.
> 4行目： do ループで，読み込む変数の総数（5変数）まで，繰り返し処理を行う.
> 5行目： if 文で配列 d の値が 999 の場合は，ピリオド (.) に置き換える.

(1.3.8) 欠損値データの読み込み 3 （値 NA, na を . に変換）

Program 1.3.8.1

```
data  m999NA;
input  x $  x1 y1 y2 z;
array  n_d{*}  _numeric_ ;
array  c_d{*}  _character_;
```

```
do  i =  1  to   dim(n_d);
  if  n_d{i} = 999  then  n_d{i} = . ;
end;
do  j = 1 to dim(c_d);
  if  c_d{j}  in ('NA' 'na')  then  c_d{j}= " " ;
end;
drop  i  j;
cards;
a     0   999   1    1
NA   2    3     4   999
na   11   12   13   14
;
run;
proc  print  data= m999NA;
run;
```

Program 1.3.8.1 の結果

OBS	x	x1	y1	y2	z
1	a	0	.	1	1
2		2	3	4	.
3		11	12	13	14

プログラムの解説

2行目：input ステートメントで，読み込む変数を割り当てる．x は文字型変数，x1, y1, y2, z の 4 変数は数値型変数である．

3行目： array n_d{*} _numeric_ は，すべての数値型変数（_numeric_）を要素とする配列 n_d を定義する．

4行目： array c_d{*} _character_ は，すべての文字型変数（_character_）を要素とする配列 c_d を定義する．

5〜7行目： dim 関数は配列の要素数を戻す．do ループで使用をすると，do ループの終わり値が配列の要素数で与えられる．この場合，x1, y1, y2, z なので，4 が要素数であり，終わり値となる．

6行目： if n_d{i}=999 により，数値型変数の配列 n_d の値が 999 である場合，ピリオド（.）を格納する．

8〜10行目： 文字型変数の配列 c_d を処理する．

9行目： if c_d{j} in ('NA' 'na') は，文字型変数の配列 c_d の値（つまり，x 変数の値）が NA か na である場合，欠損値とする．

(1.3.9) 日付データの取り扱い

01JAN2000 から 31DEC2013 までのデータを扱う．この日付データから，年の情報を取り出して，1 年ごとの計算を行い，データセットに年や計算結果を保存する．

Program 1.3.9.1

```
data   investment;
   begin = '01JAN2001'd;
   end =  '31DEC2012'd;
   cap=1000;
   do  year  = year(begin)  to  year(end);
      cap=cap + 0.1*cap;
      output;
   end;
put  "The number of DATA step iterations is " _n_;
run;


proc   print   data=investment ;
   format   Cap   dollar12.2 ;
run;
```

Program 1.3.9.1 の結果

OBS	begin	end	cap	year
1	14976	19358	$1,100.00	2001
2	14976	19358	$1,210.00	2002
3	14976	19358	$1,331.00	2003
4	14976	19358	$1,464.10	2004
5	14976	19358	$1,610.51	2005
6	14976	19358	$1,771.56	2006
7	14976	19358	$1,948.72	2007
8	14976	19358	$2,143.59	2008
9	14976	19358	$2,357.95	2009
10	14976	19358	$2,593.74	2010
11	14976	19358	$2,853.12	2011
12	14976	19358	$3,138.43	2012

NOTE: SAS では，日付データは，SAS 日付値という特別な数値として扱われる．保存される日付値は，1960 年 1 月 1 日から，指定した日付までの経過日数が保存される．このため，begin 変数に保存した 01JAN2001 は，14976 日が経過日数として保存される．日時関係の関数である year 関数を使い，begin 変数から，年の情報を取り出す．

put ステートメントで，_n_ をログウィンドウに表示すると，1 であることがわかる．これは，データを読み込むステートメントを利用していないため，DATA ステップのループ回数が 1 回となる．ログウィンドウには，次のメッセージが表示される．

The number of DATA step iterations is 1

(1.3.10) 年齢の計算

Program 1.3.10.1

```
data   dage;
input  @1  dob  mmddyy10.  @13  dos  mmddyy8. ;
format  dob  dos  mmddyy10. ;
age1 = int ((dos − dob) / 365.25) ;
age2 = int (yrdif (dob ,   dos ,  'actual' ));
age3 = int (yrdif (dob ,   dos ,  'age' ));
age4 = int (yrdif (dob ,  '01jan2013'D ,  'actual' ));
```

```
age5 = int (yrdif (dob ,   today() ,   'age' ));
age6=intck ('year' , dob ,    dos);
datalines;
10/08/1955    03102012
01/01/1960    06082011
09/21/1975    08122012
01/13/1966    01132013
;
proc print data=dage; run;
```

プログラムの解説

2 行目：@1 は 1 カラム目から dob 変数を読み込む．mmddyy10. は，dob 変数に日付フォーマット（月日年の順に 10 カラム）を割り当てる．@13 は 13 カラム目から dos 変数を読み込む．mmddyy8. は，入力形式が月日年の順に 8 カラムを示す．

3 行目：dob と dos 変数に日付の出力形式を割り当てる．

4 行目：age1 変数に，年齢を計算するための数式を割り当てる．

5 行目：yrdif 関数は，2 つの日付変数の年の差を求める．年齢を求めるときに利用する．age2 変数に，yrdif(dob , dos, 'actual') で，dob と dos 変数の差（年）を求める．引数の actual は，実際の日にち（365 や 366 日）で計算を行う．int 関数は，整数部のみを取り出す．

6 行目：age3 変数に，yrdif 関数の年齢専用の age 引数を用いて求める．

7 行目：age4 変数に，指定した日付との日数の差を求める．

8 行目：age5 変数に，今日の時点での年齢を保存する．

9 行目：age6 変数に，intck 関数を用いて年齢を求める．

10 行目：datalines は cards と同じ．

Program 1.3.10.1 の結果

OBS	dob	dos	age1	age2	age3	age4	age5	age6
1	10/08/1955	03/10/2012	56	56	56	57	57	57
2	01/01/1960	06/08/2011	51	51	51	53	53	51
3	09/21/1975	08/12/2012	36	36	36	37	37	37
4	01/13/1966	01/13/2013	47	47	47	46	47	47

(1.3.11) 文字値から数値への変換（input 関数）

例 1 input 関数を使って，文字値を数値に変換する．円（¥）表記のデータを cost 文字型変数とし

て読み込み，input 関数を利用して，numcost 数値型変数にする．出力時には，カンマ表記でログウィンドウに表示する．

Program 1.3.11.1

```
data   money;
input   cost   $10.;
numcost = input(cost,  yen7.);
put   numcost = comma.;
datalines;
¥1,000
¥23,450
;
run;
```

Program 1.3.11.1　ログウィンドウ出力

```
numcost = 1,000
numcost = 23,450
```

例 2　inputn 関数を使って，文字値を数値に変換する．10 桁の日付を表すデータを date 文字変数として読み込み，inputn 関数を利用して，ndate 日付変数にする．出力時には，yymmdds. と nldate. 日付フォーマットを利用して出力する．

Program 1.3.11.2

```
data   datedata;
input   date   $10.;
ndate= inputn(date,  'yymmdd10.');
put   ndate= yymmdds.   ndate= nldate.;
datalines;
2001/10/26
2013/01/13
;
run;
```

Program 1.3.11.2　ログウィンドウ出力

```
ndate=01/10/26   ndate=2001年10月26日
ndate=13/01/13   ndate=2013年01月13日
```

1.4　Excel ファイルへの出力

SAS データセットや求めた統計量などを含む数表を Excel ファイルへ保存するには，いくつかの方法がある．

(1.4.1)　結果ビューアに出力された数表，統計量の保存

結果ビューアのマウスのポップアップメニュー（右ボタン）から，表示される「Microsoft Excel

にエクスポート」を選択すると，Excel ファイルに内容が保存される．

データセットを Excel，Aceess，タブやカンマを区切り文字とするテキストファイルなどへ出力するには，エクスポートウィザードを利用することができる．エクスポートウィザードは，［ファイル］→［データのエクスポート... ］から起動する．

Picture 1.4.1　結果ビューアのポップアップメニュー（マウスの右ボタンを押すと表示される）

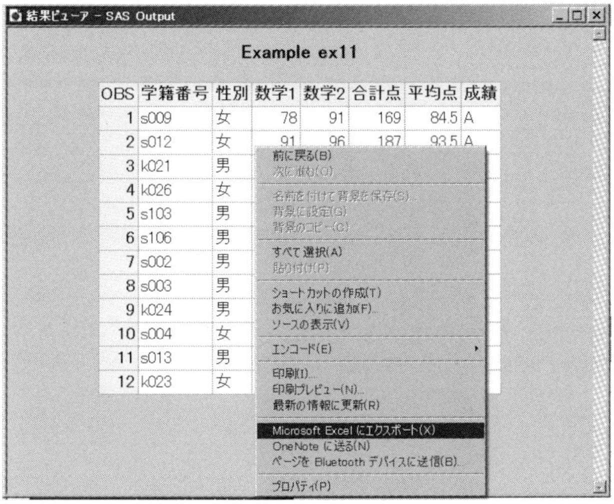

(1.4.2)　EXPORT プロシジャを利用した SAS データセットの Excel への出力

ex11 データセットを Excel ファイル math_score.xls へ「数学成績データ」シートとして出力する．データセットの変数ラベルも 1 行目に出力をする．

Program 1.4.2.1

```
proc  export  data= ex11
outfile = "C:¥math¥math_score.xls"
dbms=EXCEL  LABEL  REPLACE ;
sheet= "数学成績データ" ;
run;
```

math_score.xls（Excel ファイル）へ出力した結果

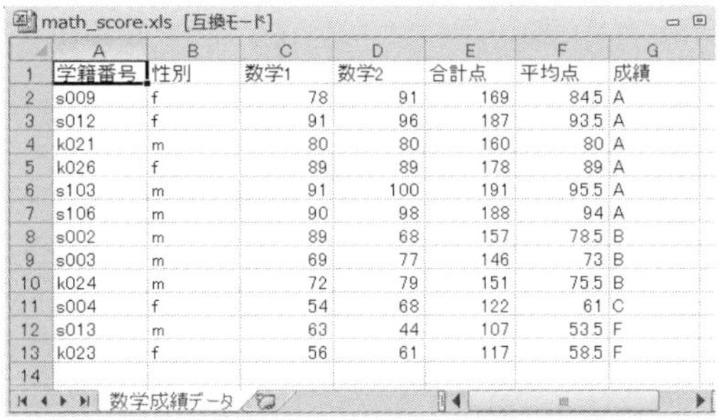

math_score.xls [互換モード]

	A	B	C	D	E	F	G
1	学籍番号	性別	数学1	数学2	合計点	平均点	成績
2	s009	f	78	91	169	84.5	A
3	s012	f	91	96	187	93.5	A
4	k021	m	80	80	160	80	A
5	k026	f	89	89	178	89	A
6	s103	m	91	100	191	95.5	A
7	s106	m	90	98	188	94	A
8	s002	m	89	68	157	78.5	B
9	s003	m	69	77	146	73	B
10	k024	m	72	79	151	75.5	B
11	s004	f	54	68	122	61	C
12	s013	m	63	44	107	53.5	F
13	k023	f	56	61	117	58.5	F
14							

数学成績データ

(1.4.3)　DDE の機能を用いた SAS の計算結果の Excel への保存

C:¥sas_study¥randata.xls（Excel データ）に，SAS で作成した 10 個の一様乱数（ranuni 関数を使用した結果）を，DDE の機能を利用して直接 Excel へ保存する．

Program 1.4.3.1

```
options  noxwait  noxsync;
x  "C:\sas_study\randata.xls" ;
filename  random  dde  'excel|sheet1!r1c1:r10c2' ;
data  ran ;
file  random;
   do  i = 0  to  9  ;
      y = ranuni(i)  ;
      put  i  y;
   end;
run;
```

注意： "C:\sas_study\randata.xls" が存在しない場合は，空でもよいので randata.xls ファイルを前もって作成しておく必要がある．

randata.xls の出力

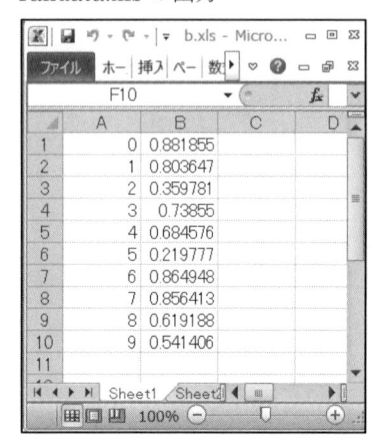

	A	B
1	0	0.881855
2	1	0.803647
3	2	0.359781
4	3	0.73855
5	4	0.684576
6	5	0.219777
7	6	0.864948
8	7	0.856413
9	8	0.619188
10	9	0.541406

プログラムの解説

1 行目： DDE サーバーを起動する．
   詳細は，Program 1.1.2.3 の解説を参照．
2 行目： randata.xls の起動．
3 行目： filename ステートメントで，random に DDE の機能を用いて，Excel ファイルの書き込むシートと範囲（行と列）を指定する．
5 行目： file random より，出力先を random（つまり，Excel データ）に割り当てる．
6～9 行目： 10 個の乱数を発生させる．

NOTE： DDE（Dynamic Data Exchange：動的データ交換）は，SAS とサーバー間で，通信を行っているため，Program 1.4.3.1 を再度実行すると，新しく生成された乱数が，Excel シートに即座に反映される．更新を頻繁に行うような処理では，DDE の機能は便利である．

付　録

1A　データセット

　SASで用いられるデータはDATAステップでSASデータセットとして作成されるが，ここでは，SASデータセット作成時の留意点を挙げておく．

（i）　データセット名や変数名は32文字までの英数字で，英字で始まらなければならない．
　　大文字小文字は区別されず，aデータセットもAデータセットも同じである．
　　下線（ _ ）は，名前に使用することができる．途中で空白などの特殊記号（例えば，"="，":"，";"，"@"など）が入ってはいけない．
　　名前を省略した場合は自動的にdata1, data2, ... と順につけられる．

（ii）　このように作成されたSASデータセットはSASを終了するまでは何度でも利用できるが，一度終了させてしまうと再度作成しなければならない．そこで，SASデータセットを物理的にシステムに保存して利用することも可能である．そのようなデータセットを永久SASデータセット（permanent SAS dataset）という．

　　永久データセットは参照するには，グローバルステートメントlibnameを用いる．

---

　　　libname　ライブラリ名　'パス付きのディレクトリ名'；

　　　永久SASデータファイルの参照：　ライブラリ名.ファイル名

NOTE:
（1）　永久SASデータセットでは，ライブラリ名とファイル名をピリオド（.）で，続けて指定するため，2レベルの指定方法といわれる．
（2）　libnameはSASセッションを終了するまで有効である．ライブラリを省略すると一時的ライブラリのworkライブラリが参照される．
（3）　ライブラリ名は8文字まで，ファイル名は32文字までで，上の（i）のルールに従う．

　永久データセットは，次のように作成する．

　　例　c:¥sas_study フォルダに永久データセットとして，ex11 データセットを作成する．

libname ステートメントに保存先のフォルダを指定し，data ステートメントには，ライブラリ名.SAS データセット名 と指定する．

```
libname    study    "c:¥sas_study";
data    study.ex11;
input    x   y;
cards;
1    2
1    5
;
proc    print    data=study.ex11;   run;
```

毎回 SAS セッションで，libname ステートメントを実行する．

```
libname    study    "c:¥sas_study";
```

例えば，student.xls から読み込んだ health と survey データセットが c:¥sas_study フォルダに永久データセット，health.sas7bdat と survey.sas7bdat として保存されているとすると，SAS プログラムの中で，study.health, study.survey として，2 レベル（ライブラリ名とデータセット）の指定を行うこと．

(ⅲ) _NULL_ データセット

一般的に SAS データセットを作成して処理を進めていくが，レポート作成だけを行うような場合や，変数の値の確認だけを行う場合など，_NULL_ キーワードを指定することで，SAS データセットを作成しないことも可能である．

```
data   _NULL_  ;
 file   "c:¥tmp¥ranx.txt";
 x = rannor(0);
 put   "生成した乱数: "   x  ;
 run;
```

第1章　演習

(ex.1.1)　次の Excel ファイルを作成し，その Excel ファイルから SAS データセットを作成せよ．

	A	B	C	D
1	ID	x	y	z
2	1	-2.4	34	A
3	2	3.12	71	A
4	3	5.91	54	B
5				
6				

(ex.1.2)　次の Excel ファイルを作成し，その Excel ファイルから SAS データセットを作成せよ．

	A	B	C	D	E	F	G	H
1	ID	gender	bom	bod	boy	height	weight	GOT
2	A2001	M	3	21	1990	160	55	20
3	B3010	F	6	7	1999	158	51	23
4	C5003	M	10	6	2000	170	74	28
5	C5006	M	7	15	1990	172	84	32
6								
7								

(ex.1.3)　次の csv ファイルから SAS データセットを作成せよ．

ex13a.csv ファイルの内容

```
ID,   x,    y,   z
 1, -2.4,  34,   A
 2, 3.12,  71,   A
 3, 5.91,  54,   B
```

```
proc  import  out= ex13a
       datafile= "C:¥sas_study¥ex13a.csv"
       dbms=csv   REPLACE;
       getnames=YES;
       datarow=3;
run;
proc  print  data=ex13a; run;
```

NOTE: IMPORT プロシジャの datarow=3 オプションより，3 行目以降のデータから読み込む．3 オブザベーションを読み込む場合，datarow=2 を指定する．

(ex.1.4)　次を実行し，解説せよ．

```
   proc   format ;
   value   avegf   0="F"   1="C"   2="B"   3="A"   ;
   run;
   data   ex11g;
    set   ex11;
   if   math1   ne .   then   aveg=(ave   ge   80) + (ave   ge   70) + (ave   ge   60) ;
   format   aveg   avegf. ;
   run:
   proc   print   data=ex11g; run;
```

(ex.1.5)　Program 1.3.1.3 で，以下を確かめよ．
（ⅰ）　初期値を 5 にして実行して結果をみてみる．
　　　　　retain   idno   5
（ⅱ）　retain ステートメントをコメントにして実行して結果をみてみる．
　　　　　*retain   idno   0 ;

(ex.1.6)　Program 1.3.3.1 で，do ループを i=2 にして実行してみる．また，i=1 で 3 行目の _numeric_ を y1-y3 にして実行する．

(ex.1.7)　Program 1.3.4.1 で _n_=2 として実行せよ．また，if ステートメントをコメントにして実行して結果をみてみる．
　　　　　*if   _n_=1   then   set   one;

(ex.1.8)　次のデータを読み取って，−99 を欠損値（ピリオド．）として出力せよ．

gender	height	weight
F	156	50
M	160	−99
F	162	52
M	−99	71

(ex.1.9)　Program 1.3.10.1 で format 文をコメントにして実行してみよ．
　　　　　*format   dob   dos   mmddyy10.   ;

(ex.1.10)　次のプログラムを実行して，解説をせよ．

```
data   mova;
input   y   @@ ;
```

```
time+1 ;
y0 = y ;
y1 = lag(y);
y2 = lag2(y);
y3 = lag3(y);
if _n_ ge 4 then do;
  movav = mean( of  y0 - y3);
  output;
end;
drop  y0 - y3;
cards;
1  3  4  8  10  9  5  3  3
;
proc  print  data=mova ;  run;
```

(**ex.1.11**) 次のデータセット a と b から，merge, set, by などを用いて c1, c2, c3, c4 を作成するプログラムを書け．

```
data  a ;
input  id  x  y  z $;
cards;
1  10  .    m
2  13  100  m
3  15  130  f
;
run;
```

```
data  b ;
input  id  x  z  $ w;
cards;
1  11  f  56
3  14  m  57
4  19  f  58
5  19  m  59
;
run ;
```

出力：c1

OBS	id	x	y	z	w
1	1	11	.	f	56
2	2	13	100	m	.
3	3	14	130	m	57
4	4	19	.	f	58
5	5	19	.	m	59

出力：c2

OBS	id	x	y	z	w
1	1	11	.	f	56
2	3	14	100	m	57
3	4	19	130	f	58
4	5	19	.	m	59

出力：c3

OBS	id	x	y	z	w
1	1	10	.	m	.
2	2	13	100	m	.
3	3	15	130	f	.
4	1	11	.	f	56
5	3	14	.	m	57
6	4	19	.	f	58
7	5	19	.	m	59

出力：c4

OBS	id	x	y	z	w
1	1	11	.	f	56
2	2	13	100	m	.
3	3	14	130	m	57

(ex.1.12) 次のプログラムの違いを述べよ．

```
data samp (drop= size  i  u);
size=6;
do i= 1 to size;
    u= ranuni(0);
    k= ceil(n*u);
    set ex11 point=k nobs=n;
    output;
 end;
stop;
run;
proc print data=samp; run;
```

```
data samp2(drop= size u   left   p);
size= 6;
left= n;
do while(size > 0);
    k+1;
    u=ranuni(0);
p=size/left;
    if u<p then do;
        set ex11 point=k nobs=n;
        output;
        size= size -1;
    end;
    left= left -1;
end ;
stop ;
run;
proc print data=samp2; run;
```

NOTE:
(1) データセットからどのケースを選択するか指示する．
　　　　set　データセット名　point = 変数；

　　ここでの変数は一時変数である．
　　DATA ステップの最後に stop; が必要であることに注意．

(2) データセットにある総観測数を変数に代入．
　　　　set　データセット名　nobs = 変数

第 2 章　統計グラフ

第 2 章では，ODS (Output Delively System) のグラフシステムを取り入れた統計グラフプロシジャを中心に紹介する．統計グラフプロシジャは，SG プロシジャ（Statistical Graphics プロシジャ）ともよばれ，SGPLOT, SGSCATTER, SGPANEL, SGRENDER プロシジャなどがある．

2.1　さまざまな統計グラフ（SGPLOT プロシジャ）

SGPLOT プロシジャは，棒グラフ，散布図，ラインプロット（折れ線グラフ），箱ひげ図，ヒストグラム，密度曲線グラフ，回帰プロット，loess プロット，スプラインプロットなど，バブルチャート，異なるグラフの重ね合わせなど，さまざまな種類のグラフを作成する．それぞれのグラフの種類ごとに，異なるステートメントが提供されている（章末付録 2A を参照）．

SGPLOT プロシジャの構文

```
proc  sgplot  data = データセット  ＜オプション＞ ；
  グラフの種類を表すステートメント  ＜/ オプション＞ ；
  ＜ グラフの種類を表すステートメント ；＞
```

(2.1.1)　棒グラフ

縦棒グラフは vbar ステートメント

```
vbar  カテゴリ変数  ＜/ オプション＞ ；
```

横棒グラフは hbar ステートメント

```
hbar  カテゴリ変数  ＜/ オプション＞ ；
```

主なオプション：

group= 変数	グループ化棒グラフを作成する
freq= 変数	度数変数を指定する
response= 変数	応答変数の値を棒グラフに表示する
stat=	応答変数の統計量（FREQ | MEAN | SUM）を指定する
barwidth= 値	バーの幅を指定する
datalabel <= 変数>	値を表示する
datalabelpos= DATA | TOP | BOTTOM	データラベルの表示位置を指定する
groupdisplay= STACK | CLUSTER	グループ化したグラフの表示方法を指定する

例1 ex11 データセット [1]のgrade変数の縦棒グラフを描く．デフォルトでは，バーの高さは度数（人数）を表す．

Program 2.1.1.1

```
title  " 成績グラフ";
proc   sgplot   data=ex11 ;
vbar   grade;
run ;
```

Program 2.1.1.1の結果

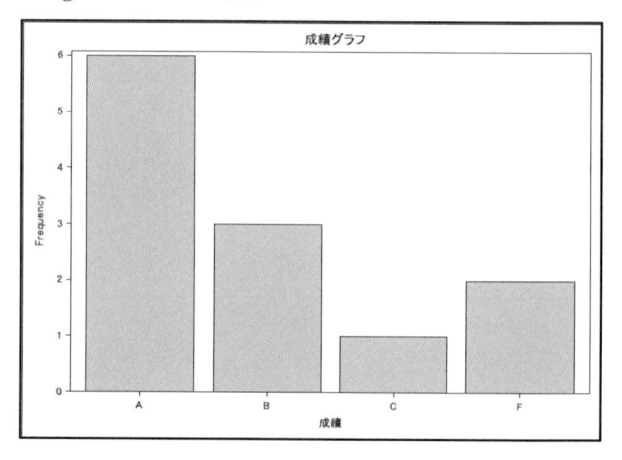

例2 ex11 データセットの男女別の縦棒グラフを描く．バーの高さは，math1 変数の平均を表す．

Program 2.1.1.2

```
title   h=2   "男女別  math1 変数の成績グラフ";
title2  h=2   "作成： &sysuserid   on   &sysdate9 ";
proc   sgplot   data=ex11;
vbar   gender /   response=math1   stat=mean ;
run;
```

---

[1] ex11 データセットは，第1章の (1.1.1) の Program 1.1.1.1 を参照．

プログラムの解説　　　　　　　　　　　Program 2.1.1.1 の結果

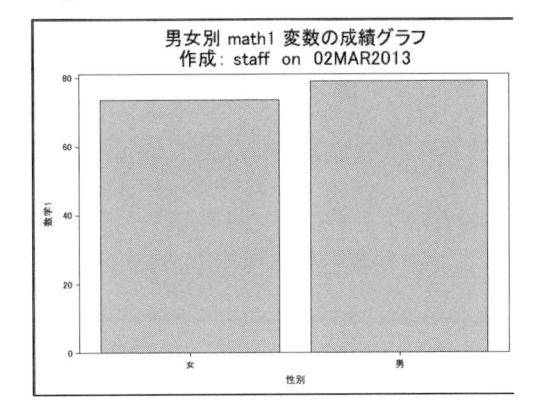

1, 2 行目： title ステートメントの h= オプションは，文字サイズを指定する．
自動マクロ変数（&sysuserid, &sysdate9）をタイトルに表示するときは，ダブルクォート(")で囲む．
4 行目： vbar（または hbar）ステートメントオプションには，response=数値型変数に指定した stat=統計量をバーの高さにすることができる．

例3　グループ化棒グラフの作成

Program 2.1.1.3　　　　　　　　　　　Program 2.1.1.3 の結果

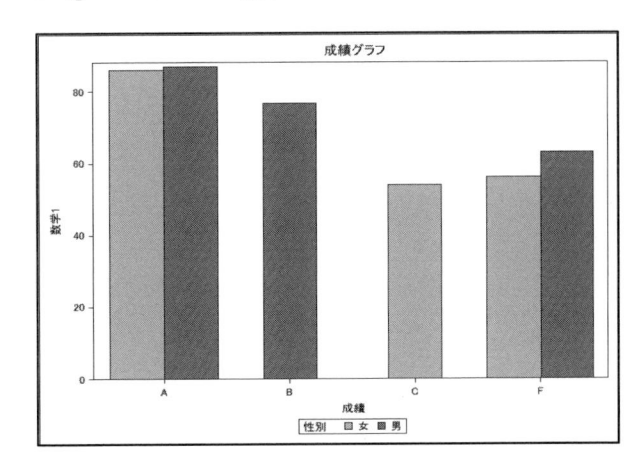

```
title " 成績グラフ";
proc sgplot data=ex11;
vbar grade /
  response= math1
  stat = mean
  group = gender
  groupdisplay = cluster;
run;
```

(2.1.2)　要約棒グラフ

vbarparm, hbarparm ステートメントは，要約データを対象とした棒グラフを作成する．

縦棒グラフ： vbarparm ステートメント

vbarparm　category= カテゴリ変数　<response= 応答変数 ></ オプション>

横棒グラフ： hbarparm ステートメント

hbarparm　category= カテゴリ変数　<response= 応答変数 ></ オプション>

主なオプション：

datalabel <= 変数>	値を表示する
group= 変数	ループ化棒グラフを作成する
limitlower= 変数	下限値の変数を指定する
limitupper= 変数	上限値の変数を指定する

vbarparm, hbarparm ステートメントは，次のような要約データを利用した棒グラフを作成する．

Program 2.1.2.1

```
data gex212;
input   gender $  ave   up    low   area $  ;
cards;
f    10    13     5   神奈川
f     9    13     6   千葉
f    13    15    10   東京
m    13    15     5   神奈川
m    11    13     5   千葉
m    14    16     8   東京
;
run;
```

ⅰ） **グループ化棒グラフ**　地域（area 変数）ごとにグループ化した縦棒要約グラフを作成する．

Program 2.1.2.2

```
title "地域別グラフ";
proc  sgplot  data=gex212;
vbarparm  category=area  response=ave  /  group=gender;
run;
```

ⅱ）上限と下限の値を横棒要約グラフに表示する．

Program 2.1.2.3

```
title "地域別グラフ";
proc  sgplot  data=gex212;
hbarparm  category=area  response=ave  /  group=gender
     limitupper=up   limitlower=low ;
run;
```

Program 2.1.2.2 の結果　　　　　　　　Program 2.1.2.3 の結果

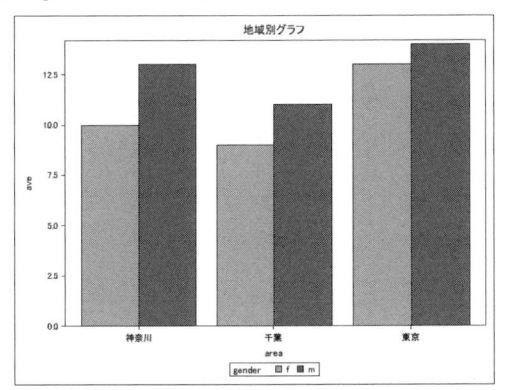

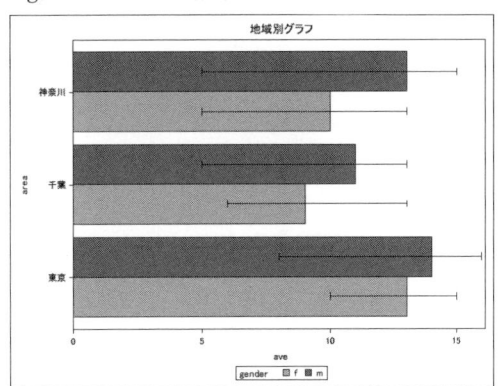

(2.1.3) 棒グラフと折れ線グラフの重ね合わせ

vline, hline ステートメントと棒グラフ用の vbar, hbar ステートメントを同時に指定することで，異なるグラフの重ね合わせグラフを作成する．

縦棒グラフ用ラインチャート：　vline ステートメント

vline　カテゴリ変数　</ オプション>

横棒グラフ用ラインチャート：　hline ステートメント

hline　カテゴリ変数　</ オプション>

主なオプション：

group= グループ変数	グループ化したグラフを作成する
response= 応答変数	バーやプロットの表示位置となる変数を指定する
stat= FREQ | MEAN | SUM	応答変数の統計量
lineattrs=	ライン属性の設定（ラインの種類は章末付録 2D を参照）
markerattrs=	マーカー属性の設定（マーカーの種類は章末付録 2C を参照）
markers	マーカーを表示

例　grade 変数の値ごとに math1 変数と math2 変数の平均のグラフを作成する．math1 変数は，縦棒グラフ，math2 変数は，折れ線グラフを描く．グラフの高さやプロットは，math1, math2 変数の平均を表す．math2 変数の折れ線グラフには，マーカーをプロットする．

Program 2.1.3.1

```
title  "成績別　詳細グラフ";
proc  sgplot   data= ex11;
vbar  grade /  response=math1   stat=mean ;
```

```
vline  grade /  response=math2  stat=mean  markers ;
run;
```

Program 2.1.3.1 の結果

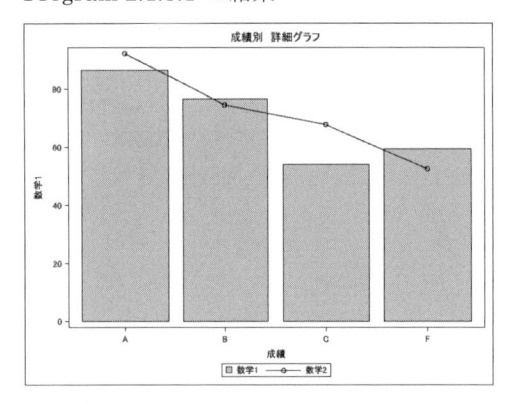

(2.1.4) ラインプロット（折れ線グラフ）

時間，日にち，週，月などの時系列データを視覚化するときは，series ステートメントを利用したグラフを用いるのが便利である．

series ステートメント

```
series  x= 変数  y= 変数  < / オプション > ;
```

主なオプション：

datalabel=< 変数 >	値を表示する
group= 変数	グループ化したグラフを作成する
markers	マーカーを表示する
lineattrs=	ライン属性を指定する
markerattrs=	マーカー属性を指定する

2000 年から 2013 年までの原価（cost）と売値（price）の変化を表すグラフを描いてみる．

Program 2.1.4.1

```
data  gex214 ;
retain  year  1999 ;
input  cost  price @@ ;
year = year + 1 ;
cards;
```

gex214 データセットの内容（抜粋）

OBS	year	cost	price
1	2000	89	100
2	2001	87	100
3	2002	89	101

2.1 さまざまな統計グラフ（SGPLOT プロシジャ）

```
 89  100    87  100    89  101    90  102
 95  105    88  103    92  110    94  110
 96  115    97  120    99  120   100  120
100  125   120  130
;
proc  print  data=gex214;
run;
```

4	2003	90	102
5	2004	95	105
6	2005	88	103
7	2006	92	110
8	2007	94	110
9	2008	96	115

例1 gex214 データセットの cost, price 変数が年（year 変数）とともにどのように変化するのか，ラインプロットで調べてみる．y 軸の変数に cost 変数と price 変数の値を表示する．

Program 2.1.4.2

```
title "2000～2013 年原価，売値比較グラフ";
proc  sgplot  data=gex214;
series  x=year  y=cost  / datalabel;
series  x=year  y=price / datalabel;
run;
```

プログラムの解説

3, 4 行目: series ステートメントの datalabel オプションを指定すると，プロットに y 軸の変数の値が表示される．datalabel=変数 を指定すると，指定した変数の値を表示する．

Program 2.1.4.2 の出力

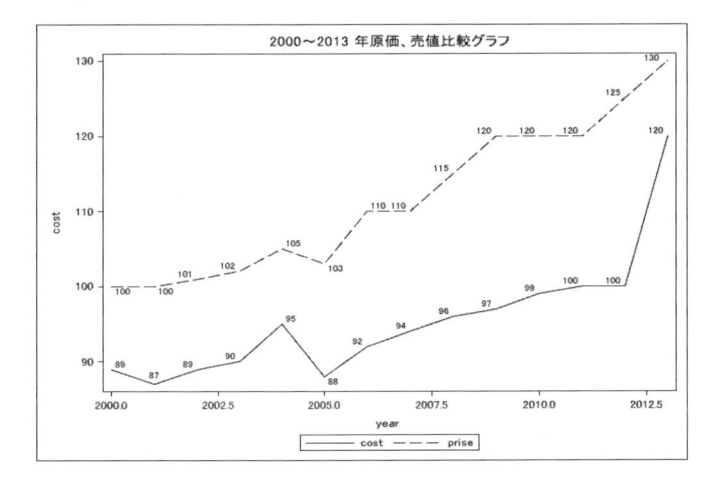

例2 プロットと軸の属性を指定する．

プロットに変数の値とシンボルを表示する．変数の値とシンボルの属性（シンボルの種類，サイズ，色など）の詳細な設定を行う．x 軸には，各年数を表示する．

Program 2.1.4.3

```
title "2000～2013 年原価, 売値比較グラフ";
proc  sgplot  data=gex214;
series  x=year  y=cost /
 datalabel  datalabelattrs= (size=3mm  Family=Arial)
 markers  markerattrs= (symbol=TriangleDownFilled  Color=blue  size=3mm);
series  x=year  y=price /
 datalabel  datalabelattrs= (size=3mm  Family=Arial)
 markers  markerattrs=(symbol=CircleFilled  Color=red  size=3mm) lineattrs=(pattern=42);
xaxis values=(2000 to 2013 by 1);
run;
```

プログラムの解説

4 行目：datalabelattrs= に，データラベルのサイズやフォントを指定する．オプションの内容は，カッコ（ ）にリストする．データラベルについては章末付録 2E「データラベルの設定」を参照．

5 行目：markers はプロットシンボルを表示する．マーカーの属性は，markerattrs= に指定する．マーカーに表示できるシンボルは，章末付録 2C「マーカーシンボルのリスト」を参照．

8 行目：lineattrs= でラインの種類を指定する．章末付録 2D「ラインのリスト」を参照．

9 行目：xaxis ステートメントで，x 軸に 2000 から 2013 までの刻み値を表示する．

Program 2.1.4.3 の出力

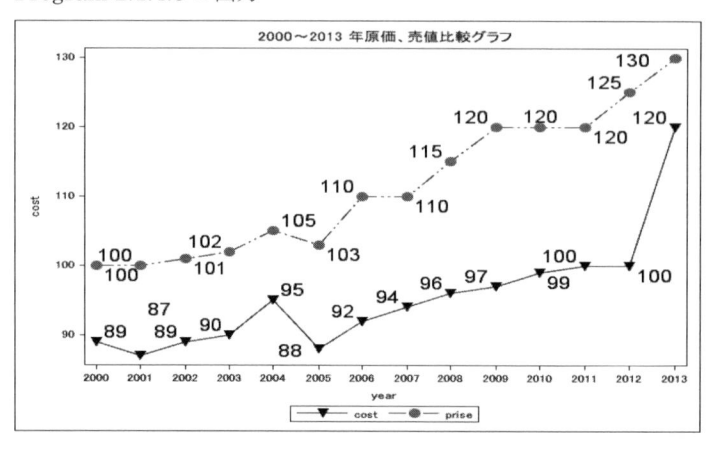

(2.1.5) 箱ひげ図

縦箱ひげ図は vbox ステートメント

```
vbox  応答変数 </ オプション>;
```

横箱ひげ図は hbox ステートメント

> **hbox** 応答変数 </ オプション> ;

主なオプション：

category= 変数	カテゴリ変数を指定する
group= 変数	グループ変数を指定する（カテゴリの値をさらにグループ化する）
datalabel<=変数>	値を表示する
lineattrs=	ライン属性を指定する

例1 性別ごとに math1 変数の箱ひげ図を作成する.

Program 2.1.5.1

```
title "男女別 math1 変数の箱ひげ図";
proc sgplot data=ex11;
vbox math1 / category=gender;
run;
```

Program 2.1.5.1 の結果

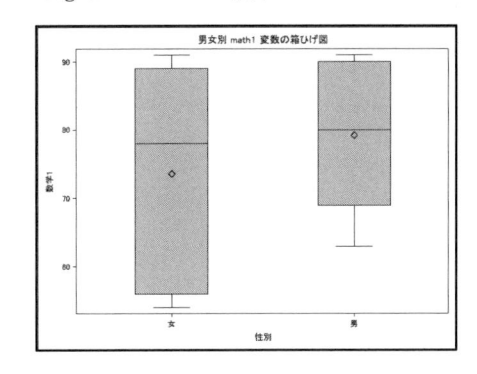

例2 カテゴリ変数とグループ変数を併用した分類された箱ひげ図を作成する.
dept 変数でカテゴリ化を行い，さらに，カテゴリの値ごとにグループ化を行う[2].

Program 2.1.5.2

```
title "学科別 math1 変数の箱ひげ図";
proc sgplot data= ex11a;
vbox math1 /
    category= dept group= gender;
run;
```

Program 2.1.5.2 の結果

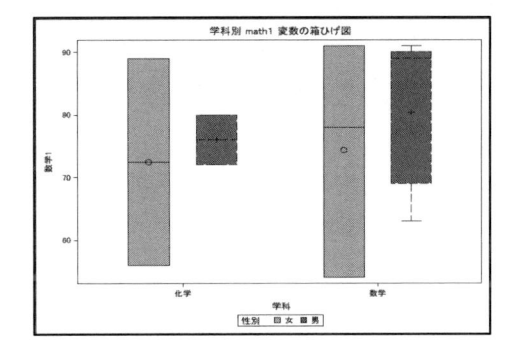

プログラムの解説

> 3, 4 行目： category=dept で外側のカテゴリ化を行い，group= gender でカテゴリ内のグループ化を行う．

---

[2] 第 1 章(1.2.3)の Program 1.2.3.1 の ex11a のデータセットを利用.

(2.1.6) ヒストグラムと密度曲線グラフ

histogram ステートメントの構文

> **histogram** 応答変数 </ オプション> ;

正規分布曲線やカーネル密度推定曲線： density ステートメントの構文

> **density** 応答変数 </ オプション> ;

例1 math1 変数と math2 変数のヒストグラムを描く．

Program 2.1.6.1

```
title  " Histogram for math1 and math2";
proc   sgplot   data = ex11;
histogram   math1;
histogram   math2 / transparency= 0.5;
run;
```

プログラムの解説

3, 4 行目： 2 つの histogram ステートメントで，2 変数のヒストグラムが 1 つのグラフに表示される．
4 行目： transparency=0.5 は，バーの透過性を指定する．

Program 2.1.6.1 の出力

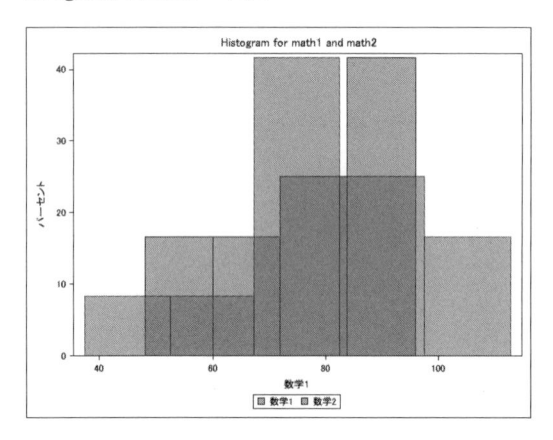

例2 math1 変数のヒストグラム，正規分布曲線とカーネル密度推定曲線も表示する．

Program 2.1.6.2

```
title   "Histogram and Density curve";
proc   sgplot   data = ex11;
histogram   math1 / showbins;
density   math1;
density   math1 / type= kernel;
```

プログラムの解説

3 行目： histogram ステートメントの showbins オプションは，横軸の刻みをミッドポイントにする．
4 行目： math1 変数に対する正規分布曲線を表示する．

```
keylegend / location=inside   position=topright ;
run ;
```

6行目： keylegend オプションは，凡例の出力位置を指定する．

Program 2.1.6.2 の出力

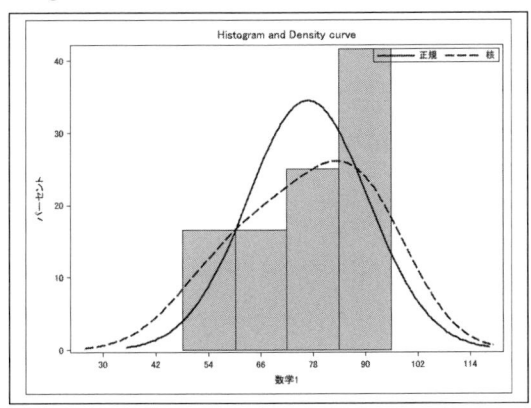

NOTE:

　　math1 変数のヒストグラム，平均 80，標準偏差 15 の正規分布曲線を描く．x 軸の値が 75 と 55 で参照線を引く．色（color=red）と線種に点線（pattern=2）を指定する．線種は章末付録 2D を参照．

```
density   math1   / type=normal ( mu=80 sigma=15)
    lineattrs=( color=blue   pattern=1 ) ;
refline  75   55   / axis=x  lineattrs=(color=red   pattern=2 ) ;
```

(2.1.7)　散布図

scatter ステートメントの構文

| **scatter** x= *数値変数* y= *数値変数* < / オプション > ; |

主なオプション

datalabel < = *変数* >	値を表示する
freq= *変数*	度数変数を指定する
group= *変数*	グループ化したグラフを作成する
markers	マーカーを表示する
markerattrs=	マーカー属性を指定する

例 1　math1 変数と math2 変数の散布図を作成する．プロットは性別で識別し，subject 変数の値をプロットと一緒に表示する．出力は省略．

Program 2.1.7.1

```
title   "Scatter plot using math1 and math2 by gender" ;
proc   sgplot   data= ex11 ;
scatter   y=math1   x= math2   / group= gender   datalabel= subject ;
run ;
```

例2　マーカーとテキストの属性を指定する.

Program 2.1.7.2

```
title   "Scatter plot using math1 and math2 by gender" ;
proc   sgplot   data= ex11 ;
scatter   y=math1   x= math2   /
   group= gender   datalabel= subject   markerattrs=(size=3mm)
   datalabelattrs=( size=3mm   Family=Arial) ;
run ;
```

Program 2.1.7.2 の出力

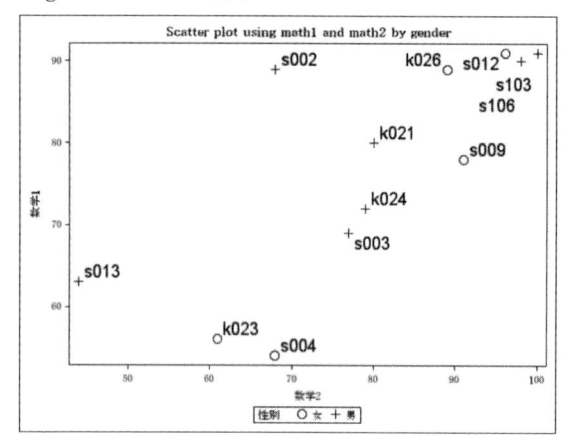

NOTE:

　markerattrs= と datalabelattrs= は, プロットやテキストのサイズを指定する.

　使用可能なプロットについては, 章末付録 2C を参照. データラベルについては, 章末付録 2E を参照.

(2.1.8)　直線, 曲線の当てはめ

回帰直線, または, 曲線の当てはめ: reg ステートメントの構文

```
reg   x= 数値変数   y= 数値変数   </ オプション> ;
```

主なオプション:

freq= 変数	度数変数を指定する
weight= 変数	重み変数を指定する
clm, cli	平均値, 予測値の信頼区間を表示する

alpha= 数値	信頼区間の水準を指定する．デフォルトは0.05.
degree= 整数	多項式の次数を与える
datalabel <= 変数>	ラベルを表示する
group= 変数	グループ化棒グラフを作成する
lineattrs=	ライン属性を指定する
markerattrs=	マーカー属性を指定する

Loess 曲線の当てはめ： Loess ステートメントの構文

```
loess  x= 数値変数  y= 数値変数  </ オプション> ;
```

Penalized B-spline 曲線の当てはめ： pbspline ステートメントの構文

```
pbspline  x= 数値変数  y= 数値変数  </ オプション> ;
```

例1　男女別に，math2 変数の math1 変数への回帰直線を表示する．

Program 2.1.8.1
```
title   "Regression plot"  ;
proc   sgplot   data=ex11;
reg   y=math2   x= math1 /   group= gender   datalabel= subject  ;
run ;
```
出力は省略．

マーカーサイズとx, y軸をカスタマイズする．プロットを強調表示し，x軸を50〜100点まで5点刻み，y軸を40〜100点まで10点刻みで表示する．

```
    reg   y=math2   x= math1 /
        group= gender   datalabel= subject   markerattrs=(size=5mm) ;
    xaxis values=(50 to 100 by 5);
    yaxis values=(40 to 100 by 10);
```

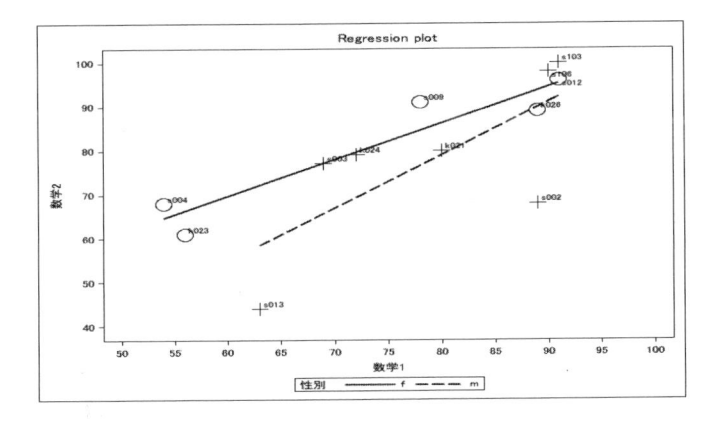

例2 math1 変数の math2 変数への回帰直線，平均値と予測値の 90% 信頼区間，予測区間を描く．グラフには，y 軸の 60, 80 で参照線を描く．

Program 2.1.8.2

```
title   "Regression plot"  ;
proc   sgplot   data= ex11;
reg   y=math2   x= math1 / clm cli   alpha= 0.1 ;
refline    60   80 ;
run ;
```

プログラムの解説

3 行目：平均値 (clm), 予測値 (cli) の 90% 信頼区間 (alpha=0.1) を作成する．

4 行目：refline ステートメントは, 60, 80 の値で参照線を作成する．

Program 2.1.8.2 の出力

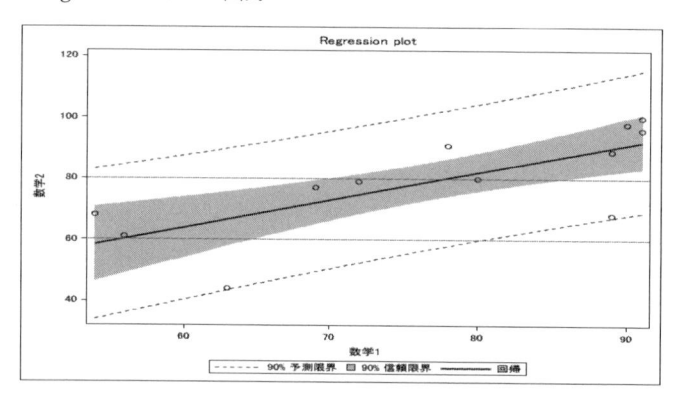

例3 math2 変数の math1 変数への Loess 曲線を描く．

Program 2.1.8.3

```
title   "Loess Curve " ;
proc   sgplot   data= ex11 ;
loess   y=math2   x=math1 / degree=2 ;
run ;
```

出力は省略．

例4 Penalized B-spline 曲線の当てはめ

refline ステートメントに変数を指定すると，変数のそれぞれの値で，参照線が描かれる．

Program 2.1.8.4

```
title   "Penalized B-spline curve " ;
proc   sgplot   data= ex11 ;
 pbspline   x=math1   y=math2  / clm ;
 refline    ave ;
run;
```

NOTE:

60 と 80 で参照線を描くには次のように指定する．出力は省略．

```
        refline   60   80  ;
```

(2.1.9) ベクトルプロット

始点から，それぞれの変数の値まで，ベクトル（矢印）を表示する．

vector ステートメントの構文

> **vector** x= 数値変数 y= 数値変数 </ オプション > ;

例 math1 と math2 変数の値を用いてベクトルを描く．始点は (70 , 60) とする．

Program 2.1.9

```
title "vector using math1 and math2 ";
proc  sgplot  data= ex11 ;
vector  x=math1  y=math2  /  xorigin=70  yorigin=60  arrowheadshape= barbed
   group= gender   datalabel= subject
   datalabelattrs = ( size=5mm   Family=Arial) ;
run ;
```

プログラムの解説

> 3 行目： arrowheadshape= は，矢印の形状を指定する．barbed は，矢印の部分を塗りつぶす．
> 4 行目： datalabel= オプションで指定した subject 変数の値を矢印の先に表示する．datalabel のみを指定すると，y 変数の値を表示する．
> 5 行目： datalabelattrs= には，データ表示の属性について指定する．カッコの中には，文字サイズ，フォント，色などを指定する．詳細は，章末付録 2E を参照．

Program 2.1.9 の出力

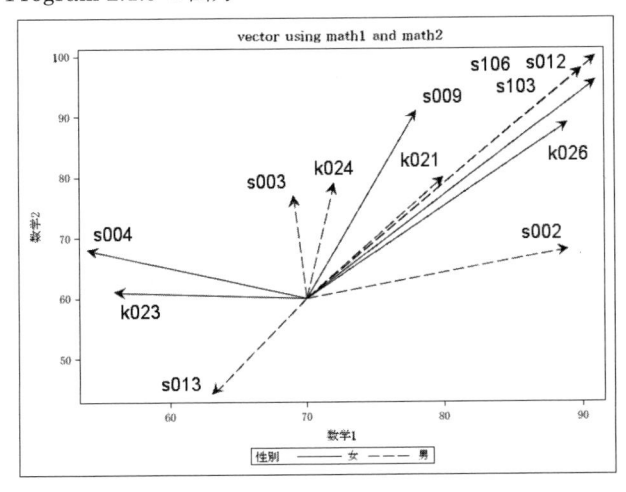

2.2 グラフの比較（SGSCATTER プロシジャ）

パネルに複数のグラフを作成し，変数の特徴が捉えやすいグラフを作成する．compare ステートメントと plot ステートメントは，複数の散布図を並べて表示する．matrix ステートメントは，散布図行列を作成する．

SGSCATTER プロシジャの構文

```
proc   sgscatter   data= dataset   <オプション>；
 compare     x= 変数｜(変数1 ... 変数n)
             y= 変数｜(変数1 ... 変数n) </ オプション>；
 matrix    変数1    <... 変数n></ オプション>；
 plot      y 変数  *   x 変数   </ オプション>；
```

NOTE: COMPARE, MATRIX, PLOT ステートメントのどれかを指定する．

主なオプション：

datalabel <= 変数>	プロットに値を表示する
group= 変数	グループ変数を指定する
join	プロットをつなぐ
loess=	Loess 曲線を描く（compare, plot ステートメントで有効）
reg=	回帰直線を描く（compare, plot ステートメントで有効）
columns= 数値	パネル内に表示する縦方向グラフの方向
rows= 数値	パネル内に表示する横方向グラフの方向，rows=1 は横一列にグラフを表示

この節では，数学の点数に国語の点数を加えて，教科ごとの点数の違いをグラフから調べてみる．ex11 データセットに，国語の点数を加えた ex11c データセットを新たに作成する．

Program 2.2

```
data   add ;
input     subject $  kokugo  @@ ;
label   kokugo = "国語" ;
cards;
s002   70      s012   99    k024   86    s003   68    s013   67    k026   90
s004   55      k021   95    s103   89    s009   88    k023   86    s106   90
;
```

```
run;
proc  sort  data= ex11;  by subject;
proc  sort  data= add;   by subject;
data  ex11c;
 merge  ex11  add ;  by  subject ;
proc  print  data =ex11c ;  run;
```

Program 2.2 の出力　ex11c データセットの内容

OBS	学籍番号	性別	数学1	数学2	合計点	平均点	成績	国語
1	k021	男	80	80	160	80.0	A	95
2	k023	女	56	61	117	58.5	F	86
3	k024	男	72	79	151	75.5	B	86
4	k026	女	89	89	178	89.0	A	90
5	s002	男	89	68	157	78.5	B	70
6	s003	男	69	77	146	73.0	B	68
7	s004	女	54	68	122	61.0	C	55
8	s009	女	78	91	169	84.5	A	88
9	s012	女	91	96	187	93.5	A	99
10	s013	男	63	44	107	53.5	F	67
11	s103	男	91	100	191	95.5	A	89
12	s106	男	90	98	188	94.0	A	90

例 1　ex11c データセットの math1 と kokugo 変数, math2 と kokugo 変数の散布図を作成する. グラフには, 信頼区間付きの回帰直線を描き, プロットには, subject 変数の値を表示する.

Program 2.2.1

```
title  "2 scatter plots" ;
proc  sgscatter  data=ex11c ;
plot  math1*kokugo  math2*kokugo  /
  group= gender   grid  reg=( nogroup  clm  cli )   datalabel= subject
  markerattrs= (size=4mm);
run ;
```

プログラムの解説

> 3行目： plot（math1 math2）* kokugo と指定も可能．
> 3～5行目： plot ステートメントのオプションは，/（スラッシュ）の後に指定する．
>   group= gender で，性別でプロットの表示を変える．
>   grid オプションはグリッド表示．reg= オプションは回帰直線や信頼区間を表示する．
>   reg=（nogroup clm cli）では，group= オプションで指定した変数でグループ化しないモデルで，回帰式を求める．
>   clm, cli オプションは，平均値と予測値で信頼区間（デフォルトは 95% 信頼区間）を表示する．
>   datalabel=subject は，プロットに subject 変数の値を表示する．
>   markerattrs=(size=4mm) は，プロットの大きさを指定する．

Program 2.2.1 の出力

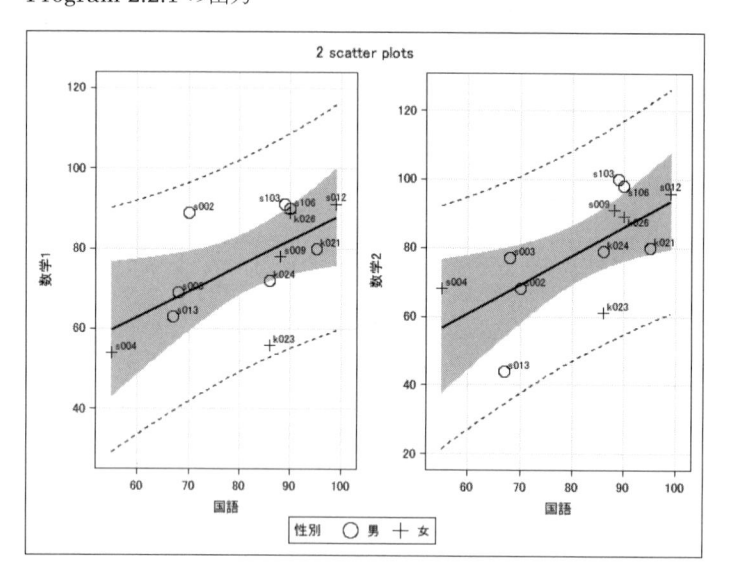

NOTE: グラフを縦に 2 つ並べるには，オプション rows=2 を追加する．

例2 compare ステートメントを利用しても，変数の比較を行えるグラフを作成できる．

Program 2.2.2

```
title  "2 Scatter plots";
proc  sgscatter  data=ex11c ;
compare  y=(math1  math2)  x= kokugo  /
  group= gender  grid  reg=(nogroup  clm  cli)  datalabel= subject ;
run;
```
出力は省略．

例 3 math1, math2, ave 変数の散布図行列をヒストグラム付きで描く．

Program 2.2.3

```
title  " Scatter matrix of scores of math1,math2 and kokugo";
proc  sgscatter   data= ex11c ;
matrix   math1   math2   kokugo   /  group=gender  diagonal=( normal   histogram )
     markerattrs= (size=12);
run;
```

プログラムの解説

3 行目: 散布図行列を描く変数をリストする．

3〜4 行目: matrix ステートメントのオプションを /（スラッシュ）のあとに指定する．

group= オプションは，指定した変数の値ごとに異なる色と形状で表示する．

diagonal= オプションで散布図行列にヒストグラム (histogram) や分布 (normal か，kernel) を表示する．

markerattrs= (size=12) は，プロットをサイズ 12 として，大きく表示する．

Program 2.2.3 の出力

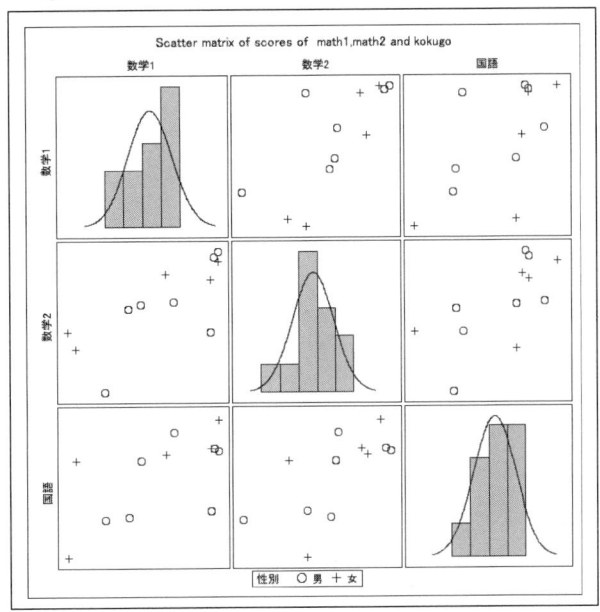

例 散布図行列に，平均値の 99% 信頼楕円を描く．マーカーの属性は，markerattrs = オプションに指定する．

```
matrix   math1   math2   kokugo  /  ellipse= (alpha=0.01   type=mean )
     markerattrs = (size=12   color= blue   symbol= triangle );
```

2.3 分類変数の値で比較するグラフ（SGPANEL プロシジャ）

分類変数の値ごとに，さまざまなグラフを作成する．生成するグラフは，SGPLOT プロシジャがサポートしているグラフを作成できる．

SGPANEL プロシジャは，分類変数を用いたグラフを作成する．パネルを複数のセル (cell) で区切り，それぞれのセルに，分類変数の値ごとにグラフを表示する．SGPLOT プロシジャと同じ種類のグラフが作成される．

SGPANEL プロシジャの構文

> **proc sgpanel** <オプション> ;
> **panelby** 変数 <オプション> ;
> プロットステートメント ;

NOTE: panelby ステートメントとプロットステートメントの指定が必須．

主なオプション：

columns= 数値	横方向にグラフを表示する
rows= 数値	縦方向にグラフを表示する
layout=	PANEL | LATTICE | ROWLATTICE など
border | noborder	枠の表示状態

例 1 男女別に math1 と math2 変数の散布図を作成し，回帰直線と平均値の信頼区間を表示する．

Program 2.3.1

```
title "plot using math1 and math2 by gender ";
proc sgpanel data=ex11;
panelby gender;
reg x=math1 y=math2 / clm;
run;
```

Program 2.3.1 の出力

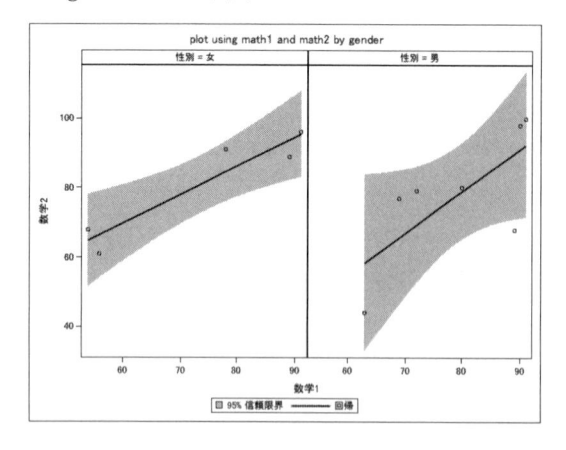

2.3 分類変数の値で比較するグラフ（SGPANEL プロシジャ）

例2 男女別に math1 変数の分布をみる.

Program 2.3.2

```
title  " Distribution for math1 by gender ";
proc  sgpanel   data=ex11;
panelby gender ;
histogram   math1 ;
density   math1;
run;
```

Program 2.3.2 の出力

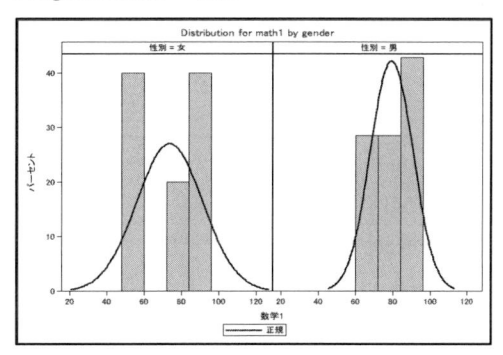

例3 grade 変数の値ごとに男女別（gender）の math1, math2 変数の分布をみる.

Program 2.3.3

```
title    "Histogram for math1 and math2";
title2   "by grade";
proc  sgpanel   data=ex11 ;
panelby   grade;
vbar   gender  /
  response= math1   stat= mean
  transparency= 0.3  ;
vbar   gender   /
  response=math2   stat= mean
  transparency=0.3   barwidth= 0.5 ;
run ;
```

Program 2.3.3 の出力

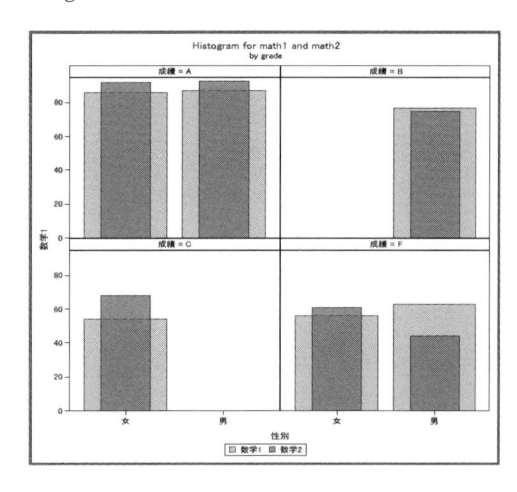

例4 グラフ（セル）を横に並べるには，panelby ステートメントの columns= オプションを指定する．columns=4 を指定すると，A,B,C,F の 4 つのグラフが横方向に並ぶ．

```
      panelby   grade  /  columns=4 ;
```

columns=1 を指定すると，縦方向に 4 つのグラフが表示される．

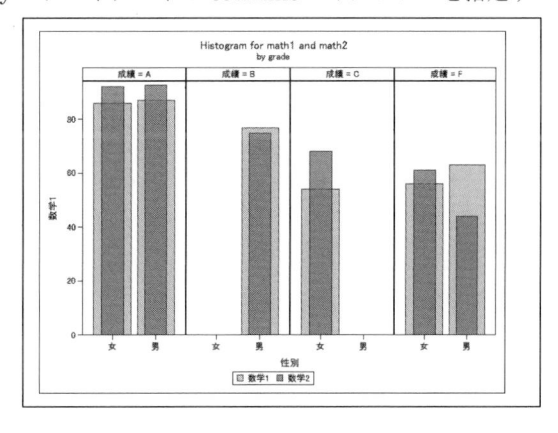

2.4 グラフテンプレートを利用したグラフ（SGRENDER プロシジャ）

SGRENDER プロシジャは，Graph Template Language（GTL）で作成した統計グラフ (StatGraph) テンプレートを利用したグラフを作成する．

SGRENDER プロシジャの構文

```
proc  sgrender  template= 統計グラフ (StatGraph) テンプレート
      < data= データセット >
      < object= オブジェクト名 >  < objectlabel= "テキスト"> ；
    dynamic   変数割り当てリスト ；
```

SGRENDER プロシジャの template= に指定する統計グラフテンプレートは，TEMPLATE プロシジャで作成する．

ODS 統計グラフのための TEMPLATE プロシジャの構文

```
proc  template ；
  define  statgraph   テンプレート名 < / store=libref.template-store> ；
      begingraph ；
            GTL ステートメント ；
      endgraph ；
  end ；
```

define statgraph ステートメントに，作成する統計グラフのテンプレート名を割り当て，begingraph と endgraph ステートメントの間に，表示設定を行う GTL ステートメントを記述する．

(2.4.1) テンプレート

TEMPLATE プロシジャで統計グラフテンプレートを作成し，SGRENDER プロシジャで利用してみる．

例1 次の3次元グラフを SGRENDER プロシジャで作成する．

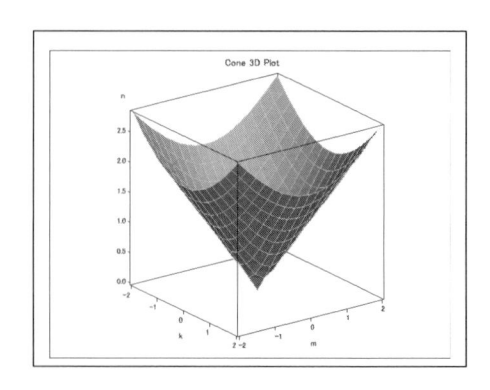

2.4 グラフテンプレートを利用したグラフ（SGRENDER プロシジャ）

3 次元グラフ用データを作成する．cone データセットは，3 つの数値変数をもつ．

Program 2.4.1 cone データセット

```
data  cone ;
do  k = -2  to  2  by  0.25 ;
  do  m = -2  to  2  by  0.25 ;
    n = sqrt( k*k + m*m ) ;
    output ;
  end ;
 end ;
run;
```

cone データセットの内容（抜粋）

k	m	n
-2	-2.00	2.82843
-2	-1.75	2.65754
-2	-1.50	2.50000
-2	-1.25	2.35850
-2	-1.00	2.23607
-2	-0.75	2.13600
-2	-0.50	2.06155
-2	-0.25	2.01556

次に，3 次元グラフのテンプレートを作成する．

グラフのテンプレートは，TEMPLATE プロシジャで作成する．TEMPLATE プロシジャには，表示するグラフの数などを指定するレイアウトステートメントと，表示するグラフの種類を指定するステートメントを指定する．

3 次元グラフは，surfaceplotparm ステートメントを利用する．

  surfaceplotparm **x=**_数値変数_ **y=**_数値変数_ **z=**_数値変数_ < / _オプション_ > ；

3 次元グラフを含むレイアウトは，layout overlay3d ステートメントを利用する．レイアウト定義の layout ステートメントと endlayout ステートメントは対であり，この間に，表示する 3 次元グラフのステートメントを指定する．

NOTE: レイアウトステートメントと TEMPLATE プロシジャで作成できるグラフの種類については，2.5 節と 2.6 節を参照．

3 次元グラフの sfgraph テンプレートを作成する．

Program 2.4.2

```
proc  template ;
define  statgraph  sfgraph ;
 begingraph ;
  entrytitle  "Cone 3D Plot" ;
  layout  overlay3d ;
    surfaceplotparm  x=k  y=m  z=n ;
```

```
        endlayout ;
      endgraph ;
    end ;
 run ;
```

プログラムの解説

2 行目： sfgraph という名前で，統計グラフ（statgraph）を作成する．
　define statgraph ステートメントと 9 行目の end ステートメントは対である．
3～8 行目： begingraph ステートメントと endgraph ステートメントの間に，グラフの表示設定をする．
5～7 行目： layout overlay3d ステートメントと endlayout ステートメントの間に，レイアウトを指定する．overlay3d は 3 次元グラフのレイアウトを示す．
6 行目： surfaceplotparm ステートメントに 3D グラフに表示する 3 変数を指定する．

sfgraph グラフテンプレートを利用して，cone データセットから 3 次元グラフを作成する．SGRENDER プロシジャに，core データセットと参照する sfgraph テンプレートを割り当てる．

Program 2.4.3

```
proc  sgrender  data= cone  template= sfgraph ;
run;
```

NOTE:
ⅰ） surfaceplotparm ステートメントのオプションを指定することで，見栄えの詳細設定を行える．オプションは，変数リストにスラッシュ（/）を続けて指定する．

　右図の濃いブルーのワイヤーフレームグラフ（surfacetype= wireframe）は，次のように指定する．
　　surfaceplotparm x=k y=m z=n /
　　　surfacetype= wireframe
　　　fillattrs= (color=SlateBlue) ;

ⅱ） 3 次元ヒストグラムを表示する（出力は省略）．
　　bihistogram3dparm x=k y=m z=n ;

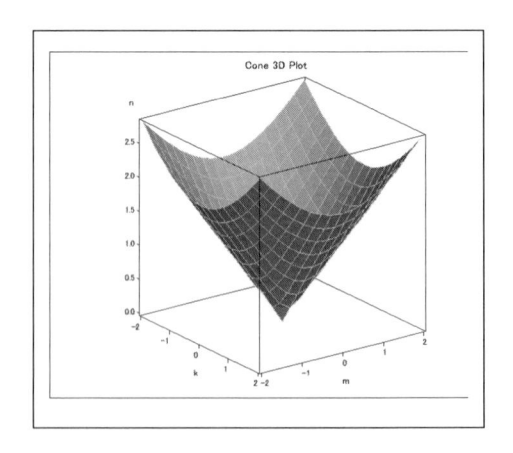

例 2 回帰直線付き散布図を描く ScatterReg テンプレートを作成する.

ScatterReg テンプレートは，x, y 変数に a 変数と b 変数を割り当て，散布図を作成する．プロットの識別として，subject 変数の値を表示する．グラフのタイトルに，SAS マクロ変数からユーザーID，日付を表示する．

散布図と回帰モデルのステートメント

> **scatterplot** **y=** *y 変数* **x=** *x 変数* </ *オプション*> ;
> **regressionplot** **y=** *y 変数* **x=** *x 変数* </ *回帰オプション*> </ *オプション*> ;

Program 2.4.4 ScatterReg 統計グラフテンプレートを作成する

```
proc template;
define statgraph ScatterReg;
begingraph;
entrytitle "Scatter Plot for math1 and math2";
entrytitle "Reported by &sysuserid on &sysdate9";
layout overlay;
modelband "myclm";
scatterplot y=math1 x=math2 / markerattrs=(size=15)
datalabel=subject datalabelattrs=(size=15) group=gender;
regressionplot y=math1 x=math2 / clm="myclm" alpha=0.01
degree=1 name='line' legendlabel= 'Linear Fit';
endlayout;
endgraph;
end;
run;
```

プログラムの解説

2 行目： 統計グラフの ScatterReg テンプレートを作成する．
8〜9 行目： scatterplot ステートメントに散布図の表示設定をする．散布図に表示する x 変数と y 変数の指定は必須．スラッシュ（/）のあとに，散布図のオプションを設定する．
10〜11 行目： regressionplot ステートメントに回帰プロットの表示設定をする．回帰モデルの x 変数と y 変数の指定は必須．スラッシュ（/）のあとに，信頼区間（clm=），水準（alpha=0.01）などを指定する．

scatterreg テンプレートを利用して，ex11 データセットを用いたグラフを作成する．

Program 2.4.5

```
proc  sgrender  data=ex11
    template= scatterreg ;
run;
```

Program 2.4.5 の出力

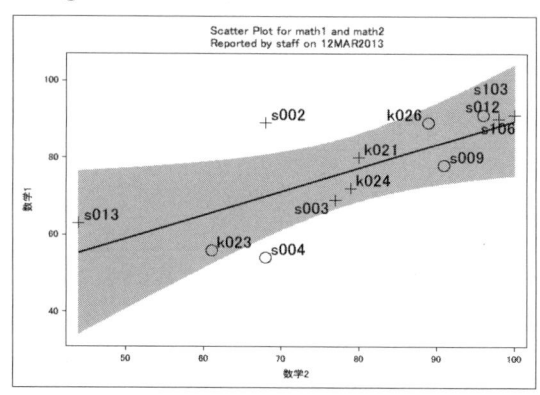

例3 3つのグラフを表示するパネルを作成する．

パネルのテンプレート Panel3g を作成する．パネルには，ヒストグラム，箱ひげ図，散布図の3つのグラフを縦方向に並べて表示する．

パネルの定義は，layout lattice ステートメントと endlayout ステートメントの間に指定する．パネルに含むグラフ数と表示位置は，layout lattice ステートメントの rows=n columns=m オプションで指定する．

Program 2.4.6

```
proc  template ;
define  statgraph  Panel3g ;
begingraph ;
 entrytitle  "math1の点数";
layout  lattice / rows=3  columns=1 ;

layout  overlay /
yaxisopts=(offsetmin=.15) xaxisopts=(label='math2の点数');
    histogram  math2 / binstart=0  BINwidth=10 ;
    fringeplot  math2 ;
    densityplot  math2  / normal( );
endlayout;
layout  overlay / xaxisopts=(label='math2の点数');
    boxplot  y= math2 / orient= horizontal;
endlayout ;
```

```
layout overlay /
yaxisopts=(label='math2の点数') xaxisopts=(label='math1の点数');
    scatterplot   y=math2   x=math1 /
markercharacter= subject
        name='color'   markercolorgradient= sum;
    continuouslegend   'color' /   title='合計点';
    regressionplot   y=math2   x=math1;
endlayout;
endlayout;
endgraph;
end;
```

panel3g テンプレートを利用して，gex21 データセットを用いたグラフを作成する．

Program 2.4.7

```
proc   sgrender   data= ex11
    template= panel3g;
run;
```

Program 2.4.7 の出力

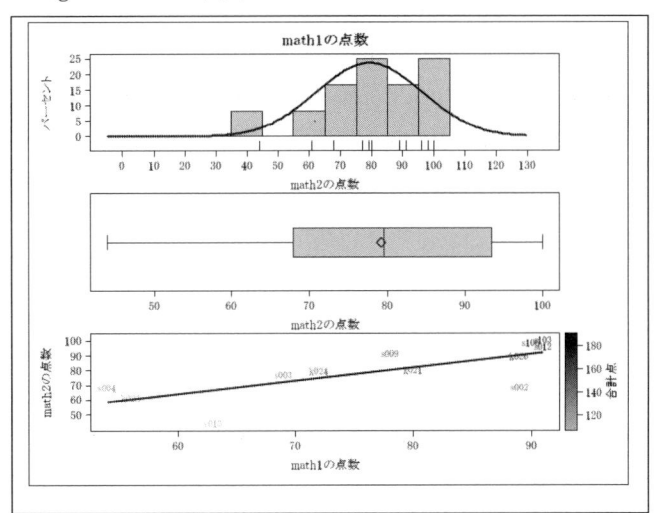

(2.4.2) ダイナミック変数

ダイナミック変数 (Dynamic Variable) を利用すると，SGRENDER プロシジャの実行時に，グラフに表示する変数やグラフ表示設定などを指定することができる．ダイナミック変数は，TEMPLATE プロシジャの dynamic ステートメントに，受け渡しを行う変数を定義する．

例 2 の回帰線付き散布図 (Program 2.4.4) に，SGRENDER プロシジャで，x 変数，y 変数と回帰式の次数を割り当てられるようにする．

x 変数，y 変数と回帰式の次数をそれぞれ VARX, VARY, DEG ダイナミック変数で割り当てる．作成する ScatterReg2 グラフテンプレートに，dynamic ステートメントを追加し，ダイナミック変数をリストする．さらに，terplot ステートメント，regressionplot ステートメント，グラフのタイトルに VARX, VARY, DEG 変数を指定する．

Program 2.4.8

```
proc template;
define statgraph ScatterReg2;
dynamic VARX VARY DEG;
begingraph;
entrytitle "Scatter Plot for " VARX " and " VARY;
entrytitle "Reported by &sysuserid on &sysdate9";
layout overlay;
modelband "myclm";
scatterplot y=VARY x= VARX / markerattrs=(size=15 )
datalabel= subject datalabelattrs=(size=15) group=gender;
regressionplot y=VARY x= VARX / clm="myclm" alpha=0.01
degree=DEG name= 'line' legendlabel= 'Linear Fit';
endlayout;
endgraph;
end;
run;
```

ex11 データセットの math2 変数（x 変数）と math1 変数（y 変数）で，2 次回帰モデル付き散布図を作成する．

SGRENDER プロシジャの dynamic ステートメントには，変数とその値をペアで指定する．

Program 2.4.9

```
proc sgrender data= ex11 template= ScatterReg2;
dynamic vary="math1" varx="math2" deg= 3 ;
run;
```

Program 2.4.9 の結果

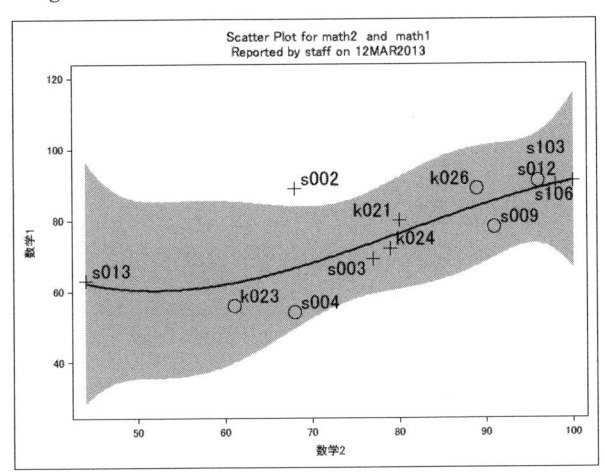

例 バタフライ型グラフの作成

2つの横棒グラフを両翼にもつバタフライ型グラフを作成する．

Picture 2.4.1

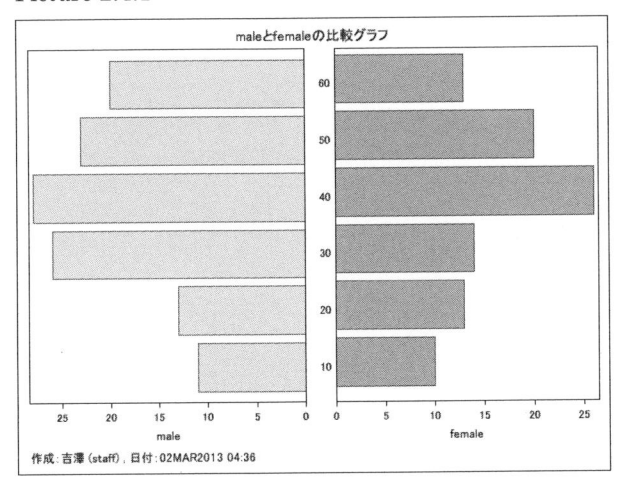

ダイナミック変数に，左側の棒グラフのグラフ変数を _HL 変数と，棒の高さを _LEFT 変数で与え，右側の棒グラフのグラフ変数を _HR 変数と，棒の高さを _RIGHT 変数で与える sgbutterfly テンプレートを作成する．

Program 2.4.10

```
proc template;
define statgraph sgbutterfly;
dynamic _HL _LEFT _HR _RIGHT;
begingraph;
   entrytitle halign=center _LEFT"と" _RIGHT "の比較グラフ";
   entryfootnote halign=left "作成：吉澤 (&sysuserid)，日付：&sysdate9 &systime";
   layout lattice / rowdatarange=data columndatarange=data columns=2 rowgutter=10
    columngutter=10 columnweights= (0.5 0.5);
      layout overlay / xaxisopts= ( reverse=true)   yaxisopts= ( display=(LINE)) ;
      barchart x=_HL y=_LEFT / name='bar(h)' datatransparency=0.5
        stat=mean orient=horizontal groupdisplay=Stack clusterwidth=1.0;
      endlayout;
      layout overlay / yaxisopts=( display=(TICKVALUES LINE));
      barchart x=_HR y=_RIGHT / name='bar(h)2' datatransparency=0.5
        stat=mean orient=horizontal discreteoffset=0.08 fillattrs=GraphData2 ;
      endlayout;
   endlayout;
endgraph;
end;
run;
```

Program 2.4.12 で使用する gex241 データセットを作成する．

Program 2.4.11

```
data gex241;
input age female male @@ ;
cards;
10 10 11   20 13 13   30 14 26
40 26 28   50 20 23   60 13 20
;
run;
```

gex241 データセットの内容

OBS	age	female	male
1	10	10	11
2	20	13	13
3	30	14	26
4	40	26	28
5	50	20	23
6	60	13	20

gex241 データセットを利用して sgbutterfly テンプレートでグラフを作成する．Picture 2.4.1 と同じグラフが作成される．

2.4 グラフテンプレートを利用したグラフ（SGRENDER プロシジャ）

Program 2.4.12

```
proc sgrender data=gex241 template=sgbutterfly;
dynamic _HL="age" _LEFT="male" _HR="age" _RIGHT="female";
run;
```

survey データセット[3]を利用して，学生生活の満足度ごとの所持金と通学時間の比較グラフを作成する．棒の高さは，所持金と通学時間の平均値で表示される．

Program 2.4.13

```
proc sgrender data=survey template=sgbutterfly;
dynamic _HL="sc" _LEFT="money" _HR="sc" _RIGHT="ctime";
run;
```

Program 2.4.13 の結果

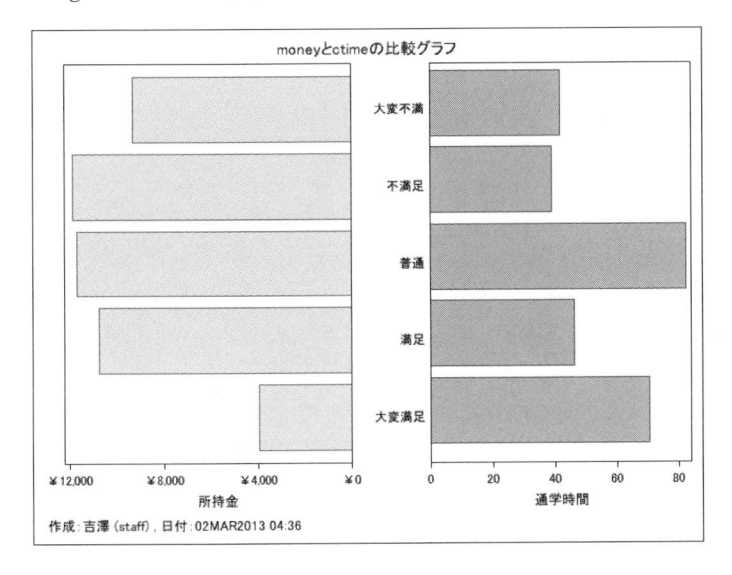

NOTE: 棒グラフの高さを値の合計にするには，barchart ステートメントの統計量 stat=mean を stat=sum に変更する．Program 2.4.10 の batchart ステートメントの 10, 11 行目を次のように変更すればよい．

```
    barchart  x=_HL  y=_LEFT  /  name='bar(h)'  datatransparency=0.5
      stat=sum  orient=horizontal  groupdisplay=Stack  clusterwidth=1.0;
```

---

[3] 第 1 章の Program 1.1.2.4 を参照．章末付録 D も参照．

付　録

2A　SGPLOT プロシジャの基本構文

グラフの種類ごとに異なるステートメントが提供されている．いくつかのステートメントの組み合わせにより，重ね合わせグラフを描くことができる．

SGPLOT プロシジャの構文

```
proc  sgplot  <オプション>；
 band   x= 変数｜y= 変数
 bubble  x= 変数  y= 変数   size= 数値変数 </ オプション> ；
  upper= 数値｜数値変数  lower= 数値｜数値変数 </ オプション> ；
 density  応答変数 </ オプション> ；
 dot   カテゴリ変数 </ オプション> ；
 ellipse  x= 数値変数  y= 数値変数 </ オプション> ；
 hbar   カテゴリ変数 </ オプション>
 hbox   応答変数 </ オプション> ；
 histogram  応答変数 </ オプション>
 hline   カテゴリ変数 </ オプション>
 hbarparm  カテゴリ変数 < response= 応答変数 / <オプション> ；
 highlow  x= 変数  low= 変数  high= 変数 / <オプション> ；
 inset  "文字列 1" <..."文字列 n"> |（ラベルリスト） ；
 keylegend  <"名前 1"..."名前-n"></ オプション> ；
 loess   x= 数値変数  y= 数値変数 </ オプション> ；
 needle  x= 変数  y= 数値変数 </ オプション> ；
 pbspline  x= 数値変数  y= 数値変数 </ オプション> ；
 refline  値 </ オプション> ；
 reg   x= 数値変数  y= 数値変数 </ オプション> ；
 scatter  x= 変数  y= 変数 </ オプション> ；
 series  x= 変数  y= 変数 </ オプション> ；
 step   x= 変数  y= 変数 </ オプション> ；
 vbar   カテゴリ変数 </ オプション> ；
 vbox   応答変数 </ オプション> ；
 vline   カテゴリ変数 </ オプション> ；
```

```
vbarparm  カテゴリ変数 < response= 応答変数 / <オプション> ;
xaxis  <オプション> ;
x2axis  <オプション> ;
yaxis  <オプション> ;
y2axis  <オプション> ;
```

2B ODS 統計グラフの基礎知識

(2B.1) ODS スタイル

　ODS スタイルは，色，フォント，線のスタイルなど，グラフ要素の設定を行う．ODS スタイルは，分析結果の出力，および，ODS 統計グラフプロシジャ（SG プロシジャ）と，統計プロシジャが作成した ODS 統計グラフで参照される．

ODS スタイルの設定方法

```
HTML で利用するスタイル
    ods  html  style= スタイル ;
LISTING で利用するスタイル（グラフ出力のみ適用される）
    ods  listing  style= スタイル ;
```

　デフォルトの HTML への表示が，DEFAULT スタイルの出力である．

印刷に適したスタイル

スタイル	内容
DEFAULT	デフォルトの HTML 出力で利用されているスタイル
STATISTICAL	Web ページへの出力や印刷に適したスタイル
ANALYSIS	色を使ったスタイル
JOURNAL 　（JOURNAL と 　　JOURNAL2）	グレースケール，白黒だけの出力スタイル
RTF	Microsoft Word または，PowerPoint に貼りつけるスタイル

NOTE:　スタイルについては，巻末付録 A「出力に関する設定（プリファレンスダイアログ）」を参照．

例 Journal スタイルを利用して，ODS 統計グラフを表示する．

Program 2B.1

```
ods  listing  style=Journal ;
title " histogram and density curve";
proc  sgplot  data= ex11;
 histogram   math1;
 density     math1;
run ;
```

Graph: Journal スタイルのグラフ

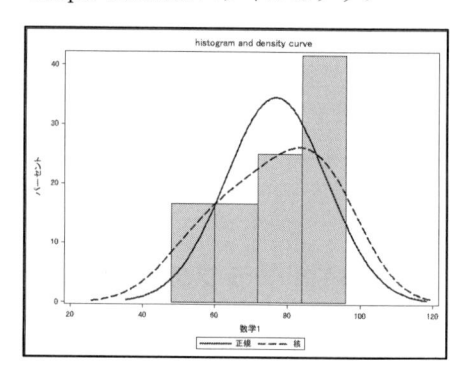

(2B.2)　SG グラフの Web リンク処理

SG プロシジャの url= オプションは，HTML へ出力したグラフのプロットを Web ページへリンクさせ，その部分を選択することでリンク先へ移動できるようにする．

例　gexB242 データセットの a 変数と b 変数で散布図を作成し，プロットの選択で，web 変数の値のリンク先へ移動する．

gexB242 データセットを作成し，web 変数にアドレス（URL）を保存する．

Program 2B.2.1　gexB242 データセット

```
data   gexB242 ;
input    a   b   web $ 30. ;
datalines;
30   10    http://www.tuniv.ac.jp/
20   15    http://www.abc.co.jp/
25   20    http://www.mmm.co.jp/
;
run ;
```

Program 2B.2.2

```
ods  graphics  on  /  imagemap=on ;
ods  html  body='text.html' ;
proc  sgplot  data= gexB242;
 scatter  y= a   x= b /  url= web ;
run ;
ods  html  close ;
```

プログラムの解説

1 行目： ODS Graphics ステートメントで IMAGEMAP=ON を指定する．
2 行目： ODS グラフの出力先を html ファイルにする．
3, 4 行目： sgplot プロシジャの url= オプションに web アドレスを含む変数を指定する．

(2B.3) RTF 形式への出力

ODS の出力先として，統計グラフを RTF 形式で出力する．

Program 2B.3

```
title  "Graph testing 3 " ;
ods   rtf ;
proc   sgplot   data=ex11 ;
 scatter   y=math2   x=math1   ;
run ;
ods  _all_   close;
```

2C　マーカーシンボルのリスト

SG グラフのプロット（マーカーシンボルのリスト）markerattrs=(symbol=) に指定できる，プロットシンボルと値（テキスト）の対応表である．

↓ ArrowDown	▽ HomeDown	∩ Tilde	× X	■ SquareFilled
✳ Asterisk	I Ibeam	△ Triangle	Y Y	★ StarFilled
○ Circle	+ Plus	▽ TriangleDown	Z Z	▲ TriangleFilled
◇ Diamond	□ Square	◁ TriangleLeft	● CircleFilled	▼ TriangleDownFilled
> GreaterThan	☆ Star	▷ TriangleRight	◆ DiamondFilled	◀ TriangleLeftFilled
# Hash	⊤ Tack	∪ Union	▼ HomeDownFilled	▶ TriangleRightFilled

例1　プロットのマーカーを緑色の ● （塗りつぶしの円）にする．

　　　　markerattrs=(symbol=CircleFilled　　color=green)

例2　データラベルの属性にマーカー属性を利用する．

　datalabelattrs= GraphLabelText を指定することにより，マーカー属性を指定した文字列にも利用でき，サイズ，カラーなどを参照する．

　　　　markerattrs=(size=3mm　symbol=starFilled　color=green)
　　　　datalabelattrs=GraphLabelText ;

2D 線種のリスト

折れ線グラフや回帰直線などのラインに lineattrs= (pattern=) オプションで指定できる.

```
        Solid ─────────────── 1
    ShortDash ---------------- 2
   MediumDash ─ ─ ─ ─ ─ ─ ─ 4
     LongDash ── ── ── ── ── 5
MediumDashShortDash ─ ─ ─ ─ ── ── 8
    DashDashDot ──・──・── 14
     DashDotDot ── ・・── ・・── 15
         Dash ─ ─ ─ ─ ─ ─ ─ ─ ─ 20
LongDashShortDash ── ─ ── ─ ── 26
          Dot ················· 34
       ThinDot · · · · · · · · 35
    ShortDashDot -・-・-・-・- 41
 MediumDashDotDot ──・・──・・── 42
```

例 ラインを ShortDashdDot にする.
　　　lineattrs= (pattern=41)

2E データラベルの設定

プロットなどに表示するデータラベルの表示設定を datalabelattrs= オプションで行う.

例 1 プロット付近に表示されるデータラベルの表示属性を指定する.
　文字サイズ 3 mm, フォント MS 明朝, 文字の色をピンクにする.
　　　datalabelattrs=(size=3mm　Family=MS 明朝　color=pink)

例 2 色, フォント, サイズ, スタイル (style= と weight=) を指定する.
　　　datalabelattrs=(Color=Green　Family=Arial　Size=8　Style=Italic　Weight=Bold)

例 3 データラベルの属性にマーカー属性を利用する.
　datalabelattrs= GraphLabelText を指定することにより, マーカー属性の中で, 文字列にも指定できる設定を併用する.
　　　markerattrs=(size=3mm　symbol=starFilled　color=green)
　　　datalabelattrs=GraphLabelText ;

第 2 章 演習

(**ex2.1**)　次のプログラムを実行し，解説せよ．

```
data   e2a ;
do   i= 1   to   100 ;
x= rand("normal", 2, 5) ;
grade= (x ge 7) + (x ge 2) + (x ge -3) ;
select;
when (i<=25)   group="A";
when (i<=50)   group="B";
when (i<=75)   group="C";
otherwise   group="D";
end;
output;
end;
run;

proc   sgplot   data=e2a;
  hbar   grade;
run;

proc   sgplot   data=e2a;
  histogram   x;
  density   x;
run;

proc   sgplot   data=e2a;
  vbox   x   / category= group ;
run;

proc   sgpanel   data=e2a;
panelby   group ;
  histogram   x ;
  density   x ;
run;
```

(ex2.2) survey[4] データセットを利用して，次のグラフを作成せよ．

i) 学生生活満足度を表す sc 変数と進路を表す carrer 変数の度数の縦棒グラフを作成する．
ii) 所持金（money 変数）の横箱ひげ図を作成する．
iii) 所持金のヒストグラムを作成する．正規分布であるか，グラフから判断してみよ．
iv) 住所（area 変数）ごとの所持金の縦箱ひげ図を作成する．
v) x 変数に通学時間（ctime 変数），y 変数に所持金の散布図を作成する．プロットには，学籍番号（pin 変数）を表示する．
vi) 通学時間によって，所持金に変化があるか，折れ線グラフで調べてみる．

NOTE: 折れ線グラフを描く前に，x 変数の値でソートをしておくこと．

```
proc  sort    data=survey  out=temp;
  by   ctime;
run;
proc  sgplot   data=temp;
  series  y= money  x= ctime /  datalabel=pin ;
run ;
```

vii) 以下のプログラムを実行して，バブルチャートを作成する．バブルの大きさは，size= に指定した変数の値によって決定される．また，東京，神奈川，埼玉，千葉在住の学生だけを対象としたグラフを作成する．

```
proc  sgplot   data=survey;
  bubble  x=sc  y=area  size=money / datalabel= money;
  format  sc   scfmt. ;
  where  area  in  ("東京","神奈川","埼玉","千葉");
run ;
```

NOTE: datalabel=pin に変更して実行するとバブルに学籍番号が表示される．

(ex2.3)

(i) ex214 データセット（Program 2.1.4.1 参照）を用いて，cost と price 変数のステップグラフを描く．次のプログラムを実行してみよ．ex214 データセットは Program 2.1.4.1 を参照．

```
proc  sgplot   data= gex214 ;
  step  x=year  y=cost  / datalabel;
  step  x=year  y=price  / datalabel;
run;
```

2005 年以降のデータだけをプロットしてみる．

---

[4] 第 1 章の Program 1.1.2.4, Program 1.2.1.1, Program 1.2.1.2, Program 1.2.1.3 を参照．巻末付録 D も参照．

```
        proc  sgplot   data= gex214;
        step x=year   y=cost   / datalabel ;
        step  x=year   y=price   / datalabel ;
         where   2005 <= year ;
         xaxis values= (2005 to 2013 by 1) ;
        run ;
```

(ii) y 変数（price 変数）を x 変数（cost 変数）から求める回帰直線とプロットを作成する．同時に平均値の信頼区間も表示する．

(iii) バタフライ型グラフのテンプレート（template=sgbutterfly：Program 2.4.10 参照）を使い，年代ごとに cost 変数と price 変数の比較グラフを作成せよ．

(ex2.4)　総務省統計局の統計データのページから統計表一覧の人口推計長期時系列データで大正 9 年から平成 12 年までの男性人口，女性人口の時系列グラフを描け．

http://www.stat.go.jp/data/jinsui/2.htm#05

(ex2.5)　次のプログラムは，与えられた分散行分散行列をもつ 3 変量正規分布に従う乱数を 200 組発生するものである．3 変数 x1, x2, x3 の散布図行列を求めよ．

```
data cov (type=cov);
infile cards;
input _type_ $ _name_  $ x1 x2 x3;
cards;
cov   x1    14    8      0
cov   x2    8     5     −2
cov   x3    0    −2     10
;
run;
proc simnormal data=cov (type=cov) out=sim numreal=200 seed=0;
var x1 x2 x3;
run;
```

第3章 SAS マクロ

　異なるデータや変数，または，初期値や基準値などの設定を変えて，同じ分析やグラフ作成を繰り返して実行することがある．プログラムの大枠は変えずに，部分的な変更を繰り返すプログラムに，SAS のマクロ機能は有効である．最初に，一般的な SAS プログラムと，そのプログラムをもとに生成した SAS マクロプログラムを比較する．SAS のマクロプログラミングは，一般的な SAS プログラムと大差はなく，プログラムの一部をマクロにしたり，SAS プログラム全体をマクロにしたりする．

　Program 3.1 は，標準正規分布に従う 2 つの乱数を 500 個発生させて，それぞれを x1, x2 変数に保存する．その x1, x2 の 2 変数から散布図を作成するプログラムである．このプログラムをもとに，分布，2 種類の乱数のシード (seed1, seed2)，乱数の個数をマクロの引数で指定するマクロプログラム (Program 3.2 を参照) を作成して，プログラムを比較してみる．

Program 3.1　一般的な SAS プログラム

```
data randata;
   seed1 = 0;
   seed2 = 1;
   do  i = 1 to 500 ;
     call  rannor (seed1,x1);
     call  rannor (seed2,x2);
     output;
   end;
run;
title  "500 random obs " ;
title2  "Created by &sysuserid" ;
title3  "seed1 is 0, seed2 is 1";
symbol  v=dot ;
proc  gplot  data= randata ;
plot  x1 *x2 ;
run; quit;
```

Program 3.2　SAS マクロプログラム

```
%macro mnplot(dtype, s1, s2, n);
data randata ;
seed1= &s1 ;
seed2= &s2 ;
   do i = 1 to &n ;
     call &dtype(seed1,x1);
     call &dtype (seed2,x2);
     output;
   end;
run;
title " &n random obs   by &dtype";
title2  "Created by &sysuserid" ;
title3  "seed1 is &s1, seed2 is &s2";
symbol  v=dot ;
proc  gplot  data= randata ;
plot  x1 * x2 ;
run; quit;
%mend mnplot ;
```

- マクロの作成（マクロの登録）

SASマクロプログラムは，通常のSASプログラムと同じくエディタに入力し，そのマクロプログラムを実行（サブミット）すると，マクロが作成（登録）される．Program 3.2をサブミットすると，mnplotと名付けたマクロが作成される．

- マクロプログラムの実行

このmnplotマクロを実行するには，マクロの引数として，乱数関数，2つのシード，乱数の個数に値を指定する必要がある．

例1 mnplotマクロに，標準正規乱数（rannor），2つのシード0と1，乱数の個数500を与えて，マクロプログラムを完成させて実行してみる．

Program 3.3

```
%mnplot ( rannor , 0, 1, 500 )
```

例2 区間 (0, 1) の一様乱数（ranuni関数）から500個の乱数を発生させて，実行してみる．

Program 3.4

```
%mnplot ( ranuni , 0, 1, 500 )
```

乱数関数を指定する引数の値を変更しただけで，分布の形状の比較が簡単に行える．

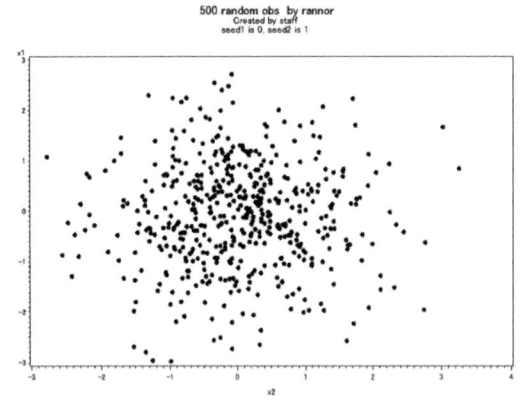

Program 3.3 のグラフ　　　　　　Program 3.4 のグラフ

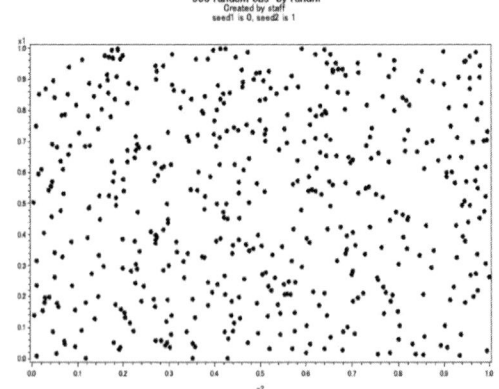

異なるシードを指定したり，乱数のもとになる分布を指定したりすることにより，どのような特徴の乱数が発生するかを簡単なプログラムで比較，検討することができる．

このように，SASマクロプログラムの利点として，本体のSASマクロプログラムを変更せずに，

引数にいろいろな条件を与えて結果の比較も行える．このとき，プログラム本体を変更しないマクロプログラムは，繰り返し処理を目的とするだけでなく，プログラムの一貫性，高い安定性，プログラムの品質の高さを保つことができる．

ここからは，SAS のマクロプログラミングの基礎についてみていく．

3.1 マクロ変数

(3.1.1) SAS マクロ変数

SAS プログラムの一部をマクロにするときに，マクロ変数を利用する．

Program 3.1.1.1 は，ex11 データセット[1]の数値変数の要約統計量を求めるプログラムであるが，Program 3.1.1.2 は，どのようなデータセットにも対応する SAS マクロ変数を用いたプログラムである．

マクロ変数を含んだ SAS プログラムも，通常の SAS プログラムと同様にエディタに入力し，実行（サブミット）することにより，登録される．

Program 3.1.1.1
```
proc  means  data= ex11;
run;
```

Program 3.1.1.2
```
proc  means  data= &ds;
run;
```

Program 3.1.1.2 は，データセットを割り当てる data= オプションに data=&ds と指定している．この ds がマクロ変数であり，ds マクロ変数とよぶ．

マクロ変数はプログラム中 cards (datalines) 以外のどこにでも使用することができる．プログラム中のマクロ変数は，先頭に &（アンパサンド）をつける．マクロ変数名は，大文字・小文字の区別はされず，アルファベット，数字，下線を含む 32 文字までの名前を扱える．ただし，マクロ変数名の先頭の文字は，アルファベットか，下線にする．ただし，次のマクロ機能の予約語をマクロ変数名にできない．

- 自動マクロ変数　　　　　（sysdate, sysuserid など）
- システムマクロ関数　　　（sysget, sysexec など）
- ステートメント（キーワード）　　（if/then, do, let, macro, run など）

(3.1.2) マクロ変数への値の代入 — %let ステートメント

登録したマクロ変数に，値を与えることにより，初めて SAS プログラムが生成され，通常の SAS プログラムが実行される．マクロ変数に値を与えるには，%let ステートメントを利用する．

---

[1] ex11 データセットについては，1.1 節「SAS プログラムの基本構造」の (1.1.1) Program1.1.1.1 を参照．

%let ステートメントの基本構文

> **%let** マクロ変数名 = テキスト (値);

例 1 ds マクロ変数へ ex11 データセットを割り当て，MEANS プロシジャを実行する．

Program 3.1.2.1

```
%let   ds =ex11;
proc   means   data= &ds;
run;
```

Program 3.1.2.1 が実行されると，マクロ変数である &ds に %let ステートメントで指定した ex11 が代入され，プログラムが展開される．その後，展開された SAS プログラムが実行される．

Program 3.1.2.1 で展開されたプログラム

```
proc means data= ex11;
run;
```

SAS のマクロプログラムには，複数のマクロ変数を指定することができる．

例 2 棒グラフを描くプログラムに，データセット，変数，棒グラフの種類を ds, var, type マクロ変数で与える．

%let ステートメントで，それぞれのマクロ変数に値を与えて，プログラム全体を実行する．ds マクロ変数に ex11 データセット，var マクロ変数に grade 変数，type マクロ変数に hbar (横棒グラフ) を割り当てる．

Program 3.1.2.2

```
%let    ds= ex11;
%let    var= grade;
%let    type= hbar;
title   "Bar chart for &var of &ds";
proc    gchart   data=&ds;
 &type  &var;
run;   quit;
```

NOTE: マクロ変数を含む title ステートメントは，ダブルクォート (") で囲むこと．シングルクォートを利用すると，マクロ変数の値は展開されない．(3.1.5) 参照．

次に同じデータセットと変数で，3 次元縦棒グラフ (vbar3d) を代入して，作成する．

3.1 マクロ変数

Program 3.1.2.3

```
%let   type= vbar3d;
title  "Bar chart  for  &var  of  &ds";
proc   gchart   data= &ds;
 &type  &var;
run; quit;
```

プログラムの解説

1 行目：%let ステートメントに，変更するマクロ変数と新しい値を指定する．
同じ値を利用する場合は，毎回すべての %let ステートメントを実行しなくてよい．

- **ブランクを含んだマクロ変数の値**

%let ステートメントには，空白（ブランク）（　）を含むテキストも指定できる．

例 3 サブセット条件を指定する where ステートメントをマクロ変数で利用してみる．

ave 変数の値が，80 以上のデータを抽出するには，
　　　where   ave ge 80 ;
であるが，サブセット条件 ave ge 80 をマクロ変数に与えてみる．
　ex11 データセットの ave 変数が，80 点以上のデータを表示する．サブセットの条件式は，condition マクロ変数で指定する．結果は省略．

Program 3.1.2.4

```
%let   condition=   ave ge 80  ;
title   "&condition";
proc   print   data=ex11;
 where    &condition;
run;
```

NOTE: 条件式は次の指定でも，同じ結果になる．
　　　%let   condition=   ave >= 80 ;

math1 変数と math2 変数の値が，どちらも 80 以上のデータを表示する．

Program 3.1.2.5

```
%let   condition=   math1 ge 80 and math2 ge 80 ;
title   "&condition";
proc   print   data= ex11;
 where    &condition;
run;
```

(3.1.3) マクロ変数の値の表示 ― %put ステートメント

%put ステートメントは，マクロ変数の値をログウィンドウに表示する．代入された値の確認に便利なステートメントである．

%put ステートメントの基本構文

```
%put   &マクロ変数 ;
```

NOTE: %put ステートメントについては，章末付録 3C.1「%put ステートメント」を参照．

例1 %put ステートメントの例

Program 3.1.3.1

```
%let   num= 100;
%let   a= Yamada Taro;
%put   &num;
%put   ***   name: &a   ***;
```

ログウィンドウの出力（抜粋）

```
%put    &num ;
100
%put ***   name: &a   ***;
***   name: Yamada Taro   ***
```

例2 いろいろなテキストの出力例

Program 3.1.3.2

```
%put   Enter your name ;
%put   名前を入力してください. ;
%put   %str( Enter student%'s name.);
%put   %nrstr( %let v=23.2; );
```

Program 3.1.3.2 の出力（ログウィンドウ）

```
Enter your name
名前を入力してください.
Enter student's name.
%let v=23.2;
```

プログラムの解説

> 3 行目： %str 関数は特殊文字（%や&を除く）の意味を失わせて，テキストとして扱う．
> 4 行目： %nrstr 関数は特殊文字（%や&を含む）の意味を失わせて，テキストとして扱う．マクロ関数については，3.6 節「マクロ処理の流れ」と章末付録 3A「マクロ関数」のリストを参照．

(3.1.4) マクロ変数の使用例

例1 値を代入しない場合のマクロ変数は，長さ 0 の値が格納されているとみなす．

Program 3.1.4.1

```
%let   null= ;
%put   &null ;
```

Program 3.1.4.1の出力（ログウィンドウ）

```
%let   null= ;
%put   &null ;
```

例 2 マクロ変数では，数値の計算は行われない．計算結果が必要な場合は %eval（整数計算の場合）や %sysevalf（浮動小数点計算の場合）のマクロ関数[2]を用いる．

Program 3.1.4.2

```
%let   sum= 100 + 50;
%put   &sum ;
%let   sum = %eval( 100+50 );
%put   &sum ;
%let   sumf = %sysevalf( 2.53+10 );
%put   &sumf ;
```

Program 3.1.4.2 の出力（ログウィンドウ）

2 行目の出力	100+50
4 行目	150
6 行目	12.53

Program 3.1.4.3

```
%let   a = 10 ;
%let   b = 20 ;
%let   s = &a + &b ;
%put   &s ;
%let   s = %eval( &a+&b );
%put   &s ;
%let   d = %eval( &a / &b );
%put   &d ;
%let   df = %sysevalf( &a / &b );
%put   &df ;
```

Program 3.1.4.3 の出力（ログウィンドウ）

4 行目	10+20
6 行目	30
8 行目	0
10 行目	0.5

(3.1.5) '(シングルクォート)と "(ダブルクォート) の文字処理

title ステートメント，footnote ステートメント，変数ラベルなどにマクロ変数を使用するには，"（ダブルクォート）を利用する．'（シングルクォート）は，マクロ変数を展開しない．

```
title   "Bar chart for &var of &ds";
label   x1=" &dist with m=&m1";
```

例 "（ダブルクォート）と '（シングルクォート）の出力の違いを比べる．

Program 3.1.5

```
%let   city = Yokohama;
title1   "Data of &city on &sysdate9";
title2   'Data of &city on &sysdate9';
proc   print   data=ex11;   run;
```

---

[2] マクロ関数については，3.8 節「マクロ関数」を参照．

Program 3.1.5 のタイトルの出力

Data of Yokohama on 21AUG2010
Data of &city on &sysdate9

- 特殊文字の扱い

クォート（' や "）やセミコロン（;）のような特殊文字を含むテキストをマクロ変数で利用するには，%bquote, %str, %nrstr などのマクロ関数で，特殊文字の意味を失わせる必要がある．特殊文字によって，対応するマクロ関数は異なるため注意する．

特殊文字を扱うマクロ関数については，3.8節「マクロ関数」の (3.8.2)「文字列の操作」のいろいろな特殊文字を含むテキストの操作や章末付録 3A「マクロ関数」を参照されたい．

(3.1.6) 展開されたマクロ変数の確認

マクロ変数の展開された値は，symbolgen システムオプションで，ログウィンドウに表示される．

  options symbolgen;

symbolgen システムオプションは，一度だけ実行すればよい．値をリセットするか，または，SAS システム終了まで展開されたプログラムがログウィンドウに表示される．

symbolgen オプションをオフにするには，次を実行する．

  options nosymbolgen;

デフォルトでは，symbolgen オプションはオフ（nosymbolgen）に設定されている．

NOTE: その他のマクロに関するシステムオプションについては，章末付録 3C.2「デバッグ用システムオプション」を参照．

Program 3.1.6

```
options  symbolgen ;
%let   city= Tokyo ;
%put   &city ;
%let   ku= Shinjuku ;
%put   &ku - ku , &city ;
```

Program 3.1.6 の出力（ログウィンドウの出力）

```
 options  symbolgen ;
%let city=Tokyo;
 %put &city;
SYMBOLGEN:  マクロ変数 CITY を Tokyo に展開します．
Tokyo
%let ku=Shinjuku;
%put &ku-ku, &city ;
 SYMBOLGEN:  マクロ変数 KU を Shinjuku に展開します．
 SYMBOLGEN:  マクロ変数 CITY を Tokyo に展開します．
 Shinjuku-ku, Tokyo
```

3.2 マクロ

(3.2.1) プログラム全体のマクロ

SAS のマクロでは，プログラム全体をマクロとして定義できる．

マクロの定義は，%macro ステートメントと %mend ステートメントの間に，実行するプログラムを記述する．作成するマクロ名（*macro-name*）は，%macro に続けて指定する．

プログラム全体をマクロに定義する基本構文

```
%macro    macro-name   <(引数リスト)> / オプション ；
   DATA ステップ　または，PROC ステップ
%mend    macro-name；
```

マクロの名前は，アルファベット，数字，下線を含む 32 文字まで指定できる．マクロ名の先頭の文字は，アルファベット，または，下線にする．マクロ機能の予約語をマクロ名にすることはできない．

定義したマクロは，マクロ名の先頭に %（パーセント）をつけて，実行する．

```
%macro-name
```

PRINT プロシジャと MEANS プロシジャを実行する macsmry マクロを作成してみる．%macro macsmry；と %mend macsmry；の間に実行するステートメントを記述する[3]．

Program 3.2.1.1

```
%macro   macsmry；
   proc   print    data= ex11；
   proc   means   data= ex11；
   run；
%mend    macsmry；
```

macsmry マクロを実行する．

Program 3.2.1.2

```
%macsmry
```

NOTE: マクロの実行プログラムの最後に ；（セミコロン）をつける必要はない．

---

[3] すでに ex11 データセットを作成する data ステップを実行しているものとする．1.1 節「SAS プログラムの基本構造」の (1.1.1) Program1.1.1.1 を参照．

(3.2.2) マクロ変数を含んだマクロ

マクロには，マクロ変数を含めることができる．

散布図を描く macgplot マクロに，データセット，x 変数，y 変数，補間方法をそれぞれ指定する ds, varx, vary, i マクロ変数を含めたマクロプログラムを作成してみる．

Program 3.2.2.1

```
%macro  macgplot ;
%put  dataset=&ds  varx=&varx  vary=&vary;
symbol  v=star  c=blue  i=&i  cv=orange;
title  "&varx  vs. &vary from &ds dataset";
proc  gplot  data= &ds ;
plot  &varx * &vary ;
run;  quit;
%mend  macgplot ;
```

プログラムの解説

2 行目： %put ステートメントで，代入したマクロ変数の値をログウィンドウに表示する．

マクロ変数に値を与えて，macgplot マクロを実行する．

Program 3.2.2.2

```
%let  ds = ex11 ;
%let  varx = math1 ;
%let  vary = math2 ;
%let  i = none ;
%macgplot
```

プログラムの解説

1～4 行目：%let ステートメントで，マクロ変数に値を割り当てる．
5 行目： macgplot マクロが実行され，%let ステートメントに割り当てた値で，マクロプログラムが展開される．展開後，生成された SAS プログラムが実行される．

(3.2.3) 展開されたプログラムの確認

マクロ変数の値で展開された SAS プログラムは，mprint システムオプションで，ログウィンドウに表示できる．デバッグに有効なオプションである．

Program 3.2.2.1 の macgplot マクロに同じ変数を利用した回帰直線付きグラフ（補間方法： i=rl）を描く．このとき，マクロ変数の値を展開して生成された SAS プログラムをログウィンドウに表示する．macgplot マクロの実行前に，options mprint を指定する．options nomprint で解除できる．

Program 3.2.3.1

```
options   mprint;
%let   i= rl;
%macgplot
```

プログラムの解説

> 1 行目： options mprint；の実行後から，展開された SAS プログラムをログウィンドウに表示する．
> 2 行目： マクロを実行する前に，変更するマクロ変数だけを %let ステートメントに割り当てる．

ログウィンドウへの出力

```
dataset=ex11   varx=math1   vary=math2
MPRINT(MACGPLOT):     symbol v=star c=blue i=rl cv=orange;
MPRINT(MACGPLOT):     title "math1  vs. math2 from ex11 dataset";
MPRINT(MACGPLOT):     proc gplot data=ex11;
MPRINT(MACGPLOT):     plot math1 * math2;
MPRINT(MACGPLOT):     run;
NOTE: 回帰方程式：  math1 =   33.60515 + 0.529381*math2.
MPRINT(MACGPLOT):     quit;
```

(3.2.4)　PROC ステップ，および，DATA ステップのマクロ

SAS のマクロは，PROC ステップ，および，DATA ステップの SAS プログラムで利用できる．

例　$y = \{\sin(x)\}^2 - x\{\cos(x)\}^2$ のグラフを描く．

x, y 変数を含む gsc データセットの作成と，生成した変数から散布図を描く msincos マクロを作成する．x 変数の値の範囲（初期値，終了値，増分）をそれぞれ kaishi, owari, a マクロ変数で与える．

Program 3.2.4.1

```
%macro   msincos;
data  gsc;
   do  x  =  &kaishi  to  &owari  by  &a;
      y = sin(x)**2 - x * cos(x)**2;
      output;
   end;
run;
title    "plot using gsc dataset";
title2   "from &kaishi to &owari by &a";
footnote   "&sysdate by &sysuserid";
symbol   i= join;
proc   gplot   data=gsc;
plot   y * x;
```

```
run;  quit;
%mend  msincos;
```

プログラムの解説

1 行目： msincos マクロを定義する．
2〜6 行目： 3 つのマクロ変数の値を利用して，gsc データセット作成する．
3 行目： x 変数の開始値，終了値，増分を kaishi, owari, a マクロ変数で定義する．
10 行目： &sysdate, &sysuserid 自動マクロ変数は，章末付録 3B「自動マクロ変数」を参照．

（ⅰ） x 変数の値の範囲を $0 \leq x \leq 3$，増分（a 変数）を 0.01 とするグラフを作成する．

Program 3.2.4.2

```
%let   kaishi = 0;
%let   owari = 3;
%let   a = 0.01;
%msincos
```

Program 3.2.4.2 の出力

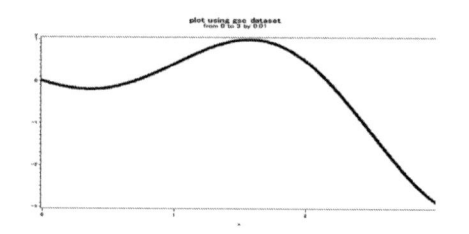

プログラムの解説

1〜3 行目： %let ステートメントで，kaishi, owari, a マクロ変数に 0, 3, 0.01 を割り当てる．この値をもとに，4 行目の msincos マクロでデータセットが作成される．

（ⅱ） x 変数の値の範囲を $0 \leq x \leq 10$，増分を 0.01 とするグラフを作成する．変更するマクロ変数とその値を指定し，msincos マクロを実行する．

Program 3.2.4.3

```
%let   owari= 10;
%msincos
```

（ⅲ） x 変数の値の範囲を $-30 \leq x \leq 100$，増分を 0.1 とするグラフを作成する．

Program 3.2.4.4

```
%let   kaishi= -30;
%let   owari= 100;
%let   a= 0.1;
%msincos
```

3.3 マクロのパラメータ（引数）

(3.3.1) パラメータ（引数）
%let ステートメントで，マクロ変数に値を代入する以外に，パラメータ（引数）を用いて，マクロ変数に値を与える方法がある．

パラメータ（引数）を含むマクロの基本構文

> **%macro** *macro-name*（*引数名 1, 引数名 2, ...*）；
>   *DATA ステップ* または *PROC ステップ*
> **%mend** *macro-name*；

NOTE: マクロ名の後に，マクロ変数をカッコ（ ）にリストする．マクロ変数は，カンマで区切る．

マクロの引数を定義するときに，

　　　引数名=値

と指定するとその値がその引数のデフォルト値となり，何も指定しない場合は，そのデフォルト値が引数の値として用いられる．もちろん，値を新たに指定した場合はその新しく指定した値が用いられる．

例 (3.2.2) の Program3.2.2.1 のパラメータを使用した macgplot2 マクロに変更する．マクロ名 macgplot2 に続くカッコ（ ）に ds, varx, vary, i マクロ変数名をカンマ (,) で区切ってリストする．

Program 3.3.1

```
%macro   macgplot2( ds , varx , vary , i ) ;
%put   dataset=&ds   varx=&varx   vary=&vary ;
symbol   v=star   c=blue   i=&i   cv=orange ;
title   "&varx vs. &vary   from   &ds   dataset" ;
proc   gplot   data= &ds ;
plot   &varx * &vary ;
run ;   quit ;
%mend macgplot2 ;
```

パラメータ（引数）を含んだマクロへ値を渡し，マクロを実行するには，定位置パラメータとキーワードパラメータの2種類の方法がある．

(3.3.2) 定位置パラメータ
%macro ステートメントで定義したパラメータの出現順に，カッコ（ ）に値をリストする．それぞれの値は，カンマ (,) で区切る．

パラメータ(引数)を含むマクロの実行

%*macro-name*(*引数 1 の値*, *引数 2 の値*, ...)

Program 3.3.2

%macgplot2 (ex11, math1, math2, rl)

(3.3.3) キーワードパラメータ

キーワードパラメータは，カッコ（ ）にパラメータ（引数）とその値を指定する．%macro で指定したパラメータ順に指定する必要はない．それぞれの引数は，カンマ（,）で区切る．

パラメータを含むマクロの実行

%*macro-name*(*引数名 1=引数 1 の値*, *引数名 2=引数 2 の値*, ...)

Program 3.3.3

%macgplot2 (ds=ex11 , varx=math1 , vary=math2 , i=rl)

NOTE: このときは，パラメータの順番を変えてもよい．

%macgplot2 (i=none, vary=ave, varx=math1, ds=ex11)

(3.3.4) パラメータのデフォルト値

例 1 MEANS プロシジャを実行する macmeans マクロを作成する．

（ⅰ） データセット，分析する変数，表示する統計量をマクロ変数の引数に指定する．

Program 3.3.4.1

```
%macro   macmeans( ds , var , stat ) ;
title   "Reported on &sysdate" ;
proc   means   data=&ds   &stat ;
var   &var;
run ;
%mend   macmeans;
```

（ⅱ） macmeans マクロに，ex11 データセットの分析する変数と統計量を指定して実行してみる．定位置パラメータと，キーワードパラメータの両方で値を代入してみる．

Program 3.3.4.2

```
%macmeans(ex11,  math1   math2 )
%macmeans(ex11,  math1 math2,   mean max min )
%macmeans(stat = mean max min std var range ,   ds = ex11, var = math1 math2 )
%macmeans(ex11)
%macmeans( ds = ex11, var = math1 math2 )
```

例 2 データセット ds の数値変数の値 val と等しい観測値番号を出力する．デフォルトは欠損値（ピリオド ． ）である．

Program 3.3.4.3

```
%macro   findval( ds , val= . ) ;
data   _null_ ;
set   &ds ;
file   print ;
length   varname  $  32 ;
array   v[*]   _numeric_ ;
do   ii  = 1  to   dim(v) ;
   if   v[ii] = &val   then   do ;
     call   vname( v[ii] , varname) ;
       put   "&val for "   varname   " in case "   _n_ ;
     end ;
end ;
drop   ii ;
run ;
%mend   findval ;


data   test ;
input   math   eng  ;
cards ;
10    999
999    40
70    999
100    .
;
proc   print ; run ;
```

test データセットの内容

OBS	math	eng
1	10	999
2	999	40
3	70	999
4	100	.

NOTE: 4 レコード目（4 オブザベーション）の eng 変数の値が欠損値(ピリオド）であることがわかる．

（ⅰ）test データセットの値を確認し，欠損値の観測値番号を返す．

Program 3.3.4.4

```
%findval (test)
```

Program 3.3.4.4 の出力

```
. for eng in case4
```

（ⅱ）値が 999 の観測値番号を返す．

Program 3.3.4.5

```
%findval (test , val= 999 )
```

Program 3.3.4.5 の出力

```
999 for eng in case1
999 for math in case2
999 for eng in case 3
```

(3.3.5) コメント文

マクロの中にコメントを記述するには，次の 3 通りの方法がある．

```
%*   コメント文   ;
/*   コメント文   */
*    これはコメント文です  ;
```

NOTE: 先頭をアスタリスク（*）で指定したコメント文は，mprint システムオプションが設定されたとき，コメント文がログウィンドウに表示される．

Program 3.3.5

```
%macro   a ;
/*    This macro is sample for comment text    */
%*    This macro is sample for comment text    ;
*     Date: 2013.01.03 ;
*     Comment: Sample macro program ;
%mend   a ;
options   mprint;
%a
```

Program 3.3.5 のログウィンドウ出力

```
MPRINT(A):     * Date: 2013.01.03 ;
MPRINT(A):     * Comment: Sample macro program ;
```

3.4 グローバルマクロ変数とローカルマクロ変数

(3.4.1) グローバルマクロ変数とローカルマクロ変数の違い

マクロ変数には，グローバルマクロ変数とローカルマクロ変数の2種類があり，その特徴は異なる．

グローバルマクロ変数は，マクロの外で作成するマクロ変数であり，マクロの中と外で使用することができる．ローカルマクロ変数は，マクロの中で作成し，マクロの外で使用することはできない．

グローバルマクロ変数の例

Program 3.4.1.1
```
%let    x= 10;
%put    x= &x ;
```

プログラムの解説
x は，グローバルマクロ変数．ログウィンドウに x=10 と表示される

ローカルマクロ変数の例

Program 3.4.1.2
```
%let    x2= 10;
%macro A(x2);
%let    x2= 1000;
%let    y2= 300;
%put    in: x2= &x2 ;
%put    in: y2= &y2 ;
%mend A;

%A(200)
%put    out: x2= &x2;
%put    out: y2= &y2;
```

Program 3.4.1.2 のログウィンドウ出力（抜粋）
```
in: x2= 1000
in: y2= 300

out: x2= 10
WARNING: 記号参照 y2 を展開していません．
out: y2= &y2
```

プログラムの解説

1行目： x2 は，グローバルマクロ変数．
4行目： y2 は，マクロ A のローカルマクロ変数である．
5, 6行目： マクロ A の中のため，%put ステートメントで，x2, y2 の値が表示される．
10行目： マクロ A の外でも，x2 は値が表示される．
11行目： y2 はローカルマクロ変数のため，ワーニングメッセージが表示され，展開されない．

(3.4.2) マクロ変数の属性の変更

ローカルマクロ変数と同じ変数名で，グローバルマクロ変数を再定義すると，その変数はグローバルマクロ変数に設定される．

Program 3.4.2

```
%macro A;
%let   x3= 100;
%mend A;


%A
%put   First x3: &x3 ;
%let   x3= 200;
%put   2nd   x3: &x3 ;
```

プログラムの解説

1～3行目： マクロ A に x3 ローカルマクロ変数を定義．
6行目： x3 ローカルマクロ変数を呼び出せない．ログには，次のメッセージが表示される．
　　WARNING: 記号参照 x3 を展開していません．
7行目： %let ステートメントで，x3 をグローバルマクロ変数として，200 を設定する．ログには，x3 マクロ変数値 (2nd x3: 200) が表示される．

Program 3.4.2 の出力（抜粋）

```
WARNING: 記号参照 X3 を展開していません．
First x3: &x3
2nd x3: 200
```

(3.4.3) %global ステートメントと %local ステートメント

マクロ変数の属性の変更は，%global ステートメントや %local ステートメントを利用してもよい．

%let ステートメントで指定したローカルマクロ変数を，マクロの外でも利用するには，%global ステートメントを利用する．一方，グローバル変数と同じ名前で，別のローカルマクロ変数を作成するには，%local ステートメントを指定する．

%global ステートメントの構文

%global　マクロ変数リスト　;

%local ステートメントの構文

%local　マクロ変数リスト　;

ローカルマクロ変数をマクロの外でも利用する．

Program 3.4.3

```
%macro  C ;
%global  z ;
```

プログラムの解説

2行目： %global ステートメントに z ローカルマクロ変数を指定することで，マクロの外でも利用可能となる．

```
%let   z= 30 ;
%put   z= &z ;
%mend C ;
%C
%put   z= &z;
```

> 7行目： マクロ内で定義をした z マクロ変数の 30 という値
> が表示される．

3.5 自動マクロ変数

マクロプログラムや一般的な SAS プログラムでも利用できるマクロ変数を自動マクロ変数 (Automatic macro variables) という．SAS やシステムから自動的に値を取り出す参照用のマクロ変数である．値の上書きはできない．

自動マクロ変数も，アンパサンド (&) を変数名の前につけて利用する．自動マクロ変数の一覧は，章末付録 3B「自動マクロ変数」を参照．

例 1 一般の SAS プログラムで，自動マクロ変数を利用してみる．
SAS ジョブの実行開始日 (&sysday) とユーザーID (&sysuserid) をタイトルに表示する．

Program 3.5.1
```
title1  "Reported on &sysdate" ;
title2   "Today is &sysday by &sysuserid" ;
proc   print   data= ex11 ;
run ;
```

Program 3.5.1 の出力
```
Reported on 22AUG10
Today is Sunday by tanaka
```

例 2 %syserr マクロ変数で SAS プログラムの実行が正常終了か，そうでないかを評価する．
正常終了のときの戻り値は 0，そうでない場合は 0 以外の値となる．正常終了のときは，MEANS プロシジャを実行，正常終了でないときは，%return でマクロの実行を即終了する．

Program 3.5.2
```
%macro   dscopy( ds ) ;
data   ab;
 set   &ds;
 run;
%put   return code is &syserr ;
%if   &syserr   NE   0   %then   %do ;
%put   NO &ds dataset ;
%return ;
```

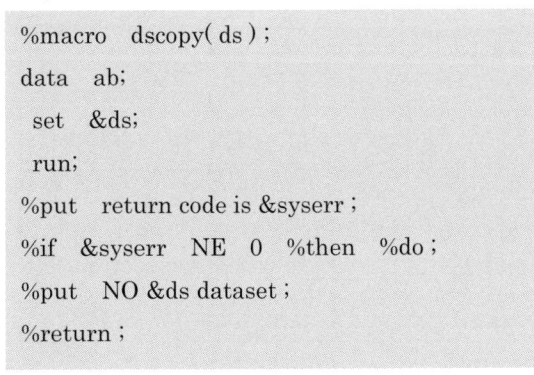

%dscopy(abcdef123) の実行結果
```
return code is 1012
NO abcdef123 dataset
```

%dscopy(ex11) の実行結果
```
return code is 0
ex11 dataset is valid
```

```
%end ;

%put    &ds dataset is valid ;
proc   means   data= ab ; run;
%mend    dscopy ;


%dscopy (abcdef123)
%dscopy (ex11)
```

%dscopy (abcdef123) の実行結果の return code is 1012 から，正常な処理でないことがわかる．

NO abcdef123 dataset のメッセージを出力後，%return ステートメントで，マクロプログラムを即終了する．

%dscopy (ex11) の実行結果の return code is 0 から，正常な処理とわかる．

3.6　マクロ処理の流れ

マクロプログラムを実行時の処理について，簡単に説明する．

SAS では，一般的な SAS プログラムやマクロを含んだプログラムなど，すべてのサブミットしたプログラムを，SAS ワードスキャナーによって，プログラムの先頭から 1 ワード（1 語）ずつ読み込み，ワードの先頭の文字が，&（アンパサンド）か，%（パーセント）であるかを確認する．&（アンパサンド），または，%（パーセント）のどちらかの文字が検出されると，処理がマクロプロセッサにわたされ，ワードの先頭が & や % でない場合は，一般的な SAS プログラムとして，SAS コンパイラにプログラムがわたされる．

マクロプロセッサでは，ワードの先頭の文字が %（パーセント）の場合，そのワードはマクロステートメントであると認識され，セミコロン（；）までのすべてのワードを読み取る．例えば，%let ds=ex11; の場合，% の次に続くテキストから，%let ステートメントが読み取られ，ds マクロ変数と，その値として ex11 が 1 つの組で格納される．

先頭の文字が &（アンパサンド）の場合，読みとられたワードはマクロ変数と識別され，その部分にマクロ変数の値を置き換えていく．置き換えられたプログラムは，SAS コンパイラにわたされる．

実行したプログラムのテキストを解析し，SAS コンパイラに格納されたプログラムが実行される．

SASプログラム実行時の内部処理

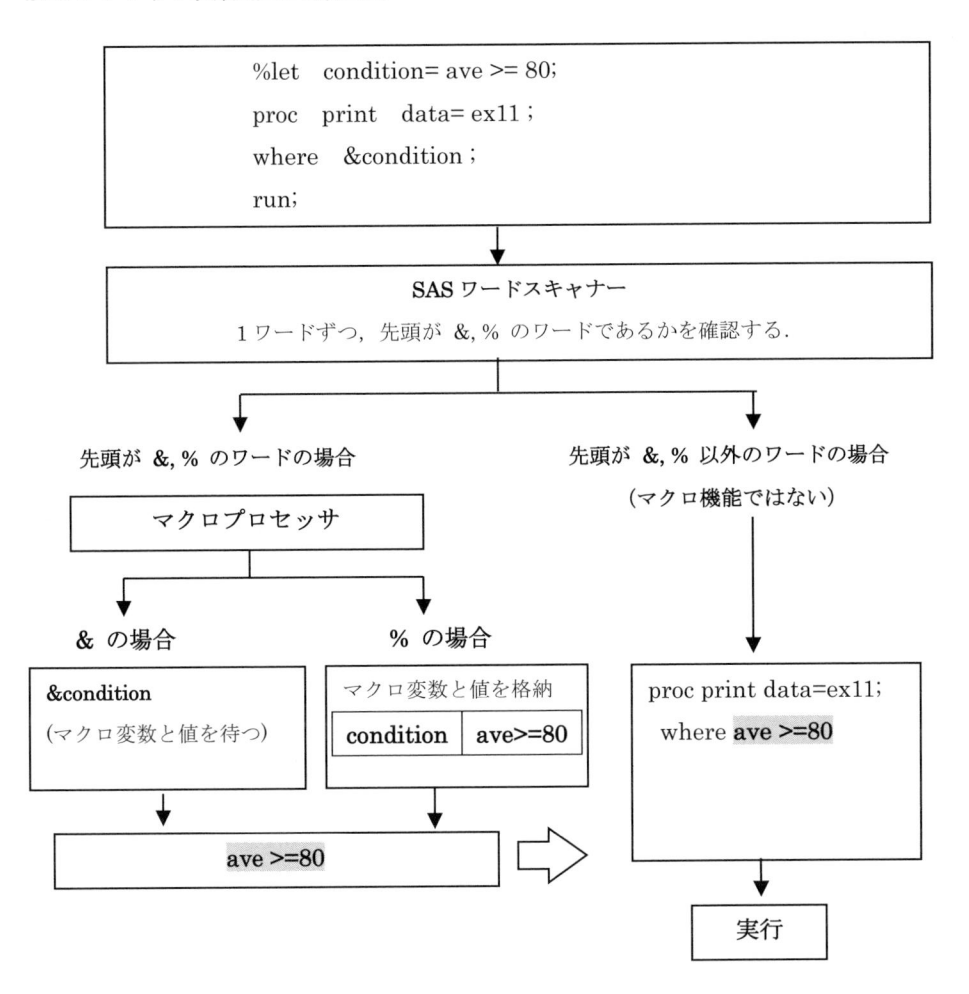

```
%let   condition= ave >= 80;
proc   print   data= ex11；
where   &condition；
run;
```

↓

SAS ワードスキャナー
1ワードずつ，先頭が &, % のワードであるかを確認する．

先頭が &, % のワードの場合 → **マクロプロセッサ**

先頭が &, % 以外のワードの場合（マクロ機能ではない）

& の場合
&condition
（マクロ変数と値を待つ）
↓
ave >=80

% の場合
マクロ変数と値を格納

condition	ave>=80

⇒

proc print data=ex11;
where **ave >=80**
↓
実行

SASプログラムの処理の流れ

1行目： SAS ワードスキャナーで，%（パーセント）が読み取られ，マクロプロセッサに処理がわたされる．%let ステートメントのマクロ変数とその値を読み込み，condition マクロ変数に ave>=80 が格納される．

2行目： 先頭が &, % でないため，proc print data=ex11;すべてのワードが SAS コンパイラにわたる．

3行目： where も SAS コンパイラにわたされる．マクロプロセッサから，ave>=80 が SAS コンパイラにわたされる．;(セミコロン) が，SAS コンパイラにわたされる．

4行目： run; が，SAS コンパイラにわたされ，実行される．

3.7 プログラム制御

(3.7.1) マクロのネスティング

マクロは，マクロの中にマクロを含むネスティング処理を行える．複雑なマクロでは，機能ごとに小規模なマクロ（子マクロ）を複数作成し，最終的にそれらを 1 つにまとめたマクロ（親マクロ）にすると，デバッグやプログラム管理の面からも便利である．

例 proc means で平均などの統計量の値を求めるマクロと proc gchart でヒストグラムを描くマクロをネスト（入れ子）したマクロを作成する[4]．

Program 3.7.1

```
%macro   mmeans;
proc   means   data= &ds;
var   &var;
run ;
%mend   mmeans;

%macro   mgchart;
title   "&var of &ds dataset";
proc   gchart   data= &ds;
vbar   &var;
run;   quit;
%mend   mgchart ;

%macro   analyze(ds, var);
%mmeans
%mgchart
%mend   analyze;

%analyze( ex11, math2 )
```

プログラムの解説

1～12 行目： マクロの中にいれるマクロ（小マクロ）として，mmeans マクロと mgchart マクロを作成する．

14～17 行目： 子マクロを含むマクロ(親マクロ)として，analyze マクロを作成する．子マクロで利用する ds と var マクロ変数を親マクロのパラメータとする．

19 行目： %analyze (ex11, math2) で，それぞれの子マクロのパラメータに，マクロ変数の値が渡され，子マクロが実行される．

(3.7.2) %if - %then ステートメント

%if ステートメント（%if / %then – %else ステートメント）で，条件式を指定する．

---

[4] ex11 データセットはすでに作成されているとする．1.1 節（1.1.1）Program1.1.1 を参照．

%if 文の基本構文

```
%if   条件式
  %then    ステートメント；
  %else    ステートメント；
```

複数のステートメントのための基本構文

```
%if   条件式
  %then  %do   ステートメント；
               ステートメント；
         %end；
  %else  %do   ステートメント；
               ステートメント；
%end；
```

例1 condition マクロ変数の値が prt の場合，PRINT プロシジャを実行し，prt 以外の値（欠損値を含む）の場合，ログウィンドウに condition マクロ変数の値を表示する mprint マクロを作成する．

Program 3.7.2.1

```
%macro  mprint (condition, ds);
%if  &condition = prt  %then  %do;
  proc  print  data= &ds ;  run;
%end ;
%else   %put *** condition: &condition *** ;
%mend   mprint;

options mprint;
%mprint (prt , ex11 )
%mprint ( , class )
%mprint ( N , runtime )
```

Program 3.7.2.1 のログウィンドウの出力

```
%mprint(prt, ex11)
MPRINT(MPRINT):     proc print data=ex11;
MPRINT(MPRINT):     run;
%mprint(,class)
*** condition:   ***
%mprint(N,runtime)
*** condition: N ***
```

例2 データセット名を指定した場合は，そのデータセットの統計量を求める．title にもそのデータセット名が表示される．指定しない場合は，最後に作成したデータセットが用いられる．

Program 3.7.2.2

```
%macro  macmean(stat , ds= _last_ );
proc  means  &stat  data= &ds ;
title
%if  &ds ^= _last_  %then
"Statistics for dataset &ds ";
%else
"Statistics for LAST dataset ";
;
run ;
%mend  macmean;
```

2つのデータセット (one, two データセット) を作成しておく.

Program 3.7.2.3

```
data  one ;
input  x  @@ ;
cards ;
1  2  3  4  5
;
data  two ;
input  y  @@ ;
cards ;
10  12  14  16
;
run ;
```

one データセット

OBS	x
1	1
2	2
3	3
4	4
5	5

two データセット

OBS	y
1	10
2	12
3	14
4	16

macmean マクロに one データセットを指定する.

Program 3.7.2.4

```
%macmean(n   mean   std ,  ds=one)
```

Program 3.7.2.4 の出力

Statistics for dataset one

MEANS プロシジャ

分析変数：x		
N	平均	標準偏差
5	3.0000000	1.5811388

macmean マクロにデータセットを指定しないと，最後に作成した最新のデータセットを利用する．

Program 3.7.2.5

```
%macmean ( n   mean   std )
```

Program 3.7.2.5 の出力

Statistics for LAST dataset

MEANS プロシジャ

分析変数：y		
N	平均	標準偏差
4	13.0000000	2.5819889

(3.7.3) 反復処理

%do ステートメントは，繰り返し処理を含むマクロを作成する．

（ⅰ） 開始値，終了値，増分を指定した %do ループ

反復 %do ステートメントの基本構文

```
%do   マクロ変数 =  開始値   %to   終了値   <%by   増分> ;
    ステートメント ;
    ステートメント ;
%end ;
```

NOTE: 増分が 1 のときは，%by 1 を省略できる．ただし，%by の増分の値は，整数のみ指定できる．小数点など，指定はできない．

例 1 初期値 0，終了値 50，増分 10 で，繰り返し処理を行う．

Program 3.7.3.1

```
%macro   mtest ;
%do   i = 0   %to   50   %by   10 ;
%put   ** &i : text&i ** ;
%end ;
%mend   mtest ;
%mtest
```

Program 3.7.3.1 のログウィンドウ出力

```
** 0: text0 **
** 10: text10 **
** 20: text20 **
** 30: text30 **
** 40: text40 **
** 50: text50 **
```

例 2 因子のレベルが nfac 個あり，それぞれの因子のカテゴリ数が flast1, flast2,... であり，各セルに n 個の観測値があるデータを読み込むマクロを作成する．

Program 3.7.3.2

```
%macro  nway(n);
data  tmp;
%do  i=1  %to  &nfac;
   do  &&fact&i = 1  to  &&flast&i;
%end;
do  k=1  to  &n;
   input  x  @@;
   output;
end;
%do  i=1  %to  &nfac;
 end;
%end;
%mend  nway;
```

例えば，因子が gender と treat の 2 個あり，gender は 2 カテゴリ，treat は 3 カテゴリがある，次のデータを読み込む．

gender	treat		
カテゴリ	1	2	3
1	10	20	30
2	50	60	70

Program 3.7.3.3

```
%let  nfac= 2;
%let  fact1= gender;  %let  flast1= 2;
%let  fact2= treat;   %let  flast2= 3;
%nway(1)
cards;
10  20  30
50  60  70
proc  print;
run;
```

```
proc   freq ;
table   gender * treat;
weight   x ;
run ;
```

Program 3.7.3.3 の出力

OBS	gender	treat	k	x
1	1	1	1	10
2	1	2	1	20
3	1	3	1	30
4	2	1	1	50
5	2	2	1	60
6	2	3	1	70

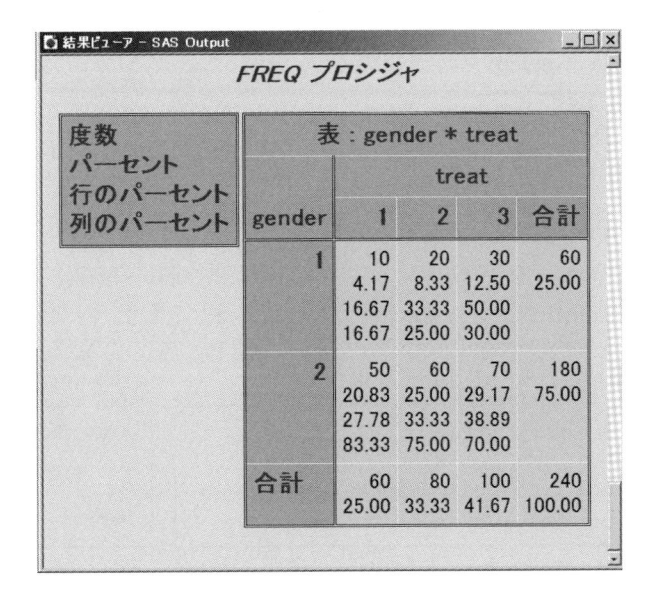

FREQ プロシジャ

度数
パーセント
行のパーセント
列のパーセント

表: gender * treat

gender	treat 1	2	3	合計
1	10 4.17 16.67 16.67	20 8.33 33.33 25.00	30 12.50 50.00 30.00	60 25.00
2	50 20.83 27.78 83.33	60 25.00 33.33 75.00	70 29.17 38.89 70.00	180 75.00
合計	60 25.00	80 33.33	100 41.67	240 100.00

例3 c:¥sas_study¥data フォルダにある外部ファイル st1.txt, st2.txt, tx3.txt から，データセット student1, student2, student3 を作成する．

Program 3.7.3.4

```
%macro   runds ;
 %do   i = 1   %to   3 ;
data   student&i   ( label="student&i for Class &i" ) ;
 infile   "c:¥sas_study¥data¥st&i..txt";
 input   id $   name $   runtime   runpluse ;
 run ;
 %put   **** external file: c:¥ sas_study¥data¥st&i..txt **** ;
 title   "dataset: student&i";
 proc   print   data= student&i;
 run;
 %end ;
 %mend   runds ;
%runds
```

プログラムの解説

2～11行目： 3つの外部ファイルを読み込むため，反復回数を3回とする．
3行目： i マクロ変数の do ループと student&i で，student1, student2, student3 データセットを作成する．
4行目： c:¥sas_study¥data の外部ファイル st1.txt, st2.txt, st3.txt を読み込む．
infile "c:¥sas_study¥data¥st&i..txt"; の st&i..txt（&i..txt：ドット（．）が2つあること）に注意する．マクロ変数の後にテキストを続ける場合，マクロ変数にドット（．）をつける．
&i..txt の最初のドットは，i マクロ変数の終わりを表し，次のドットは .txt（テキストファイルの拡張子）を表す．

（ⅱ） %do %while と %do %until ステートメント

%do %while ステートメントは，条件式が真の間，繰り返し実行する．
%do %until ステートメントは，条件式が真になるまで，繰り返し実行する．

%do %while ステートメントの構文

```
%do   %while ( 条件式 );
    ステートメント ;
%end ;
```

%do %until ステートメントの構文

```
%do   %until ( 条件式 );
    ステートメント ;
%end ;
```

例　ex11 データセットの sum 変数が 180 から 200 のデータを出力するプログラムである．次の2つのプログラムは同じ結果になる．

Program 3.7.3.5

```
%macro sub1(start , end);
%let   y =&start;
%do   %while ( &y <= &end );
 title   "**sum &y **";
 proc   print   data= ex11;
  where   sum= &y ;
  run;
%let   y = %eval( &y + 1);
%end;
%mend   sub1 ;


%sub1(180 , 200)
```

Program 3.7.3.6

```
%macro sub2(start , end);
%let   y =&start ;
%do   %until ( &y >= &end );
 title   "** sum &y ** ";
 proc   print   data= ex11;
  where   sum= &y ;
  run;
%let y=%eval( &y + 1);
%end;
%mend   sub2 ;


%sub2(180 , 200)
```

(3.7.4) %goto と %label による指定したラベルの実行

変数の値で処理を変えるときや，正常処理でない場合，マクロの実行をただちに終了するようなプログラミングに便利である．

%goto ステートメントの基本構文

```
%goto  label ;
  （または， %go to  label；）
 …
%label：
```

NOTE: %*label*：の最後のテキストは，コロン（：）であることに注意．

例1 引数のデータセットが与えられない場合，マクロを即終了する処理をラベルで制御する．

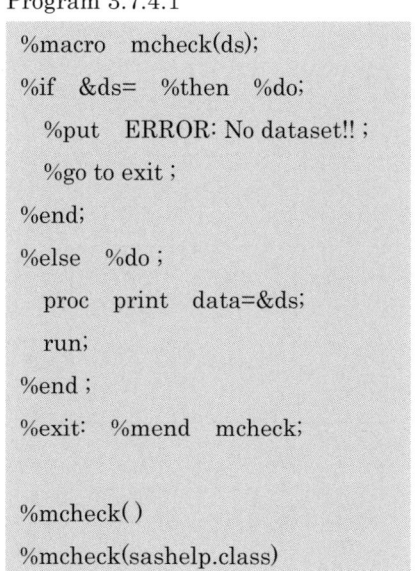

Program 3.7.4.1
```
%macro  mcheck(ds);
%if  &ds=  %then  %do;
  %put   ERROR: No dataset!! ;
  %go to exit ;
%end;
%else  %do ;
  proc  print  data=&ds;
  run;
%end ;
%exit:  %mend  mcheck;

%mcheck( )
%mcheck(sashelp.class)
```

プログラムの解説

2～5行目：mcheck マクロ実行時に値を与えないときの処理．

4行目：%go to exit; で %exit ラベルを実行する．

10行目：exit ラベルは %mend check; を参照する．このため，exit ラベルの処理は mcheck マクロの終了となる．

NOTE: %mcheck( ) の実行では，ログウィンドウに ERROR: No dataset!! のメッセージが表示されて，マクロプログラムが終了される．

　　%mcheck(sashelp.class) は，sashelp ライブラリの class データセットの内容が出力される．

例2 color マクロ変数の値が white か red で，異なる処理を実行する．

Program 3.7.4.2

```
%macro   colorck (color);
  %goto   &color;
%white :
  %put    白： &color;
  %goto   next;
%red :
  %put    赤： &color;
  %goto   next;
%next :
%mend   colorck;
%colorck (white)
```

プログラムの解説

2行目： %goto &color; は，color マクロ変数の値で，%white か %red ラベルのどちらかを処理する．

3〜5行目： color マクロ変数の値が white のときの処理．%goto next; で next ラベルを処理する．

6〜8行目： color マクロ変数の値が red のときの処理．

9〜10行目： next ラベルの処理として，colorck マクロを終了する．

(3.7.5)　&& による複数のマクロ変数の展開

2重のアンパサンド（&&）は，マクロ変数にマクロ変数を展開する．

例　n（テキスト）と，数値（1, 2, 3, 4, 5）を組み合わせて，マクロ変数名 n1, n2, ..., n5 を作成する．

Program 3.7.5

```
%let   n1= one;
%let   n2= two;
%let   n3= three;

%macro   nprnt;
%do   i = 1  %to   3 ;
%put   *** &&n&i *** ;
%end ;
%mend   nprnt ;
%nprnt
```

Program 3.7.5 のログウィンドウ出力

```
*** one ***
*** two ***
*** three ***
```

プログラムの解説

6〜8行目： %do ループで使用する i マクロ変数で 1〜3 の数字を作成し，n（テキスト）と数字の部分（&i）を組み合わせて，&n1, &n2, &n3 を作成する．このとき，&&n&i とアンパサンドを 2 つ続けて指定する．

NOTE:　&n&i と指定すると，i マクロ変数だけが展開され，&n1, &n2, &n3 と &n が残った状態で生成される．

(3.7.6) マクロ変数とテキストの識別

マクロ変数名とテキストが続けて指定されているとき，マクロ変数とテキストの部分を区別する必要がある．このようなときは，マクロ変数の後ろにドット（．）をつけて識別する．

例えば，&yearoutput が year マクロ変数と output というテキストから構成されているときは，&year.output と指定する．

例 c:¥sas_study フォルダにある外部ファイル 2001year.txt, 2002year.txt, 2003year.txt から，データセット year2001student, year2002student, year2003student を作成する．

年を i マクロ変数で表すと，外部ファイル名は &i.year.txt と指定でき，i=2001 のときは 2001year.txt と展開される．生成するデータセットは，year&i.student と指定できる．

Program 3.7.6

```
%macro  stdds;
%do  i  = 2001  %to  2003;
data  year&i.Student  (label="&i.student");
infile  "c:¥sas_study¥&i.year.txt";
input  id  math  eng  gender $  ;
run;
%put  **** external file: c:¥sas_study¥&i.year.txt ****;
title  "dataset: year&i.Student";
proc  print  data = year&i.Student;
run;
%end;
%mend  stdds;
%stdds
```

Program 3.7.6 のログウィンドウ出力（抜粋）

```
**** external file: c:¥sas_study¥2001year.txt ****
**** external file: c:¥sas_study¥2002year.txt ****
**** external file: c:¥sas_study¥2003year.txt ****
```

(3.7.7) 単純移動平均の例

次のように定義をした期間 d の単純移動平均（simple moving average）を求めるマクロである．

$$\tilde{y}_t = \frac{y_t + y_{t-1} + \cdots + y_{t-d+1}}{d} = \frac{1}{d}\sum_{i=t-d+1}^{t} y_i, \quad t \geq d$$

例えば，期間 3 の単純移動平均は，次式で求められる．

$$\tilde{y}_t = \frac{y_t + y_{t-1} + y_{t-2}}{3}, \quad t \geq 3$$

Program 3.7.7.1

```
%macro print(ds, obs=max);
proc print data=&ds (obs=&obs);
title "The data &ds, N=&obs";
run;
%mend print;
%macro mova(ds, r_ds, var, r_var, n);
data &r_ds;
set &ds;
y1=&var;
%do i=1 %to &n;
%let d=%eval(&i+1);
y&d=lag&i(&var);
%end;
time=_n_;
if _n_ lt &n then do;
&r_var=.;
end;
else do;
&r_var=mean(of  y1 - y&n);
output;
end;
drop y;
run;
data  &ds;
merge  &ds  &r_ds;
 by time;
%print (&ds);
%mend  mova ;
```

次は 2008 年 1 月から 2010 年 9 月までの東京の月平均気温と期間 3 と 6 の単純移動平均のグラフである．

Program 3.7.7.2

```
data  temp;
input  x;
time= _n_;
cards;
5.9
5.5
10.7
14.7
18.5
21.3
27.0
26.8
24.4
19.4
13.1
9.8
6.8
7.8
10.0
15.7
20.1
22.5
26.3
26.6
23.0
19.0
13.5
9.0
7.0
6.5
9.1
12.4
19.0
23.6
28.0
29.6
25.1
;
```

movaマクロをデータセットで利用する.

Program 3.7.7.3

```
data  temp ;
set  temp ;
%mova(temp, rtemp, x, xm, 3)
%mova(temp, rtemp, x, xm1, 6)
proc  sgplot  data=temp;
  series  x= time  y=x;
  series  x= time  y=xm;
  series  x= time  y=xm1;
run;
```

Program 3.7.7.3 の出力

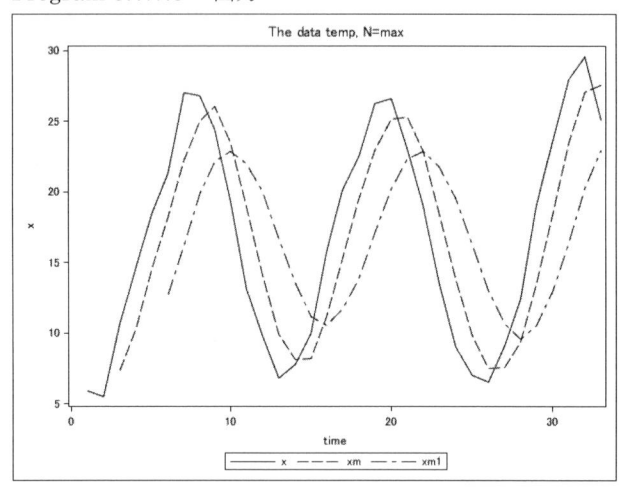

3.8 マクロ関数

マクロ関数は，テキストやマクロ変数で与えた引数を処理して，その結果から新しい文字列や値を返す．%macro - %mend ステートメントで指定したマクロや，マクロ以外の通常の SAS プログラムでも利用することができる．

SAS マクロは，次のマクロ関数を提供している．
- 評価関数　　数値演算を行うための関数
- 文字関数　　文字列の変更と文字列の情報の取得
- SAS データセットとのインターフェース用関数
- SAS 関数をマクロから利用する機能

NOTE: マクロ関数の一覧は，章末付録 3A「マクロ関数」を参照．

(3.8.1) 数値の属性を与える — %eval と&sysevalf 関数

マクロ変数は，値を文字列（テキスト）として扱う．このため，数値処理は，%eval 関数は整数，%sysevalf 関数は浮動小数点に値を変換して計算を行う．

例1 x1 変数に 2 を代入し，その 3 乗が 8 であるかを確認する．

Program 3.8.1.1
```
%macro   a ;
%let   x1= 2;
%let   x2= 3;
%put    &x1 ** &x2 ;
```

Program 3.8.1.1 の出力
```
2 ** 3
8
** True!  **
```

```
  %put    %eval(&x1 ** &x2) ;

  %if   &x1 ** &x2 = 8   %then   %put ** True!   ** ;
  %else   %put   ** NOT   8 !   *** ;
  %mend   a;
  %a
```

NOTE: %if - %then ステートメントで，数値に条件式を割り当てるときは，%eval を利用する必要はない．

例 2 %sysevalf 関数を利用して小数部をもつ数値を扱う．

Program 3.8.1.2

```
%macro   calcnum(a, b);
  %let    y = %sysevalf( &a + &b) ;
  %put    SYSEVALF value: &y ;
  %put    BOOLEAN option: %sysevalf( &a + &b , boolean) ;
  %put    CEIL option: %sysevalf (&a + &b , ceil) ;
  %put    INTEGER option: %sysevalf (&a + &b , int) ;
  %mend   calcnum;
%calcnum( 10, 1.31)
%calcnum(-10, 1.31)
```

%calcnum(10, 1.31) の出力（抜粋）

SYSEVALF value: 11.31
BOOLEAN option: 1
CEIL option: 12
INTEGER option: 11

%calcnum(-10, 1.31) の出力（抜粋）

SYSEVALF value: -8.69
BOOLEAN option: 1
CEIL option: -8
INTEGER option: -8

例 3 %substr 関数で，開始位置と長さを指定して，文字列を抽出する．

入力したテキストから数字の部分を取り出し，その数値が条件にあっているかを確認する．

テキストの入力形式は，data2010 や year2009 というように 5 文字以降が数値である．year2001 から 2001 を取り出し，その値が 2000 未満の場合は，エラーメッセージを表示して，マクロを終了する．

第 3 章　SAS マクロ

Program 3.8.1.3

```
%macro  yearck(dsn);
 %if %substr(&dsn , 5 , 4)  LT  2000  %then  %do ;
   %put   ERROR: &dsn は 2000年以前のデータです! ;
   %goto  exitmac ;
 %end ;
 %else  %put  OK: &dsn は有効なデータです. ;
 %exitmac:
%mend yearck;


%yearck (year2010)
%yearck (year1999)
%yearck (ABCD2000)
```

プログラムの解説

2 行目： %substr(&dsn,5,4) で，dsn マクロ変数の値の 5 文字目から 4 文字を取り出す．この結果，数字の部分が取り出される．

　%if %substr(&dsn,5,4) LT 2000 で，取り出した数値が 2000 未満であるかを確認する．

NOTE: %if ステートメントで整数を扱う場合は，%eval 関数を指定する必要はない．

Program 3.8.1.3 のログウィンドウ出力（抜粋）

```
%yearck(year2010);
OK: year2010 は有効なデータです.
%yearck(year1999);
ERROR: year1999 は 2000年以前のデータです!
%yearck(ABCD2000)
OK: ABCD2000 は有効なデータです.
```

(3.8.2) 文字列の操作

(i) 大文字への変換 — %upcase 関数, %qupcase 関数

例1 大文字変換

Program 3.8.2.1

```
%put   %upcase(Japan);
%let   _prefecture= Saitama;
%put   %upcase(&_prefecture);
```

Program 3.8.2.1 の出力（抜粋）

```
JAPAN
SAITAMA
```

例2 文字列 Blue の出現位置を表示する.

Program 3.8.2.2

```
%let   text= Red Green Blue ;
%put   Blue position:      %index(Red Green Blue,Blue);
%put   blue position:      %index(Red Green Blue,blue);
%put   Blue(&text) position:      %index(&text,Blue);
```

NOTE: %index 関数は, 大文字と小文字を区別する. 文字列が見つからない場合は, 0 を返す.

Program 3.8.2.2 の出力

```
Blue position:    11
blue position:    0
Blue(Red Green Blue) position:    11
```

(ii) クォート（' や "）, セミコロン（;）, パーセント（%）, アンパサンド（&）などの特殊文字を含むテキストの操作

SAS プログラムでは, クォート(' や "), セミコロン（;）, パーセント（%）, アンパサンド（&）などの特殊文字は, 意味のある文字として認識される. これらの特殊文字をプログラムで扱うときは, 注意が必要である.

クォート（' や "）は, テキストを囲うための特殊文字であり, 2つのクォートで一組となる. タイトルやフットノートに, マクロ変数の値を展開して表示するには, ダブルクォート（"）で囲って表示する. シングルクォート（'）を指定したときは, マクロ変数はテキストとみなされ, マクロ変数名で表示される.

title ステートメントや footnote ステートメントへの表示だけでなく, データセットラベルや変数ラベルにマクロ変数で値を扱うときも, ダブルクォート（"）を利用する. 例えば,

title "&var1 and &var2 of &dsn";

特殊文字であるクォート（' や "），セミコロン（;），パーセント（%），アンパサンド（&）など，AND, OR などのニモニック表記（文字演算項）をテキストとして処理するには，文字処理のマクロ関数によって，関数の意味を失わせる．詳細は，章末付録 3A「マクロ関数」を参照．

例1 クォートをテキストとして表示する．

Program 3.8.2.3

```
%put %bquote( Enter Company's name.);
%put %str( Enter Company%'s name.);
```

Program 3.8.2.3 の出力

```
Enter Company's name.
Enter Company's name.
```

NOTE: クォートの意味を失わせるには，%bquote や %str 関数やパーセント（%）を組み合わせる．

例2 セミコロン（;），パーセント（%），アンパサンド（&），空白をテキストとして表示する．

Program 3.8.2.4

```
%put  %str(   dog (;)    cat);
%put  %nrstr( %let a=1; %put &a; );
```

Program 3.8.2.4 の出力

```
   dog (;)    cat
%let a=1; %put &a;
```

NOTE: 特殊文字の意味を失わせるには，%str や %nrstr 関数を指定する．%nrstr 関数は，マクロ機能を表すパーセント（%）とアンパサンド（&）も無効にする．%str は，指定した文字列の先頭の空白や途中の空白も消去されない．

例3 ニモニック（AND, OR など）をテキストして処理する．%quote 関数を利用して，ニモニックの意味を無効にして処理する．

Program 3.8.2.5

```
%macro   ccode(x);
%if   %quote(&x) = JPN %then %put   &x is JPN;
%else   %put   &x is not JPN ;
%mend    ccode ;

%ccode(AND)
```

NOTE: %quote を利用せずに条件式を %if &code=JPN %then とすると，%ccode(AND) の実行で，AND がニモニックとして処理され，マクロのプログラムエラーが発生する．

(3.8.3) SAS 関数を利用する ― %sysfunc 関数

例1 mean 関数をマクロで利用する．

3.8 マクロ関数

Program 3.8.3.1

```
%macro   macmean;
%let   m=%sysfunc (mean(1, 2, 3, 4));
%put   ## &m ##;
%mend   macmean;
%macmean
```

Program 3.8.3.1 の出力

```
## 2.5 ##
```

例2 x マクロ変数の値が −3, −2, −1, 0, 1, 2, 3 のときの標準正規分布関数の値を，probnorm 関数を利用して求める．

Program 3.8.3.2

```
%macro   pnormal;
%do   x=-3   %to   3 ;
 %let   cdf = %sysfunc( probnorm(&x)) ;
 %put   ***   &x:   &cdf   *** ;
%end;
%mend   pnormal;
%pnormal
```

Program 3.8.3.2 の出力

```
**  -3:  0.00134989803163  **
**  -2:  0.02275013194817  **
**  -1:  0.15865525393145  **
**   0:  0.5  **
**   1:  0.84134474606854  **
**   2:  0.97724986805182  **
**   3:  0.99865010196837  **
```

NOTE: マクロの反復では %do ループで利用できる変数の値は，整数のみである．このため，次のような by に 0.1, 0.5 などの値は指定できない．

　　　　%do   x=-3   %to   3   %by   0.1 ;

ただし，刻み幅を 0.1 のような小数点をもつ数値にしたいときは，(3.8.1)「数値の属性を与える」の %sysevalf 関数を利用して，次のように計算することができる．

Program 3.8.3.3

```
%macro   steppnormal;
%do   x =   -30   %to   30   %by   1;
%let   x2  =  %sysevalf( &x * 0.1 );
%let   cdf = %sysfunc( probnorm( &x2 ));
%put   **   &x2:   &cdf   ** ;
%end;
%mend   steppnormal ;
%steppnormal
```

Program 3.8.3.3 の出力（抜粋）

```
  **  -3:   0.00134989803163  **
  **  -2.9: 0.00186581330038  **
  **  -2.8: 0.00255513033042  **
  **  -2.7: 0.00346697380304  **
  **  -2.6: 0.00466118802371  **
  **  -2.5: 0.00620966532577  **
  **  -2.4: 0.00819753592459  **
  **  -2.3: 0.01072411002167  **
```

例3 SAS データセットの存在を確かめる．SAS データセットが存在する場合は 1，存在しない場合は 0 を返す．

Program 3.8.3.4

```
%macro   existds(dsn);
%sysfunc(exist(&dsn))
%mend existds;


%put    %existds(sashelp.class);
%put    %existds(sashelp.classsss);
```

Program 3.8.3.4 の出力

```
1
0
```

例4 フォーマットを利用して数値を確認する．

Program 3.8.3.5

```
proc   format ;
  value   category
  Low -< 0    = 'ゼロより小さい値'
  0           = 'ゼロ'
  0 <- high   = 'ゼロより大きい値'
  other       = '欠損値'   ;
run ;
%macro   numcheck(v);
%put    &v  : %sysfunc(putn(&v,category.));
%mend;
%numcheck(0.02)
%numcheck(-0.19)
%numcheck( . )
```

Program 3.8.3.5 の出力

```
0.02  : ゼロより大きい値
-0.19 : ゼロより小さい値
.     : 欠損値
```

3.9 DATA ステップとのインターフェース

(3.9.1) DATA ステップで処理した値をマクロ変数に格納する

DATA ステップで処理した値を他の DATA ステップに渡すときに，マクロ変数を介して処理する．

call symput ルーチンの基本構文

```
call   symput ( 'マクロ変数名' ,  変数名 );
```

3.9 DATA ステップとのインターフェース

NOTE: call symput ルーチンは，DATA ステップで利用する．

DATA ステップで処理した値は，call symput ルーチンにより，マクロ変数の値に格納される．例えば，A データセットのデータ入力で，全オブザベーション数，欠損値，範囲外の値の有無などの不正データの確認も行う．不正データの確認結果は，B データセットに保存する．このような異なるデータセット間で，情報をやり取りするときにマクロ変数を利用するとよい．

例 1 読み込んだデータセットのオブザベーション数，欠損値の数を調べて，新しいデータセットにそれらの値を格納する．

Program 3.9.1.1

```
data   mathscore ;
input   id $   math  @@ ;
n+1;
if  math  eq  '.'   then  err+1;
call   symput('obs' ,   left (put (n , best. ))) ;
call   symput('missing' , left (put (err , best. ))) ;
datalines ;
S106   80   S109   .   S110   67   S112   .
;
data   errsummary ;
ds= 'mathscore' ;
total= &obs ;
countmissing = &missing;
;
proc   print ;   run ;
```

プログラムの解説

3 行目: n 変数にオブザベーション数をカウントする．

4 行目: math 変数の値が欠損値のときに，err 変数に 1 を加えて，欠損値の総数を求める．

5 行目: n 変数の値を obs マクロ変数に代入する．

6 行目: err 変数の値を missing マクロ変数に代入する．

12, 13 行目: errsummary データセットの total 変数に obs マクロ変数の値を代入．
countmissing 変数に missing マクロ変数の値を代入する．

不正データの情報を格納した errsummary データセットの内容

OBS	ds	total	countmissing
1	mathscore	4	2

例 2 既存データセットの内容の確認は，set ステートメントに end=eof オプションを追加して行うとよい．call symput ルーチンの実行条件を DATA ステップの最後の 1 回のみと制限すると，効率的なプログラムが作成できる．

Program 3.9.1.2

```
data _null_;
set mathscore end=eof;
n+1;
if math eq '.' then err+1;
if eof then call symput('obs', left(put(n, best.)));
if eof then call symput('missing', left(put(err, best.)));
run;
%put Total obs : &obs;
%put missing : &missing;
```

NOTE: eof は，End Of File の省略．ファイルの終わりを示す．

結果は省略．

例 3 call symputx ルーチンを利用して，テキストの前後の余分な空白を削除する．

Program 3.9.1.3

```
data _null_;
call symputx(' items ', ' Score for Mathematics and    English  ');
call symputx(' y   ',     34.9823423    );
run;
%put items = **&items**;
%put y = **&y**;
```

NOTE: call symput ルーチンを利用すると，マクロ名の先頭が空白となり，プログラムエラーが発生する．

Program 3.9.1.3 の出力

```
items= **Score for Mathematics   and    English**
y=**34.9823423**
```

例 4 特殊文字やニモニック表記があるテキストを処理する．

Program 3.9.1.4

```
data _null_;
  call symput('mv1', 'Dog & Cat');
  call symput('mv2', '%macro prnsum;');
  call symput('mv3', '%let x=23.543;');
run;
```

Program 3.9.1.4 の出力

```
Dog & Cat
%macro prnsum;
%let x=23.543;
```

```
%put   %superq(mv1);
%put   %superq(mv2);
%put   %superq(mv3);
```

NOTE: %superq 関数は，すべての特殊文字とニモニック表記（文字演算子）の意味を無効にする．

(3.9.2) DATA ステップから，マクロを実行する

call execute ルーチンは，DATA ステップでマクロを実行する．

call execute ルーチンの構文

> **call execute** (引数);

NOTE: 引数には，実行するマクロをシングルクォート（'）で囲む．
　　　例： call execute('%mout');

例　prnt マクロを DATA ステップで実行する．

Program 3.9.2

```
%macro  prnt;
 proc  print  data=ex11;
%mend  prnt;

data  _null_ ;
 call  execute( '%prnt' );
 run;
```

3.10 乱数の応用

乱数関数や call ルーチンを利用した乱数生成の例をあげる．

例 1　一様分布に従う 10 個の乱数を生成する．シードは 0 とする．

Program 3.10.1

```
%macro  mranuni;
   %do  i = 1  %to  5;
      %let  x = %sysfunc (ranuni (0));
      %put  &x ;
   %end;
```

Program 3.10.1 の出力

0.73729703376875
0.30700422930857
0.75668023748168
0.17661845692275
0.16568272102888

```
%mend  mranuni;
%mranuni
```

例2 5色から，k個の色を選び出すことをn回繰り返す．

Program 3.10.2

```
%let  x1= 赤 ;
%let  x2= 白 ;
%let  x3= 黄 ;
%let  x4= 青 ;
%let  x5= 緑 ;
%macro mpermute(n , k);
data  _null_ ;
array x $  x1-x5 ("&x1"  "&x2"  "&x3"  "&x4"  "&x5");
 seed = 0;
 put  "** &k 色を選ぶ **"  / ;
 do  i = 1  to  &n ;
   call  ranperk(seed , &k , of  x1 - x5 ) ;
   put  ' x=' x1 - x&k;
 end ;
run ;
%mend  mpermute ;
%mpermute( k=3 ,  n=10)
```

Program 3.10.2 の出力
（ログウィンドウ）

```
** 3 色を選ぶ **

x= 白 黄 青
x= 白 緑 黄
x= 白 青 緑
x= 赤 青 黄
x= 赤 白 青
x= 緑 青 赤
x= 赤 白 緑
x= 赤 黄 緑
x= 緑 青 白
x= 白 青 黄
```

プログラムの解説

> 6行目： nとkを引数とする mpermute マクロを作成する．
> 8行目： x1～x5 変数を含む配列 x に 5 種類の色を設定する．
> 11行目： DATA ステップの do ループで，5 種類の色から k 個の色を選び出すことを，n 回繰り返すことを指定する．
> 12行目： call ranperk ルーチンで，5 個から k 個の色を取り出す（順列）．
> 13行目： put ステートメントで，取り出した k 個の値を出力する．
> 17行目： 5 色から 3 色を選び出すことを 10 回繰り返す．

例3 乱数関数で，ユニークな名前の外部ファイルを作成する．
　ファイルの内容に，ファイル番号（i/n）と，ファイル名を保存する．

Program 3.10.3

```
%macro   moutfile(n);
%do  i  =  1  %to  &n;
   %let  x = %sysevalf( 10**10 * %sysfunc(ranuni(0)) ,  integer );
   %let  fname ="c:¥tmp¥Tmp&x..txt";
    data  _null_;
    file  &fname;
    put  "*** i= &i / &n ***";
    put  "file name = %bquote(&fname)";
   run;
%end;
%mend  moutfile;
%moutfile(3)
```

プログラムの解説

1行目： nマクロ変数に，作成する外部ファイル数を指定する．
3行目： 一様乱数を ranuni 関数で発生させ，求めた数値に10の10乗をかけ，外部ファイル名の一部にする．%sysevalf 関数の integer オプションから，整数部分を x マクロ変数に保存する．文字列 Tmp とこの数値から，外部ファイル TmpXXXXXXXXX.txt を c:¥tmp に生成する．
6行目： file ステートメントに fname マクロ変数を割り当て，外部ファイルへの出力を指定．
7行目： 全ファイルの何番目に作成したファイルであるかを出力する．
8行目： %bquote 関数で，fname マクロ変数で扱っているファイル名に存在する特殊文字 (/ : ¥ ") をテキストとして扱う．
12行目： moutfile マクロで3つのファイルを作成する．

外部ファイルには，次のような内容が保存される．

```
*** i= 1 / 3 ***
file name = "c:¥tmp¥Tmp1044410062.txt"
```

例4 モンテカルロシミュレーション ── 円周率 π = 3.141592654… を乱数から求める

平面上にでたらめに打った点（プロットの数と呼ぶ）と面積には，ほぼ次の関係がある．

円の内側のプロットの数：円の外側のプロットの数 ≈ 円の面積：円の外側の面積

原点を中心とする半径が 1 の円を考えると，第 1 象限にある扇形の部分とそれを囲む 1 辺の長さが 1 の正方形の関係より，

　　　　扇形内のプロットの数：正方形内のプロット数 ≈ $\pi/4 : 1$

となる．このことから，区間 (0, 1) の一様乱数を用いて，π を次のように求めることができる．

　　　　$\pi \approx 4 *$ 扇形内の一様乱数の数 / 一様乱数の総数

（i） 一般的な SAS プログラムで，2 つの一様乱数を 50 個ずつ発生させ，それを x, y 変数と座標として，x, y 変数でプロットを作成して，一様乱数の状態を観察してみる．

Program 3.10.4.1

```
data  pidata ;
length   group $ 3.;
keep   i   x   y   group ;
pi=0.0 ;   rep=50 ;
do   i=1   to   rep ;
  group='Pi';   x=i/rep;   y=sqrt(1 - x**2);
  output;
  x=ranuni(0) ;   y=ranuni(0) ;
  dist= sqrt(x*x + y*y);
  if   dist < 1   then   group= 'In';
    else   group= 'Out';
  output;
  end;
run;
title   "50 plots by ranuni function";
title2 h=1.5 "Monte Carlo Methods";
title3 h=1.5 "Created by &sysuserid on &sysdate9 ";
symbol   i=none   v=dot   c=red;
symbol2   i=none   v=trianglefilled   c=blue;
symbol3   i=join   v=none c=black   h=2;
axis1   length=8cm   label=none   v=(h=1.5) ;
proc   gplot   data=pidata;
plot   y * x   = group   /
  haxis = axis1   vaxis = axis1;
run;   quit;
```

プログラムの解説

1 行目： pidata データセットを作成.

3 行目： i, x, y, group の 4 変数を pidata データセットに保存する.

4 行目： rep=50 で，乱数の発生回数を指定する.

5～13 行目： do ループ.

6 行目： 1/4 の円を作成する座標.

8 行目： x, y 座標を ranuni 関数から求める.

9 行目：dist 変数に原点から (x, y) の距離を求めた値を代入する.

10～11 行目： 1/4 の円の内側のプロットならば In, 外側ならば Out を group 変数に代入する.

18 行目： 円の内側のプロットの属性.

19 行目： 円の外側のプロットの属性.

21 行目： 正方形の散布図を作成するための属性の設定. length=8cm で散布図を含む，正方形の長さを指定する.

23 行目： (x, y) 座標のプロットを描く. =group で，group の値（In, Out など）により，プロットの色を変更する.

Program 3.10.4.1 の出力

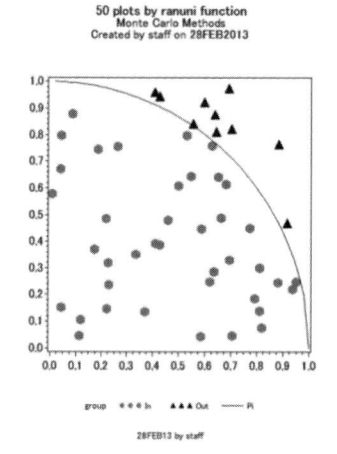

NOTE: 一様乱数から作成した (x, y) 座標から，扇形の内側，外側とまばらにプロットが表示されていることがわかる．

　扇形内の個数とプロットの総数から，π を計算することができる．
$$\pi \approx 4 * 扇形内のプロットの数 / 総数$$

（ⅱ）50個のプロットを作成したが，100, 500, 1000, … などとプロットの個数を増やして，グラフを観察できるような，マクロを作成してみる．生成する乱数の個数を n マクロ変数で与えられるように，一般的な SAS プログラムをマクロプログラムに変更してみる．変更箇所は，ボールドで表示．

Program 3.10.4.2

```
%let   n= 100;
data   pidata ;
length   group  $  3.;
keep  i  x  y  group ;
pi=0.0 ;   rep= &n ;
do  i= 1  to  rep;
  group='Pi';   x=i/rep;   y=sqrt(1 - x**2) ;
  output;
  x=ranuni(0) ;   y=ranuni(0);
  dist= sqrt(x*x + y*y);
 if   dist < 1   then   group= 'In' ;
   else   group= 'Out' ;
  output ;
 end;
run;
title   "&n plots by ranuni function";
title2 h=1.5 "Monte Carlo Methods";
title3 h=1.5 "Created by &sysuserid on &sysdate9 ";
symbol   i=none   v=dot   c=red;
```

プログラムの解説

1 行目：n マクロ変数に値を代入する．

5 行目：反復回数を表す rep 変数に n マクロ変数の値を利用する．

16 行目：グラフのタイトルにも，乱数の個数を表示する．マクロ変数の値を表示するため，ダブルクォートで囲む．

```
symbol2   i=none   v=trianglefilled   c=blue;
symbol3   i=join   v=none   c=black   h=2;
axis1   length=8cm   label=none   v=(h=1.5);
proc   gplot   data=pidata;
plot y * x   = group /
  haxis=axis1   vaxis=axis1;
run; quit;
```

生成したマクロプログラムを利用して，100, 500, 1000, 5000, 10000 などと乱数の個数を増やして，プロットの状態を観察してみる．

(ⅲ) π の式より，円周率を計算する．生成する乱数の個数を n マクロ変数で与える．ログウィンドウには，反復回数と，その時点での Pi の値を表示する．

Program 3.10.4.3
```
%let   n= 100 ;
data   pidata2( keep =   i   times   pi   cin   );
pi = 0.0;
retain   cin   times 0;
  do   i= 1   to   &n ;
    x= ranuni(0) ;   y=ranuni(0);
    dist = sqrt( x*x + y*y );
    if   dist < 1   then    cin = cin + 1;
    times = times + 1;
    pi   = 4 * cin / times;            /* モデル：π = 4 *内側プロット数/総数*/
    put i:   "pi="   pi;               /* ログウィンドウに pi を表示 */
    output;
  end;
  run;
title   "Simulated pi from ranuni function";
proc   print   data=pidata2   noobs;
  where   times   in
   (1 5 10 50 100 500 600 800 1000 2000 3000 5000 10000) ;
  var   times   cin   pi   ;
run;
```

プログラムの解説

2 行目：pidata2 データセットに times, pi, cin 変数を含む．
4 行目：cin, times 変数の初期値を 0 に設定する．
5〜13 行目：do ループ．
6 行目：x, y 変数に一様乱数の値を保存する．
7 行目：点 (x, y) が円の内部か外部かを調べる．
8 行目：円の内側の場合，cin にカウントする．
10 行目：pi を求める．
11 行目：ログウィンドウに反復回数を表す i と pi の値を出力する．
16 行目：where 句で指定した，do ループの回数で (times 変数) に対して，times, cin（内側のプロット数），pi を表示する．

生成したマクロプログラムを利用して，100, 500, 1000, 5000, 10000 などと乱数の個数を増やして，pi の状態を観察してみる．

(iv) 生成する乱数を増やすと，pi の値が 3.1415 ... に近づくのかを，反復回数と pi のグラフを描いてみる．pidata2 データセットは，Program 3.10.4.3 から作成する．結果は省略．

Program 3.10.4.4

```
title  "Simulatied pi from rauuni function";
symbol  i=join  c=blue;
proc  gplot  data= pidata2;
 plot  pi  *  i  /  vref=3.14  cv=red ;
run;
```

3.11　ストアードマクロ

マクロを特定のカタログに保存するには，SAS システムオプションの mstore オプションと，保存先のライブラリを sasmstore= オプションで指定する．
また，マクロプログラムの作成時に，%macro ステートメントの store オプションを指定すること．

例 1　c:¥tmp¥macro フォルダに，マクロを登録する．libname ステートメントで，このフォルダを mylib ライブラリと割り当てる．

Program 3.11.1

```
libname  mylib  "c:\tmp\macro";
options  mstored  sasmstore=mylib;


%macro  macm (ds, var, stat)  /  store  des='要約統計量マクロ';
title  "Reported on &sysdate";
proc  means  data= &ds  &stat;
  var  &var;  run;
%put  ds=&ds  var=&var  stat=&stat;
%mend  macm;
```

NOTE:
(ⅰ) macm マクロは，mylib ライブラリのマクロカタログ sasmacr に保存される．
(ⅱ) %macro ステートメントの des= オプションは，マクロの内容を説明する見出しを指定する．

マクロを登録した SAS セッション終了後，次の SAS セッションで，保存したマクロを実行するには，libname ステートメントで，マクロの保存先のライブラリを割り当て，options ステートメントで，登録済みのマクロを実行することを宣言する．

Program 3.11.2

```
libname  mylib  "c:\tmp\macro";
options  mstored  sasmstore=mylib;
%macm (ex11 , math1 , mean min max )
```

NOTE: マクロの参照先をリセットする，もしくは，SAS を終了するまで，設定したライブラリを参照する．デフォルトの参照先に戻すには，次のシステムオプションを実行する．

Program 3.11.3

```
options  nomstored ;
```

例2 SAS マクロライブラリに保存してあるマクロを外部ファイルにコピーする．

sasuser に保存した nncheck マクロのプログラムを，%copy ステートメントを利用して，c:\tmp\nncheck.sas にコピーする．

Program 3.11.4

```
options   mstored   sasmstore=sasuser;
%macro   nncheck(num)   / store   source ;
%if   %sysevalf( &num) >= 10   %then   %put ** 10 以上 ** ;
%else   %put ** 10 未満 **;
%mend   nncheck;


%copy   nncheck   / lib=sasuser   out='c:\tmp\nncheck.sas' src;
```

NOTE:
（ⅰ）外部ファイルへプログラムを出力するには，マクロ登録時に%macro の source オプションをつけて，実行しておく．work ライブラリに作成したマクロ（デフォルトのライブラリ）にあるマクロのプログラムは出力できない．
（ⅱ）外部ファイルへのコピーは %copy ステートメントを利用する．

付　録

3A　マクロ関数

評価関数	
%eval	整数演算
	構文：%eval(*演算式*)
%sysevalf	浮動小数点演算
	構文：　%sysevalf(*演算式*　<,*変換の種類*>)
	変換の種類には，次の 4 つから指定できる．
	boolean　　演算式の結果が 0，または欠損値のときは 0 を返す．
	その他の値のときは 1 を返す．
	ceil　　　　小数点以下を切り上げ，整数を戻す．
	floor　　　 小数点以下を切り捨て，整数を戻す．
	integer　　整数部分の値を戻す．
文字関数	
パラメータである文字列の変更や，文字列の情報を表示する	
%index	文字列の出現位置を返す．
	引数 1 に引数 2 の文字が最初に出現する位置を求める．
	指定した文字列が存在しないときは 0 を返す．
	構文：　%index(*引数 1*，*引数 2*)
%length	引数の長さを返す．
	構文：　%length(*引数*)
%scan	文字列を検索する．
%qscan	*引数 1* で指定したテキストの n 番目（*引数 2*）の単語を取り出す．%qscan 関数は，特殊文字もテキストとする．
	構文：　%scan(*引数 1*，*引数 2*<，*デリミタ*>);
	%qscan(*引数 1*，*引数 2*<，*デリミタ*>);
	デフォルトのデリミタ：（空白．<(＋＆!＄*);^ － /,%｜）
%substr	文字列を抽出する．
%qsubstr	%qsubstr 関数は，特殊文字を無効にして，テキストとする．
	構文：%substr(*引数*，*開始位置*，*長さ*)
	%qsubstr(*引数*，*開始位置*，*長さ*)

%upcase %qupcase	小文字から大文字に変換する． 構文： %upcase(*引数*) 　　　 %qupcase(*引数*) %qupcase 関数は，特殊文字を無効にして，テキストとする．
マクロ引用符関数 クォート（' や "），セミコロン（;）などの特殊文字，マクロの実行やマクロ変数を表す接頭辞のパーセント（%）とアンパサンド（&）の意味を無効にし，テキストとして扱う． **注意**：SASのリリースで仕様が変わる可能性があるため，オンラインマニュアルなどで確認すること．	
%bquote %nrbquote %superq	クォート（' や "）を含む文字をテキストとして扱う． 構文： %bquote(*引数*) 　　　 %nrbquote(*引数*) 　　　 %superq(*引数*) %superq 関数は，すべての特殊文字とニモニック表記（文字演算項）の意味を無効にする．
%str %nrstr	引数に指定した文字列に含まれる特殊文字とニモニック表記（文字演算項）の意味を無効にして，テキストとして扱う． 構文： %str (*引数*) 　　　 %nrstr (*引数*) 無効にする文字 　　＋ － ＊ / ＜ ＞ ＝ ￢ ＾ ～ ; ,　 # blank(空白) 　　AND　OR　NOT　EQ　NE　LE　LT　GE　GT　IN ・ % を特殊文字 ' " ( ) の前に追加することで，意味を無効とする． ・ %nrstr 関数では，& % も無効とする．
%quote %nrquote	引数に指定した文字列に含まれる特殊文字とニモニック表記の意味を無効にして，テキストとして扱う． 構文： %quote(*引数*) 　　　 %nrquote(*引数*) %quote 関数は %str 関数と同じ特殊文字に対応する． %nrquote 関数は %nrstr 関数と同じ特殊文字に対応する．
%unquote	意味の無効を元へ戻す．
データセット，SAS 関数とのインターフェース	
%sysfunc %qsysfunc	SAS 関数，SCL 関数を呼び出す． %qsysfunc 関数は，特殊文字をテキストとして扱う． 構文： %sysfunc(*関数名（関数の引数）　<,フォーマット>*) 　　　 %qsysfunc(*関数名（関数の引数）　<,フォーマット>*)
call symput	データセットの変数の値をマクロ変数に渡す．

call symputx	call symputx は，テキスト前後の余分な空白を削除する．
	構文： call symputx('マクロ変数名',変数名);
call execute	DATA ステップから，マクロ機能を実行する．
	構文： call execute(引数)
その他	
%sysexist	マクロ変数が存在するか調べる．存在するときは1,存在しないときは0を返す．
	構文： %sysexist(マクロ変数)

3B　自動マクロ変数

自動マクロ変数	値の内容
sysdate	SAS ジョブの実行を始めた日付の表示
sysdate9	SAS ジョブの実行を始めた日付を date9. フォーマットで表示
sysday	SAS ジョブの実行を始めた曜日の表示
sysdsn	最後に作成した SAS データセット名
sysdmg	ダメージがあるデータセットの修復状況をリターンコードで返す．0～6 のリターンコードで，状態を示す．
	リターンコード
	0　現在の SAS セッションで修復しない（デフォルト）
syserr	DATA ステップやプロシジャの実行状態をリターンコードで返す．0 以外のリターンコードの場合，正常終了されていない．
	リターンコード例
	0　正常終了
	1　run cancel ステートメントによるステップの中止
	2　attn または break コマンドによるステップの中止
	7 以上の値　実行したプロシジャに依存した値
syserrortext	直前のエラーメッセージ
sysencoding	SAS セッションのエンコーディング
sysfilrc	直前に実行した filename ステートメントの実行状態をリターンコードで返す．
	0　正常終了
syshostname	コンピュータのホスト名
sysindex	実行されたマクロ数
sysjobid	バッチジョブ，または，ユーザーID
syslast	最後に作成した SAS データセット名

	SASシステムオプションの _LAST_ の値．次の実行結果と同じ出力． proc options option=_LAST_ ; run;
syslibrc	実行した libname ステートメントのリターンコード 　0　正常終了
sysmacroname	実行中のマクロ名
sysodspath	ODS の参照パス
sysparm	OS 環境からのテキストを SAS プログラムに渡す
syspbuff	マクロのパラメータ値となるテキスト
sysprocessname	現在の SAS プロセス名
sysrc	SAS セッションから，X ステートメント（または，%sysexec など）で，実行した Windows コマンドのステータスの表示
sysscp, sysscpl	OS 環境
syssite	SAS ソフトウェアのライセンスナンバー
systime	SAS ジョブ，または，SAS セッションの開始時間
sysuserid	ユーザーID
sysver	SAS ソフトウェアのリリース
sysvlong, sysvlong4	SAS ソフトウェアのリリースとメンテナンスレベル
syswarningtext	直前のワーニングテキスト

例　すべての自動マクロ変数とその値をリストする．

Program 3B.1

```
%put   _automatic_  ;
```

3C　マクロのデバッグ

(3C.1)　%put ステートメント

%put ステートメントは，マクロ変数の値やテキストをログウィンドウに表示する．

%put ステートメントの構文

```
%put   &マクロ変数 ;
%put   <text | _ALL_ | _AUTOMATIC_ | _GLOBAL_ | _LOCAL_ | _USER_>;
```

%put ステートメントのキーワード

ALL	ユーザーが定義したマクロ変数と自動マクロ変数の値をリストする
AUTOMATIC	自動マクロ変数の値をリストする
GLOBAL	ユーザーが定義したグローバルマクロ変数の値をリストする
LOCAL	ユーザーが定義したローカルマクロ変数の値をリストする
USER	ユーザーが定義したグローバルマクロ変数とローカルマクロ変数の値をリストする

例1 ユーザーが定義したグローバルマクロ変数の値をリストする．

Program 3C.1.1

```
%put _GLOBAL_ ;
```

Program 3C.1.1 の出力例

```
GLOBAL VAR grade
GLOBAL VARX math1
```

例2 マクロに引数として渡されたマクロ変数の値をログウィンドウに表示する．

Program 3C.1.2

```
%macro mmeans(ds, var, stat);
proc means data= &ds &stat;
  var &var;
%put &sysuserid on &sysdate9 ;
%put データセット： &ds ;
%put 統計量：&stat ;
run;
%mend mmeans ;
%mmeans( ex11, math1, mean max min )
```

Program 3C.1.2 の出力

```
staff102 on 03JAN2013
データセット： ex11
統計量：mean max min
```

(3C.2) デバッグ用システムオプション

マクロプログラムをデバッグモードで実行するには，options ステートメントで設定する．

マクロプログラムのデバッグ用 SAS システムオプション

mprint	マクロの展開をログウィンドウに表示する．マクロ実行時に生成される SAS プログラムを確認できる
symbolgen	マクロ変数の展開形をログウィンドウに表示する
mlogic	%if ステートメントでの評価結果をログウィンドウに表示する

マクロプログラムは，デフォルトでデバッグモードではない．一度オプションを実行すると，値をリセットするか，SAS システムを終了するまで，デバッグモードが継続される．オプション設定後に実行したマクロプログラムから，デバッグ情報が表示される．

例1 3つのデバッグオプションを指定する．

Program 3C.2.1

```
options   mprint   symbolgen   mlogic ;
```

Program 3C.2.1 の出力例

```
MLOGIC(MACMEANS): 実行を開始します．
MLOGIC(MACMEANS): パラメータ DS の値は ex11 です．
MLOGIC(MACMEANS): パラメータ VAR の値は math1 math2 です．
MLOGIC(MACMEANS): パラメータ STAT の値は mean max min std です．
SYMBOLGEN: マクロ変数 DS を ex11 に展開します．
SYMBOLGEN: マクロ変数 STAT を mean max min std に展開します．
MPRINT(MACMEANS):    proc means data=ex11 mean max min std;
SYMBOLGEN: マクロ変数 VAR を math1 math2 に展開します．
MPRINT(MACMEANS):    var math1 math2;
MPRINT(MACMEANS):    run;
```

NOTE: 行の先頭にオプションが表示される．

例2 デバッグモードをリセット（デフォルトの状態）にする．

Program 3C.2.2

```
options   nomprint   nosymbolgen   nomlogic ;
```

第3章 演習

(ex3.1) 最初の例で作成した mnplot マクロに次の引数の値を指定して動かしてみよ.
 （ｉ） 標準正規分布に従う 5,000 個の乱数を生成する. シードには, 11111, 22222 を指定する.
 （ⅱ） 同じく標準正規分布に従う 10,000 個の乱数をシード 44444, 33333 から, グラフを生成し, シードが異なった場合のグラフを比較してみよ.

(ex3.2) 次のプログラムを実行してみる. ログウィンドウで結果を確かめよ.

```
%let    x=Tokyo ;
%let    y=Over the rainbow;
%let    a1= 5;

%put &x;
%put &y;
%let ans1=&x&y;
%put &ans1;
%let ans1=&x &y;
%put &ans1;
%let ans2= &a1 + 1;
%put &ans2 ;
%let ans2= %eval(&a1 + 1);
%put &ans2 ;
```

(ex3.3) PRINT プロシジャにデータセットと表示する変数をマクロ変数で与えるプログラムを作成する. データセット名は, dsn マクロ変数, 変数は, varlist マクロ変数とする.

```
proc print data=ex11;          ← dsn マクロ変数を割り当てる
var subject grade math1 math2 ;  ← varlist マクロ変数を割り当てる
run;
```

%let ステートメントに dsn と varlist マクロ変数に値を与えて実行してみる.
 ⅰ) ex11 データセットの subject, grade, gender, ave 変数を表示する.
 ⅱ) health データセットの id, age, smoking, nsmoking 変数を表示する.

(ex3.4) $y = \tan(x) - x\sin(x^2)$ について, x の開始値, 終了値, 刻み幅を指定して, データセットを作成し, x, y 変数で散布図を作成する. このプログラムから, mactan マクロを作成し, x の開始

値，終了値，刻み幅を kaishi, owari, kizami マクロ変数で作成する．mactan マクロは，マクロのパラメータ（引数）をもつプログラムを作成する．

(ex3.5) 変数の値が，0 から 10 までの平方根をログウィンドウに出力する macsqrt マクロを作成する．平方根は，sqrt 関数を利用する．

(ex3.6) n の 3 乗を求めるプログラムである．次のプログラムを実行せよ．

```
%let n1=2;
%let n2=3;
%let n3=10;
%let n4=30;
%let n5=101;

%macro n3;
%do i = 1 %to 5 ;
    %let     y= %eval(&&n&i**3);
    %put    n&i：&&n&i：   *** &y ***    ;
%end;
%mend n3;
%n3
```

(ex3.7) シミュレーション

平均 1，標準偏差 2 の正規分布から大きさ 10 のランダム標本をとってきて，信頼区間を作成することを 20 回繰り返して，それぞれの信頼区間を表示するプログラムである．

```
data n5ci;
mu=1;sigma=2;          ← 平均 1，標準偏差 2
do j=1 to 20;          ← 20 回繰り返して，作成する
  do i = 1 to 10;      ← 大きさ 10 のランダム標本
    x= mu + sigma*rannor(0);
    output;
  end;
end;
run;
proc means data=n5ci clm mean std noprint alpha=0.1 ;
by j;
var x;
```

```
output out=t1 lclm=l1 uclm=u1 mean=m1;
run;
proc sgplot data=t1;                    ← プロットを作成する
title "95% CI";
scatter x=j  y=m1;
highlow x=j   low=l1   high=u1/ legendlabel="95%";
refline 1 / axis=y;
yaxis display=(nolabel);
run;
```

NOTE: means プロシジャの alpha= には, 信頼区間を指定する. 90% 信頼区間は, alpha=0.1, 95%信頼区間は, alpha=0.05 となる.

プログラム全体を mclm マクロにする. mclm マクロでは, 標本の大きさ, 繰り返しの回数, 信頼区間を n, rep, alp マクロ変数にもつ.

i) 大きさ 10 のランダム標本をとってきて 95% 信頼区間を作成することを 100 回繰り返す.

ii) 大きさ 5 と 50 のランダム標本をとってきて 50% 信頼区間を作成することを 100 回繰り返して, グラフから違いをみてみる.

(ex3.8) 次のマクロを実行して, 解説せよ.

i) 区間 (0, 1) で, ranuni 関数で乱数を発生させ, 生成した乱数の値が 0.5 未満の 4 オブザベーションのデータを outds マクロ変数に指定した ex11sample データセットに格納する.

```
%macro resample1(inds, outds,n);
    data   &outds;
    set   &inds   nobs=total;
    if   i < &n   then do;
      a=ranuni(0) ; put a= ;
       if   a < 0.5 then do;
          i+1;
          output;
        end;
      end;
    drop   i;
    run;
%mend resample1;


%resample1(ex11, ex11sample, 4)
```

```
proc   print   data=ex11sample ;
  run;
```

NOTE:

（ⅰ） 5行目のプログラム（put　a=;）により，ログウィンドウに一様乱数（ranuni関数）から求めた値が表示されるため，a <0.5 の条件を満たしているか確認できる．

（ⅱ） drop i; を *drop i; とコメントにすると，選択された順番が出力に表示される．

ii) 区間 (0,1) で ranuni 関数で乱数を発生させ，生成した乱数の値を u 変数に保存，および，昇順にソートを行う．生成した乱数の値が 0.5 未満の 4 オブザベーションのデータをソートされた順に表示する．

```
%macro resample2(inds,   outds,   n) ;
data   tmp;
set   &inds;
u= ranuni(0);
run;
proc   sort   data=tmp   out=rs;
  by   u ;
  run;
data   &outds;
set   rs(obs=4);
*drop u;
run;
%mend   resample2;

%resample2(ex11, ex11sample, 4)
proc   print   data=ex11sample;   run;
```

NOTE: 11行目のコメントをとると（drop u ;），u変数の値が昇順（小さい順）に，出力に追加される．

iii) surveyselect プロシジャを用いて，単純無作為標本（Simple Random Sample）抽出を行う．method=srs で抽出方法，sampsize=4 で標本の大きさを指定する．

```
%macro resample3(inds,   outds,   n);
proc   surveyselect   data=&inds   out=&outds
  method=srs   sampsize=&n   seed=0;
run;
```

```
%mend resample3;
%resample3(ex11, ex11sample, 4)
proc  print  data=ex11sample;
run;
```

第4章 SQL

SASシステムは，SQL（Structured Query Language：構造化照会言語）の機能をSQLプロシジャが提供している．SQLは，規格化された言語であり，関連しているテーブル（表）やビュー[1] に対して，照会を行う．

SQLプロシジャでは，テーブル照会のための主要な3つの機能である「検索，作成，更新」を提供しており，それぞれの機能ごとに異なるステートメントを用いて実行する．

1）テーブルの検索
　　select ステートメントは，関連するテーブルに対して照会を行い，テーブルの検索，ソート，テーブル連結などの操作，および，レポート，集計表を作成する．
2）テーブルの作成と削除
　　create ステートメントは，新規テーブルを作成する．
　　drop ステートメントは，テーブルの削除を行う．
3）テーブルの更新
　　update ステートメントは，既存テーブルの更新を行う．データの追加や修正を行う．
　　insert ステートメントは，行の挿入を行う．
　　delete ステートメントは，行の削除を行う．
　　これらのステートメントを利用すると，外部データベース管理システム（DBMS）のテーブルのデータの更新も行える．
　　alter ステートメントは，SQLテーブルの構造を修正する．

NOTE: その他のステートメントは，章末付録 4A を参照．

SQLで扱うテーブルの構造は，SASデータセットの構造と非常によく似ている．SQLで参照するテーブルは行(レコード)と列(フィールド)から構成されており，これは，SASデータセットのオブザベーションと変数に対応する．SQL用語とSAS用語は異なっても，内容は同じである．

---

[1] ビューは，仮想テーブルであり，テーブルやレコード（変数）の定義情報である，ディスクリプタ部分だけを保存したファイルである．

154　第 4 章　SQL

次の表は，SQL やデータ処理用語と SAS 用語の比較対応表である．

SQL または，データ処理用語	SAS 用語
テーブル	SAS データファイル（データセット，ビュー）
列，フィールド	変数
行，レコード	オブザベーション

この章では，health データセット[2] と ex11 データセット[3] とを使用して，SQL プロシジャの基本的な使用例を見ていく．

SQL プロシジャの構文

```
proc  sql   オプション ;
 . . . . . . .
< quit ; >
```

SQL プロシジャは，quit ステートメントや title ステートメントなどの SQL プロシジャ以外のステートメントを実行するまで，終了しない．

4.1　データ検索と操作

(4.1.1)　データ検索

テーブルを照会し，データを検索するには，SQL プロシジャの select ステートメントを利用する．

データ検索のための **select** ステートメントの構文

```
select  列 ,<列> ...
 from  テーブル または，ビュー ＜, テーブル または，ビュー ＞ ...
  <where  条件式>
  <group  by  列 <, ... 列>>
  < having  条件式>
  < order  by  列  <, ... 列>>  ;
```

select ステートメントの直後に，表示する変数をリストし，テーブルやビューを from 句（from 文節とよぶ場合もある）に指定する．

その他の by 句や where 句などはオプションであり，select ステートメントに続けて指定する．ステートメントの最後は，セミコロン（;）で終わる．

---

[2] health データセットは，第 1 章の (1.1.2)(i)「インポートウィザードの利用」と Program 1.1.2.3 を参照．また，フォーマットを使用する場合は，Program 1.2.1.1 と Program 1.2.1.3 も実行する．巻末付録 D も参照．
[3] ex11 データセットは，第 1 章の (1.1.1) の Program 1.1.1.1 を参照．また，フォーマットを使用する場合は，Program 1.2.1.4 を実行する．

select ステートメントの句

from	参照するテーブルを指定する．複数テーブルの指定が可能
where	抽出する条件式
group by	グループ化する列
order by	ソートする列
having	group by 句と要約関数を使い，指定した条件でグループ処理を行う

(i) データの内容の表示

例1 health データセットの内容をすべて表示する．health データセット（テーブルとよぶこともできる）は，25人分の学生の健康診断結果のデータである．

Program 4.1.1.1
```
proc sql;
select * from health ;
```

プログラムの解説

2行目： select ステートメント直後の *（アスタリスク）は，すべての列（変数）を出力する．
from 句には，参照するデータセット（テーブル）を指定する．

Program 4.1.1.1　health データセットの出力（抜粋）

id	年齢	性別	身長	体重	睡眠時間	喫煙歴	1日の喫煙本数
s001	20	女	162	50	7	喫煙歴なし	0
s002	20	男	.	.	7	喫煙歴なし	0
s003	20	男	178	74	4	喫煙	10
s004	20	女	165	66	5	喫煙	5
s005	20	男	173	85	8	喫煙	7
s006	21	女	170	65	8	喫煙歴なし	0
s007	21	男	180	78	5	喫煙	5
s008	23	男	181	75	7	喫煙	3
s009	23	女	166	54	6	喫煙歴なし	0
s010	20	男	175	59	8	喫煙歴なし	0

例 2 health データの学籍番号，性別，身長，体重の順に表示する．

Program 4.1.1.2
```
proc   sql；
select   id , gender , height , weight   from   health；
```

プログラムの解説

Program 4.1.1.2 の結果（抜粋）

```
1 行目：proc sql; が実行中ならば，2 行目の select * from
  health; の1行だけをサブミットできる．
  エディタウィンドウのタイトルに「PROC SQL 実行中」と
  表示があれば，SQL プロシジャの実行状態を確認できる．
2 行目： selelct ステートメント直後に，表示する順番に変数
  名をリストする．変数間は，カンマ（,）で区切る．
```

id	性別	身長	体重
s001	女	162	50
s002	男	.	.
s003	男	178	74
s004	女	165	66
s005	男	173	85

NOTE: SQL プロシジャのステートメントは，run ステートメントがなくても，実行される．quit ステートメントや他のプロシジャの実行，title ステートメントなどの SQL プロシジャ以外のステートメントを実行するまで，SQL プロシジャのステートメントを続けて実行できる．

（ii）要約関数の利用

例 3 height 変数の最小値，最大値，欠損値の数，範囲，標準偏差，合計，分散を求める[4]．

Program 4.1.1.3
```
select   min(height) as 最小,   max(height) as 最大,   nmiss(height) as 欠損値,
         range(height) as 範囲,   std(height) as 標準偏差,   sum(height) as 合計,
         var(height) as 分散
from   health；
```

プログラムの解説

```
1 行目： min(height) は，最小の身長を求める．min(height) だけでも計算した値は表示される
  が，as の指定により，要約結果に別名（最小）が割り当てられて，数表の 1 行目に別名が表示
  される．
```

---

[4] 一度 proc sql を実行していると，quit; や他のステップなどが実行されるまでは，sql は実行された状態なので proc sql をその都度実行する必要はない．

Program 4.1.1.3 の出力

最小	最大	欠損値	範囲	標準偏差	合計	分散
155	181	3	26	6.868114	3721	47.171

(iii) グループ化した数表

グループ化した数表を表示するには，要約関数と group by 句の指定が必要である．

例 4 性別ごとの人数，身長と体重の平均値を求める．ただし，身長が欠損値のデータは除外する．

Program 4.1.1.4

```
select   gender ,
 count(gender)   as 人数 ,
 mean(height) as 平均身長 ,
 mean(weight) as 平均体重
from    health
where   height is not null
group by gender ;
```

Program 4.1.1.4 の出力

性別	人数	平均身長	平均体重
男	15	172.2667	67.2
女	7	162.4286	55

プログラムの解説

2 行目： 度数は，count, freq, n 関数でも求める．例えば，freq(gender) でも同じ出力となる．count(gender) だけでも計算した値は表示されるが，as の指定により，要約結果に別名（人数）が割り当てられて，数表の 1 行目に別名が表示される．

表示する文字列に，空白などの特殊文字を表示するには，label= を指定する．count(gender)   as cnt label=" 有効な人数 " と指定すると，要約結果に別名 cnt が割り当てられたが，数表には label= に指定した文字列が表示される．

3〜4 行目： 平均は，mean か avg 関数で求める．avg(height) でも同じ出力になる．

group by 句と mean 関数により，性別ごとの平均身長・体重が出力される．

group by 句は，mean 関数のような要約関数を指定したときのみ利用できる．

6 行目： 身長が欠損値以外のデータを利用することを指定する．

7 行目： 性別でグループ化する．

例5 distinct キーワードを使い，重複した行を削除する．

　health データセットの性別と喫煙歴で，重複した行を取り除き，要約した数表を作成する．

Program 4.1.1.5
```
select   distinct gender , smoking   from   health   ;
```

Program 4.1.1.5 の出力

性別	喫煙歴
男	喫煙歴なし
男	喫煙
女	喫煙歴なし
女	喫煙

(iv) 計算

例6 ブローカ式桂変法による標準体重[5]と肥満度を測る BMI[6]を計算し，数表に追加する．

Program 4.1.1.6
```
select  id,  gender,  height,  weight,
  (height - 100) * 0.9  as 標準体重 ,  weight / (( height /100)**2 )  as  bmi
from   health  ;
```

プログラムの解説

2 行目：(height - 100) * 0.9 の計算結果を別名（標準体重）に割り当て，表示する．
　weight / ((height /100)**2) の計算結果を別名（BMI）に割り当て，表示する．

Program 4.1.1.6 の出力（抜粋）

id	性別	身長	体重	標準体重	bmi
s001	女	162	50	55.8	19.05197
s002	男	.	.	.	.
s003	男	178	74	70.2	23.35564
s004	女	165	66	58.5	24.24242
s005	男	173	85	65.7	28.40055

---

[5] ブローカ式桂変法による標準体重 =（身長 (cm) − 100）× 0.9
[6] BMI = 測定体重(kg)/（身長(m)/100) **2．ちなみに，BMI 値が 18.5 以上 25 未満を普通としている．

(v) 並べ替え（order by 句）

例7 年齢，性別の順に並び替えする．

Program 4.1.1.7

```
select  id , age ,  gender , height ,  weight   from   health
order   by   age , gender   ;
```

プログラムの解説

2行目：order by 句に指定した列の値でソートする．デフォルトは昇順に並べ替える．

Program 4.1.1.7 の出力（抜粋）

id	年齢	性別	身長	体重
s003	20	男	178	74
s002	20	男	.	.
s010	20	男	175	59
s005	20	男	173	85
k021	20	男	.	75
s014	20	女	.	.
s001	20	女	162	50
s004	20	女	165	66
s007	21	男	180	78

NOTE: 値を降順にリストするには，order by 句に descending オプション（desc と省略可）を指定する．

年齢が高い順（降順），かつ，性別は，男，女の順（昇順）にソートされた数表を作成するには，次のように指定する．

```
order  by  age  descending, gender  ;
```

(vi) サブセット条件（where 句）

例8 女子学生のみをリストする．数表には，学籍番号，性別，喫煙歴，喫煙本数を表示する．出力は省略．

Program 4.1.1.8

```
title "女子学生データ";
select   id , gender , smoking , nsmoking   from   health
where   gender = 1   ;
```

プログラムの解説

3行目：where 句にサブセットの条件式を指定する．このデータでは，女性は gender 変数の値が1のため，where gender=1 と指定する．

- where 句によるサブセットの例

    80 kg 以上のデータ抽出.

        weight >= 80

    id 変数が s105, s106 のデータ.

        where id in ("s105", "s106")

    id 変数の最初の文字が s で始まるデータ.

        where id like 's%'

    id 変数の最初の文字が s 以外の文字で始まるデータ.

        where not id like 's%'

    id 変数の最後の文字が 3 で終わるデータ.

        where id like "%_3"

    id 変数が s100 から s106 までのデータ. 数値, 文字データにも対応.

        where id between "s100" and "s106"

(vii) 複数条件（論理演算子）

論理演算子には, AND, OR, NOT を指定して, 複数の条件を指定できる.

例 9 男子学生で, 喫煙者をリストする. また, 学籍番号が s (数学科) で始まるデータを表示する.

Program 4.1.1.9

```
title   "数学科 男子学生の喫煙者";
select  id , gender , smoking , nsmoking  from   health
 where   smoking =1  and  gender = 0  and  id  like  "s%" ;
```

Program 4.1.1.9 の出力

数学科 男子学生の喫煙者

id	性別	喫煙歴	1日の喫煙本数
s003	男	喫煙	10
s005	男	喫煙	7
s007	男	喫煙	5
s008	男	喫煙	3
s013	男	喫煙	3
s015	男	喫煙	10
s103	男	喫煙	40
s105	男	喫煙	20
s106	男	喫煙	30

(ⅷ) 欠損値データ

例 10 身長の値が欠損値のデータを表示する．

Program 4.1.1.10

```
select  *  from  health
 where  height is missing  ;
```

プログラムの解説

2 行目：where height = . や where height is null と指定しても同じ結果となる．

Program 4.1.1.10 の出力

id	年齢	性別	身長	体重	睡眠時間	喫煙歴	1日の喫煙本数
s002	20	男	.	.	7	喫煙歴なし	0
s014	20	女	.	.	6	喫煙歴なし	0
k021	20	男	.	75	8	喫煙歴なし	0

例 11 身長の値が欠損値以外のデータを表示する．結果は省略．

Program 4.1.1.11

```
select  *  from  health
 where  height is not missing  ;
```

プログラムの解説

2 行目： where not height is null も欠損値以外のデータを照会する．

(ⅸ) having 句 ── group by 句に対する条件式を指定

例 12 having 句に指定した条件式は，group by 句で指定したグループに対して，評価を行う．having 句に count(*) 関数を利用すると，度数をチェックして，その条件に合ったデータだけを表示する．having 句の前に group by 句を指定すること．

年齢でグループ化しても学生が 1 人のみの場合，学籍番号と年齢，性別をリストする．

Program 4.1.1.12

```
select  id, age ,  gender  from  health
group  by  age
having  count(*) = 1;
```

Program 4.1.1.12 の出力

id	年齢	性別
k026	22	女
b025	25	男
s104	29	男
s105	30	男
s106	31	男
s103	41	男

例 13 性別と年齢でグループ化し，身長の平均値を表示する．ただし，平均身長が 170 cm 以上のデータだけを照会して，表示する．

Program 4.1.1.13

```
select gender , age , mean(height) as 平均身長
from    health
    group by gender, age
    having    mean(height) >= 170 ;
```

Program 4.1.1.13 の出力

性別	年齢	平均身長
男	20	175.3333
男	21	171.75
男	23	172
男	25	171
男	29	177
男	41	172

(4.1.2) デバッグ

(ⅰ) 構文チェック

　validate ステートメントは，テーブルの参照や出力は行わず，指定したクエリプログラムの構文エラーチェックだけを行い，その検証した結果をログに表示する．

　構文にエラーがあるか，確認を行う．

Program 4.1.2.1

```
proc   sql ;
validate
select   id, age   from    health ;
```

ログウィンドウ

```
proc sql;
  validate
  select   id, age from   health ;
NOTE: PROC SQL ステートメントは有効な構文です．
```

(ii) SQL 用マクロ変数

SQL プロシジャでは，実行結果を確認するためのマクロ変数が提供されている．

マクロ変数	内容		
SQLOBS	出力や削除される行数（オブザベーション数）		
SQLRC	SQL プロシジャの実行状態	0：	エラーなし
		4：	警告あり
		8：	ステートメントエラー
		12, 16, 24 など，その他エラー	
SQLOOPS	SQL の内部ループの反復処理回数		

validate ステートメントの Program 4.1.2.1 の実行後，次のプログラムを実行して，ログウィンドウを確認する．

Program 4.1.2.2

```
%put   SQLRC=  &SQLRC ;
%put   SQLOBS= &SQLOBS ;
```

ログウィンドウ

```
SQLRC= 0
SQLOBS= 0
```

ログウィンドウの出力の解説

> SQLRC マクロ変数の値が 0 により，構文エラーがないことがわかる．
> SQLOBS マクロ変数の値が 0 により，実際に処理されたレコードが 0 行であることがわかる．

次のプログラムを実行して，ログウィンドウを確認してみる．

Program 4.1.2.3

```
proc sql;
select   id, age   from   health ;
%put   SQLRC= &SQLRC    SQLOBS= &SQLOBS ;
```

ログウィンドウの出力

```
SQLRC= 0    SQLOBS= 25
```

ログウィンドウの出力の解説

> SQLRC マクロ変数の値が 0 により，構文エラーがないことがわかる．このプログラムは，実際に select ステートメントが実行されたため，数表が作成された．このため，SQLOBS マクロ変数の値が 25 により，作成された数表のレコードが 25 行であることがわかる．

(4.1.3) 複数のテーブルの参照

例 1 2つのテーブルを結合し，表示する．学生の成績を保存している ex11 テーブルと，健康診断の結果を保存している health テーブルを結合する．2つのテーブルに共通している学籍番号をキーにして，テーブルを結合する．共通するキーをもつレコードだけが表示される．

Program 4.1.3.1

```
proc sql;
select id, grade, ave, health.gender, sleeping, smoking
   from  health, ex11
   where health.id = ex11.subject;
```

プログラムの解説

2行目： select ステートメントに表示する列をリストする．
変数は，次のように，列にテーブル名をつけて，指定することもできる．
　　　select health.id, ex11.grade, ex11.ave ...
2つのテーブルに同じ変数名がある場合は，health.gender のように，どちらのテーブルから参照するのか，必ず指定すること．

3行目： from 句には，参照する2つのテーブルを指定する．テーブル間は，カンマ（,）で区切る．

4行目： 2つのテーブルを結びつけるキーとなる列を where 句に指定する．キーとなる列名は，異なってもよい．
列名（変数名）が異なれば，次のようにテーブルを省略することも可能．
　　　where pid= pnum

Program 4.1.3.1 の出力

id	成績	平均点	性別	睡眠時間	喫煙歴
s002	B	78.5	男	7	喫煙歴なし
s003	B	73	男	4	喫煙
s004	C	61	女	5	喫煙
s009	A	84.5	女	6	喫煙歴なし
s012	A	93.5	女	6	喫煙
s013	F	53.5	男	8	喫煙
k021	A	80	男	8	喫煙歴なし
k023	F	58.5	女	7	喫煙歴なし

k024	B	75.5	男	6	喫煙
k026	A	89	女	6	喫煙
s103	A	95.5	男	5	喫煙
s106	A	94	男	6	喫煙

例2 ex11 と health テーブルから，id, grade, ave, gender, sleeping, smoking の順に表示する．ただし，成績（平均点）の良い順に表示する．

Program 4.1.3.2

```
select  id, grade, ave, health.gender, sleeping, smoking
 from   health, ex11
  where  health.id = ex11.subject
  order by  ave  descending ;
```

Program 4.1.3.2 の出力

id	成績	平均点	性別	睡眠時間	喫煙歴
s103	A	95.5	男	5	喫煙
s106	A	94	男	6	喫煙
s012	A	93.5	女	6	喫煙
k026	A	89	女	6	喫煙
s009	A	84.5	女	6	喫煙歴なし
k021	A	80	男	8	喫煙歴なし
s002	B	78.5	男	7	喫煙歴なし
k024	B	75.5	男	6	喫煙
s003	B	73	男	4	喫煙
s004	C	61	女	5	喫煙
k023	F	58.5	女	7	喫煙歴なし
s013	F	53.5	男	8	喫煙

例3 3つのテーブルを照会し，必要な変数を表示する．
　ex11, health, survey[7] テーブル（データセット）を照会する．3 つのテーブルの共通のキーになる変数は，学籍番号をもつ変数である．survey テーブルでは，pin 変数が学籍番号である．

---

[7] survey テーブルは，第 1 章 Program 1.1.2.4 を参照．巻末付録 D も参照．

Program 4.1.3.3

```
title  "学生情報データ";
select   pin , grade , health. gender , area , ctime , money , sc , career , smoking , sleeping
   from   health , ex11 , survey
   where   id = subject   and   subject = pin ;
```

プログラムの解説

1行目： SQL プロシジャの title ステートメントの実行は，SQL プロシジャを終了しない．
2行目： select ステートメントに表示する列をリストする．3 テーブルが含んでいる変数をリストできる．
3行目： from 句に参照する 3 つのテーブルを指定する．テーブル間は，カンマ（,）で区切る．
4行目： 3 つのテーブルを結びつける共通キーとなる列を where 句に指定する．
　3 テーブルにある共通キーの指定には，次のように AND 論理演算子を用いる．
　　　id = subject   and   subject= pin　3 つのテーブルを関連づける．

Program 4.1.3.3 の出力

学生情報データ

学籍番号	成績	性別	住所	通学時間	所持金	満足度	進路	喫煙歴	睡眠時間
s002	B	男	埼玉	90	¥300	大変満足	進学	喫煙歴なし	7
s003	B	男	東京	70	¥3,000	大変満足	進学	喫煙	4
s004	C	女	神奈川	65	¥5,000	大変満足	就職	喫煙	5
s009	A	女	その他	105	¥2,000	普通	就職	喫煙歴なし	6
s012	A	女	群馬	100	¥8,000	大変満足	就職	喫煙	6
s013	F	男	栃木	100	¥3,000	普通	その他	喫煙	8
k021	A	男	東京	40	¥5,000	満足	進学	喫煙歴なし	8
k023	F	女	栃木	105	¥13,000	普通	その他	喫煙歴なし	7
k024	B	男	千葉	60	¥10,000	大変満足	就職	喫煙	6
k026	A	女	東京	30	¥4,000	不満足	進学	喫煙	6
s103	A	男	神奈川	45	¥20,000	満足	教員	喫煙	5
s106	A	男	東京	10	¥5,000	満足	進学	喫煙	6

(4.1.4) テーブルの結合（join 句）

join 句を利用した複数のテーブルの結合について紹介する．

join 関連の構文

```
select   列, <列> ...
 from   テーブル または, ビュー  , テーブル または, ビュー ...
   <inner> join  テーブル または, as 別名  on  sql 式
   テーブル  left join | right join | full join
   テーブル  on  sql 式
   テーブル  cross join  テーブル または, as 別名
   テーブル  union join  テーブル または, as 別名
```

結合をする lefttabj と righttabj テーブルを作成し，内容を表示する．

Program 4.1.4.1

```
data   lefttabj;
input   area $  export $  country $;
cards;
東京      衣服雑貨    USA
東京      家電        中国
中国      野菜        韓国
アラブ    石油        日本
;
data   righttabj;
input   area $  export $  country $;
cards;
EUR       衣服雑貨    日本
東京      電子部品    USA
USA       医薬品      カナダ
USA       医薬品      日本
中国      衣服雑貨    日本
;
run;
title;
proc   sql;
 select   *   from   lefttabj;
 select   *   from   righttabj;
```

lefttabj テーブル

area	export	country
東京	衣服雑貨	USA
東京	家電	中国
中国	野菜	韓国
アラブ	石油	日本

righttabj テーブル

area	export	country
EUR	衣服雑貨	日本
東京	電子部品	USA
USA	医薬品	カナダ
USA	医薬品	日本
中国	衣服雑貨	日本

例1 2つのテーブルの直積，すべてのレコードを組み合わせた結果が表示される．

Program 4.1.4.2
```
select * from  lefttabj , righttabj ;
```

Program 4.1.4.2 の結果（抜粋）

area	export	country	area	export	country
東京	衣服雑貨	USA	EUR	衣服雑貨	日本
東京	衣服雑貨	USA	東京	電子部品	USA
東京	衣服雑貨	USA	USA	医薬品	カナダ
東京	衣服雑貨	USA	USA	医薬品	日本
東京	衣服雑貨	USA	中国	衣服雑貨	日本
東京	家電	中国	EUR	衣服雑貨	日本
東京	家電	中国	東京	電子部品	USA
東京	家電	中国	USA	医薬品	カナダ
東京	家電	中国	USA	医薬品	日本
東京	家電	中国	中国	衣服雑貨	日本
中国	野菜	韓国	EUR	衣服雑貨	日本
中国	野菜	韓国	東京	電子部品	USA

例2 内部結合 (inner join) キーとなる変数を指定し，両方のテーブルに一致する値が存在する場合のみ，データを表示する．

次の例は，area 変数に同じ値が，lefttabj と righttabj テーブルの両方に存在したデータのみを表示する．

Program 4.1.4.3
```
select * from  lefttabj inner join righttabj
 on  lefttabj.area = righttabj.area ;
```

次のプログラムも同じ結果になる．

select * from lefttabj , righttabj where lefttabj.area = righttabj.area ;

Program 4.1.4.3の出力

inner join					
area	export	country	area	export	country
東京	衣服雑貨	USA	東京	電子部品	USA
東京	家電	中国	東京	電子部品	USA
中国	野菜	韓国	中国	衣服雑貨	日本

DATA ステップの set ステートメントを使い，この 2 つのテーブルを縦方向に連結して alltabj テーブル（データセット）を作成し，違いをみてみる．この 2 つのテーブルは，同じ変数名をもつ．

Program 4.1.4.4

```
data alltabj ;
 set  lefttabj  righttabj;
 proc  print  data=alltabj ;
run;
```

Program 4.1.4.4 の結果

OBS	area	export	country
1	東京	衣服雑貨	USA
2	東京	家電	中国
3	中国	野菜	韓国
4	アラブ	石油	日本
5	EUR	衣服雑貨	日本
6	東京	電子部品	USA
7	USA	医薬品	カナダ
8	USA	医薬品	日本
9	中国	衣服雑貨	日本

Program 4.1.4.4 の area 変数の値をソートして，縦方向に連結するには，事前に area 変数でソート後に縦方向の連結処理を行う必要がある．

Program 4.1.4.5

```
proc  sort  data=lefttabj  out=lefttabjs;
 by  area ;
proc  sort  data=righttabj  out=righttabjs;
 by  area;
data  alltabjs;
 set  lefttabjs  righttabjs;
 by  area ;
 proc  print  data=alltabjs;
run ;
```

Program4.1.4.5 の結果

OBS	area	export	country
1	EUR	衣服雑貨	日本
2	USA	医薬品	カナダ
3	USA	医薬品	日本
4	アラブ	石油	日本
5	中国	野菜	韓国
6	中国	衣服雑貨	日本
7	東京	衣服雑貨	USA
8	東京	家電	中国
9	東京	電子部品	USA

例 3 外部結合（outer join）の例 outer join は，キーとなる変数を指定し，参照するテーブルに一致する値が存在しない場合も，テーブルの内容を表示する．outer join には，left join, right join, full join の 3 種類の方法がある．

（i） left join の例 — left join と on の 2 つのキーワードの指定が必要

最初に指定したテーブル（lefttabj テーブル）と 2 番目に指定した left join 以降のテーブル（righttabj テーブル）で，キーとなる変数に一致する値がなくても，最初に指定したテーブルのデータは表示する．

Program 4.1.4.6

```
proc  sql ;
title   "left join " ;
select  *  from  lefttabj  left join  righttabj
   on  lefttabj.area = righttabj.area ;
```

Program 4.1.4.6 の出力

left join						
area	export	country	area	export	country
中国	野菜	韓国	中国	衣服雑貨	日本
アラブ	石油	日本			
東京	衣服雑貨	USA	東京	電子部品	USA
東京	家電	中国	東京	電子部品	USA

NOTE: 2 レコード目のアラブの値が，righttabj テーブルに含まれていなくても，2 つのテーブルが結合され表示された．

次のように as を利用した別名（エリアス）を指定しても，同じ結果となる．
lefttabj as l は，lefttabj を l という別名に割り当て，righttabj as r は，righttabj を r という別名で割り当てている．

```
         select  *  from  lefttabj as l  left join  righttabj as r
              on   l.area=r.area ;
```

DATA ステップの merge ステートメントを利用して，lefttabj と righttabj2 テーブルをマージしてみる．最初に，righttabj2 テーブルを作成する．変数名を area2, export2, country2 とする．

Program 4.1.4.7

```
data   righttabj2;
input   area2 $ export2 $ country2 $;
cards;
EUR         衣服雑貨     日本
東京         電子部品     USA
USA         医薬品       カナダ
USA         医薬品       日本
中国         衣服雑貨     日本
;
proc  print  data=righttabj2;
run;
```

Program 4.1.4.7 の結果

OBS	area2	export2	country2
1	EUR	衣服雑貨	日本
2	東京	電子部品	USA
3	USA	医薬品	カナダ
4	USA	医薬品	日本
5	中国	衣服雑貨	日本

merge ステートメントを利用して，lefttabj と righttabj2 テーブルをマージしてみる．マージで作成されたデータは，出現順序で横方向に連結される．

Program 4.1.4.8

```
data  mergetab;
 merge lefttabj  righttabj2;
run;
proc  print;
run;
```

Program 4.1.4.8 の出力

OBS	area	export	country	area2	export2	country2
1	東京	衣服雑貨	USA	EUR	衣服雑貨	日本
2	東京	家電	中国	東京	電子部品	USA
3	中国	野菜	韓国	USA	医薬品	カナダ
4	アラブ	石油	日本	USA	医薬品	日本
5				中国	衣服雑貨	日本

（ii） **right join の例** — right join と on の 2 つのキーワードの指定が必要

最初に指定したテーブル（lefttabj テーブル）と 2 番目に指定した right join 以降のテーブル（righttabj テーブル）で，キーとなる変数の値が一致しなくても，right join で指定したテーブルのデータは表示する．

Program 4.1.4.9

```
proc  sql ;
title  "right join";
select  *  from  lefttabj  as  l  right join  righttabj  as  r
 on  l.area = r.area ;
```

Program 4.1.4.9 の出力

right join					
area	export	country	area	export	country
			EUR	衣服雑貨	日本
			USA	医薬品	カナダ
			USA	医薬品	日本
中国	野菜	韓国	中国	衣服雑貨	日本
東京	衣服雑貨	USA	東京	電子部品	USA
東京	家電	中国	東京	電子部品	USA

(iii) **full join の例** — full join と on の2つのキーワードの指定が必要

一致する値がテーブルに存在しない場合でも，すべてのテーブルの内容を表示する．

Program 4.1.4.10

```
title "full join ";
select  *  from  lefttabj  as  l  full join  righttabj  as  r
on    l.area = r.area;
```

Program 4.1.4.10 の出力

full join					
area	export	country	area	export	country
			EUR	衣服雑貨	日本
			USA	医薬品	カナダ
			USA	医薬品	日本
アラブ	石油	日本			
中国	野菜	韓国	中国	衣服雑貨	日本
東京	衣服雑貨	USA	東京	電子部品	USA
東京	家電	中国	東京	電子部品	USA

例えば，2つのテーブルの変数名が異なる場合は，DATAステップの set ステートメントを使うと次のような結果になる．righttabj2 データセットの変数名は，area2, export2, country2 である．

Program 4.1.4.11

```
data  alltabj;
  set  lefttabj  righttabj2;
proc  print  data=alltabj;
run;
```

Program 4.1.4.11 の結果

OBS	area	export	country	area2	export2	country2
1	東京	衣服雑貨	USA			
2	東京	家電	中国			
3	中国	野菜	韓国			
4	アラブ	石油	日本			
5				EUR	衣服雑貨	日本
6				東京	電子部品	USA
7				USA	医薬品	カナダ
8				USA	医薬品	日本
9				中国	衣服雑貨	日本

(4.1.5) RDBタイプのテーブルの連結例

3つのテーブルから，顧客別（customer変数）の売り上げ集計表を作成する．

csum テーブル

product	store	customer
封筒	新宿	東洋食品
コピー用紙	銀座	南銀行
ノート	銀座	西村出版
ボールペン	板橋	専門学校

price テーブル

product	price
ノート	80
コピー用紙	800
ボールペン	100
封筒	50

amount テーブル

customer	quantity
西村出版	100
南銀行	500
東洋食品	300
専門学校	100

作成する顧客別売上集計表を次に示す．

Table 4.1.5.1

顧客別売り上げ					
customer	product	price	quantity	Total	
西村出版	ノート	¥80	100	¥8,000	
南銀行	コピー用紙	¥800	500	¥400,000	
東洋食品	封筒	¥50	300	¥15,000	
専門学校	ボールペン	¥100	100	¥10,000	

Program 4.1.5.1

```
data  csum;
length  product  $ 10 ;
input   store $  product  $   customer $ ;
cards;
新宿    封筒            東洋食品
銀座    コピー用紙      南銀行
銀座    ノート          西村出版
板橋    ボールペン      専門学校
;
data  price;
length  product  $ 10 ;
input   product  $   price;
cards;
ノート          80
コピー用紙      800
ボールペン      100
封筒            50
;
data  amount ;
input   customer $   quantity ;
cards;
西村出版   100
南銀行     500
東洋食品   300
専門学校   100
;
title ;
proc  sql ;
select * from   csum ;
select * from   price ;
select * from   amount ;
```

顧客別（customer 変数）の売り上げ集計表を作成する．集計結果は，Table 4.1.5.1 を参照．

Program 4.1.5.2

```
title "顧客別売り上げ";
select   c.customer,  p.product,   p.price format=yen., a.quantity,
     a.quantity * p.price  as   Total format=yen.
  from   csum as c   join   price as p   on ( c.product=p.product) JOIN   amount   as   a
  on ( c.customer=a.customer);
```

例 製品別（product 変数）の売り上げ集計表を作成する．

Program 4.1.5.3

```
title "製品別売り上げ";
select   p.product,   p.price format=yen.,   a.quantity,
    a.quantity*p.price as Total format=yen.
   from   csum   as   c   join   price   as   p   on ( c.product = p.product) JOIN   amount as   a
   on ( c.customer=a.customer);
```

Program 4.1.5.3 の結果

製品別売り上げ				
product	price	quantity	Total
ノート	¥80	100	¥8,000
コピー用紙	¥800	500	¥400,000
封筒	¥50	300	¥15,000
ボールペン	¥100	100	¥10,000

(4.1.6) 副照会

副照会とは，別の問い合わせを含む照会を指す．

(i) 相関副照会

関連関係にある他のテーブル（外部テーブル）の条件をもとに，数表を作成する方法を相関副照会という．このとき，関連関係にある他のテーブルの値は，数表には表示されず，あくまでも条件の設定のみに利用される．

例 1 ex11 テーブルの grade 変数の値が A のデータに該当する，health テーブルの id, gender, sleeping, smoking の 4 変数を表示する．ex11 テーブルは，条件の指定のために照会するだけに使用される．

Program 4.1.6.1
```
proc  sql;
title  "成績Aの学生データ";
select  id, gender, sleeping, smoking  from  health
  where  "A"  in
    (select  grade  from  ex11  where  health.id = ex11.subject);
```

プログラムの解説

3行目： select ステートメントには，health テーブルに含まれ，表示する変数をリストする．
4～5行目： where 句に ex11 テーブルの grade 変数の値が A の値のデータを選択することを指定する．
5行目： ex11 テーブルと health テーブルのキーとなる変数を where 句に指定する．

Program 4.1.6.1 の出力

成績Aの学生データ			
id	性別	睡眠時間	喫煙歴
s009	女	6	喫煙歴なし
s012	女	6	喫煙
k021	男	8	喫煙歴なし
k026	女	6	喫煙
s103	男	5	喫煙
s106	男	6	喫煙

（ⅱ） **exists 条件**

exists 条件は，副照会で，条件に指定した値の有無を調べる．exists 条件では，副照会で値が存在するときが真，存在しないときが偽となる．

例1と同じ照会を，exists 条件を使って表示すると次のプログラムになる．

Program 4.1.6.2
```
select  id, gender, sleeping, smoking  from  health
  where  exists
(select  *  from  ex11  where grade ="A"  and health.id = ex11.subject);
```

結果は，Program 4.1.6.1 の出力と同じになる．

exists 条件式で，偽を指定する（条件に指定しない値を照会する）ときは，次のように指定する．
　　　　where　not　exists　…

(4.1.7) セット演算子

複数のテーブル式から数表を作成するときに，問い合わせ式として，セット演算子を指定できる．SQL プロシジャでは，union, outer union, except, intersect をセット演算子として提供している．

例1　union 演算子を使い，ex11 テーブルの grade 変数の値が A と B のデータに該当する health テーブルの id, gender, sleeping, smoking の 4 変数を表示する．

Program 4.1.7.1

```
proc  sql；
select  "成績A", id, gender, sleeping, smoking from   health
   where   exists
       (select * from ex11   where   grade ="A"   and   health.id   =ex11.subject )
 union
select "成績B", id, gender, sleeping, smoking from   health
 where exists
   (select * from ex11   where   grade ="B"   and   health.id   =ex11.subject )；
```

プログラムの解説

> 2～4行目：ex11 テーブルの grade 変数の値が A のデータに該当する health テーブルの id, gender, sleeping, smoking の 4 変数を表示する．
> 5行目：union 演算子で，成績が A か B のデータを数表にすることを示す．
> 6～8行目：where 句に ex11 テーブルの grade 変数の値が B の値のデータを選択することを指定する．
> 2～8行目：8行目の最後にセミコロン（；）をつける．2行目から8行目までが，照会のための 1 つの問い合わせ文となる．

Program 4.1.7.1 の出力

	id	性別	睡眠時間	喫煙歴
成績A	k021	男	8	喫煙歴なし
成績A	k026	女	6	喫煙
成績A	s103	男	5	喫煙
成績A	s106	男	6	喫煙

	id	性別	睡眠時間	喫煙歴
成績 A	s012	女	6	喫煙
成績 A	s009	女	6	喫煙歴なし
成績 B	k024	男	6	喫煙
成績 B	s002	男	7	喫煙歴なし
成績 B	s003	男	4	喫煙

例 2 except 演算子は，除外対象のデータを指定する．

ex11 テーブルの grade 変数の値が A データに該当する health テーブルの id, gender, sleeping, smoking の 4 変数を表示する．ただし，化学科 (id 変数の最初の文字が k) の学生データは除外する．

Program 4.1.7.2

```
proc  sql ;
select  id, gender, sleeping, smoking from   health
  where   exists
    (select * from ex11   where   grade ="A"   and   health.id   =ex11.subject )
  except
select  id, gender, sleeping, smoking   from   health
  where   exists
    (select * from ex11   where   substr(id,1,1)="k"   and   health.id   =ex11.subject );
```

プログラムの解説

5 行目： except 演算子で，6 行目以降の照会文に該当するデータが除外されて表示される．
6〜8 行目： ex11 テーブルの dept 変数の値が化学の値であるデータを where 句で選択する．
　5 行目に except 演算子があるため，6〜8 行目のデータが除外される．
8 行目： substr 関数は，id 変数の 1 カラム目だけを取り出し，値が k かどうか判断をする．

Program 4.1.7.2 の出力

id	性別	睡眠時間	喫煙歴
s103	男	5	喫煙
s106	男	6	喫煙
s012	女	6	喫煙
s009	女	6	喫煙歴なし

数表の id 変数の値の先頭の文字が "s" のため，数学科だけのデータであることが確認できる．

4.2 テーブルの作成と削除

create table ステートメントは，新しいテーブルを作成する．drop table ステートメントは，テーブルを削除する．

(4.2.1) select ステートメント出力の新しいテーブルの作成

select ステートメントで，照会した表示を新しいテーブルに格納する．

create table ステートメントに作成するテーブルを指定する．as 句には，コピー元となるテーブルと列を select ステートメントで指定する．

create table as ステートメントの基本構文

```
create table テーブル名 as 条件式
  <order by 列 < ，列 … >> ;
```

例1 2つのテーブルを照会した結果の Program 4.1.3.3 の出力を stdinfo データセットに保存する．

Program 4.2.1.1

```
proc sql;
create table stdinfo as
select id, health.gender, grade, ave, sleeping, smoking
from health, ex11
  where health.id = ex11.subject;
select * from stdinfo ;
```

ログウィンドウには，次のメッセージが表示される．

```
NOTE: テーブル WORK.STDINFO(行数 12, 列数 5)が作成されました．
```

プログラムの解説

2〜3行目： create table ステートメントの次に作成するテーブル名を指定する．その次に，保存する条件となる変数リストを select などで指定する．
6行目： 作成した stdinfo テーブルの内容を表示する．（結果の表示は省略．）

NOTE: 永久データセットとして保存するには，ライブラリ参照名も含めて指定する．

    create table   sasuser.stdinfo

例2 要約統計量を求めた数表を新規テーブルに保存する．

Program 4.2.1.2

```
proc  sql ;
create  table  stdresult  as
select  gender ,
count(gender)  as n ,  mean(weight) as m_weight ,  mean(height) as m_height
  from  health
  where  height is not null
  group  by  gender ;
proc  print  data=stdresult ;  run;
```

プログラムの解説

2行目： stdresult テーブルに要約した結果を保存する．

4行目： count(gender) as n で n 変数が作成される．

例えば，count(gender) as 人数と別名に日本語の変数を作成することも可能であるが，その場合は，次のプログラムを事前に実行し，日本語処理の変数を扱えるオプション設定をしておく必要がある．

　　　　options validvarname = any ;

Program 4.2.1.2 の結果（stdresult データセットの内容）

OBS	gender	n	m_weight	m_height
1	男	15	67.2	172.267
2	女	7	55.0	162.429

(4.2.2) 新規テーブルの作成

create table ステートメントと insert into ステートメントで，保存する変数と属性を与えて，新規データセットを作成する．

create table ステートメントと insert into ステートメントの set 句や values 句で，テーブルに保存する列とその属性を指定する．

create table ステートメントの基本構文

create table テーブル名
　（ 列1の定義 ,< 列2の定義 , 列3の定義, ... > ） ；

例1 文字型変数 x, 数値型変数 y, z を含む a データセットを作成する．

Program 4.2.2.1

```
proc sql;
create table a (x char, y numeric, z numeric);
insert into a
 set  x= 'Tokyo',    y=300,   z=0.23
 set  x= 'Chiba',    y=125
 set  x= 'Saitama',  z=3.14
;
select * from a;
```

Program 4.2.2.1 の出力

x	y	z
Tokyo	300	0.23
Chiba	125	.
Saitama	.	3.14

例2 データセットaにオブザベーションを追加する．insert into ステートメントは，既存データセットに値を追加する．

Program 4.2.2.2

```
insert into a(x, y, z)
  values('Osaka' , 400, 0.53)
  values('Nagoya', 366, . , )
  values('Kyoto' , . , 1.15)
;
select * from a;
```

Program 4.2.2.2 の出力

x	y	z
Tokyo	300	0.23
Chiba	125	.
Saitama	.	3.14
Osaka	400	0.53
Nagoya	366	.
Kyoto	.	1.15

例3 employee, emppref, dept を文字型変数にもち，etrdate を SAS 日付値となる b データセットを作成する．それぞれの変数には，長さ，ラベルを割り当てる．

Program 4.2.2.3

```
proc sql;
create table b
( employee  char(16)  label ="社員名",
  emppref   char(10)  label="在住都市",
  dept      char(12)  label="部署",
  etrdate   date      label="入社日"  format = nengo.);
 insert into b (employee, emppref, dept, etrdate)
  values('田中一郎',    '埼玉県', '営業部',    '10Jan2010'd)
  values('小宮山和子', '東京都', '商品開発部', '01Apr 2001'd)
;
select * from b;
```

Program 4.2.2.3 の出力

社員名	在住都市	部署	入社日
田中一郎	埼玉県	営業部	H.22/01/10
小宮山和子	東京都	商品開発部	H.13/04/01

(4.2.3) 既存テーブルと同じ変数属性で新規テーブルを作成

create ステートメントの like 句で指定したテーブルと同じ変数をもつ新規データセットを作成する．変数のフォーマット設定もコピーされる．

create table like ステートメントの基本構文

```
create  table  新しいテーブル名  like  コピー元のテーブル名；
```

例1 health データセットと同じ属性をもつ new_health データセットを作成する．

new_health データセットには，2人分の健康診断データを入力するが，学籍番号，年齢，性別（0または1），体重，喫煙履歴（0または1）だけを入力する．

Program 4.2.3.1
```
proc  sql；
create  table  new_health  like  health；
insert  into  new_health (id , age , gender , height , weight , smoking )
values("k101" ,  25,  1,  155,  50, 0)
values("s111" ,  26,  0, . ,  68, 1)；
select  *  from  new_health；
```

Program 4.2.3.1 の出力　new_health テーブルの内容

id	年齢	性別	身長	体重	睡眠時間	喫煙歴	1日の喫煙本数
k101	25	女	155	50	.	喫煙歴なし	.
s111	26	男	.	68	.	喫煙	.

new_health テーブルには，id, age, gender, height, weight, smoking のデータが保存されることがわかるが，学籍番号 s111 の身長の値が欠損値であることもわかる．

プログラムの解説

> 2行目： new_health テーブルは，health テーブルと同じ変数をもつテーブルを新規に作成する．このときに，フォーマット情報もコピーされる．

3 行目： insert into ステートメントに続けて，作成するテーブル名を指定し，入力する変数名をリストする．ここでは，すべての変数の値を入力するのではなく，id, age, gender, height, weight, smoking の 6 つの変数の値だけを入力する．

4～5 行目： values 句には，insert into ステートメントに指定した変数順に値の入力をする．データ間は，カンマで区切ってリストする．値が欠損値の場合，ドット(．)を入力する．2～5 行目までが，新規テーブル用のステートメントである．

6 行目： select ステートメントで，追加後のテーブルの内容を出力する．

ログウィンドウの出力

```
proc sql;
  create table new_health like health;
NOTE: テーブルWORK.NEW_HEALTH(行数0，列数8)が作成されました．
insert into new_health (id , age, gender ,height, weight, smoking )
values("k101", 25, 1, 155, 50, 0)
values("s111", 26, 0, . , 68, 1);
NOTE: 2行がWORK.NEW_HEALTHに挿入されました．
```

NOTE: ログウィンドウには，生成したテーブル名と変数の総数，入力したデータ行数などが表示される．エラーが発生していないかを，ログウィンドウで確認する．

例 2 new_health テーブルを削除する．テーブルの削除は，drop table ステートメントを利用する．また，select ステートメントで，テーブルの削除を確認する．

Program 4.2.3.2

```
proc sql;
drop table new_health;
select * from new_health;
```

ログウィンドウ

```
drop table new_health;
NOTE: テーブル WORK.NEW_HEALTH を削除しました．
select * from new_health;
ERROR: ファイルWORK.NEW_HEALTH.DATAは存在しません．
```

4.3 既存のテーブルへの行の追加や削除

(4.3.1) 行の追加
既存のテーブルに行を追加するには，insert into ステートメントを指定する．

insert into ステートメントの基本構文

insert　into　テーブル名　　；

NOTE: insert into ステートメントに続けて，set 句や values 句により，値の追加を行う．

set 句と values 句を用いて，既存テーブルに値を追加する方法を見ていく．

例 1 set 句を使い，health テーブルの最後に 2 行のデータを追加する．

Program 4.3.1.1

```
proc  sql;
insert  into  health
set  id='s301', gender=1, weight=47, age=33
set  id='s302', gender=0, smoking=0, height=169, weight=62, age=25;
select  *  from  health;
```

プログラムの解説

> 2 行目：insert into ステートメントに指定したデータセットにオブザベーションを追加する．
> 3～4 行目：set 句に *変数=値* をカンマ（,）で区切ってリストする．2 行目から 4 行目までが，insert ステートメントの一文である．
> 5 行目：health テーブルの内容を確認する．追加した変数の値だけが入力され，それ以外は，欠損値となる．

Program 4.3.1.1 の出力（既存のテーブルの最後に追加された s301, s302 データの部分を抜粋）

id	年齢	性別	身長	体重	睡眠時間	喫煙歴	1日の喫煙本数
s301	33	女	.	47	.	.	.
s302	25	男	169	62	.	喫煙歴なし	.

例 2 values 句を使い，health テーブルの最後に 2 行のデータを追加する．

Program 4.3.1.2

```
insert  into  health
values ("k301", 25 , 0 , 169, 58, 8, 0, 0 )
values ("k302", 30,   1,   . ,   . , 9 , 1, . )
;
 select  *  from  health ;
```

プログラムの解説

2～3 行目： values 句のカッコ（ ）の中に，変数の出現順に値をカンマ（,）で区切ってリストする．欠損値のデータは，ピリオド（.）を入力する．
2 行目から 4 行目までが，insert ステートメントの一文である．

Program 4.3.1.2 の出力（追加された k301, k302 データの部分を抜粋）

id	年齢	性別	身長	体重	睡眠時間	喫煙歴	1日の喫煙本数
k301	25	男	169	58	8	喫煙歴なし	0
k302	30	女	.	.	9	喫煙	.

(4.3.2) 行の削除

delete ステートメントで，where 句で指定した条件のデータをテーブルから，行ごと削除する．

例 id が s301, s302, k301, k302 のレコードを削除する．

Program 4.3.2.1

```
delete  from  health
where   id   in ( "s301",  "s302",  "k301",  "k302" ) ;
```

プログラムの解説

1 行目： 削除は delete ステートメントを用いる． from 句に操作するテーブルを指定する．
2 行目： where 句に削除する条件を指定する．文字列の場合は，クォートで文字列の値を囲む．

ログウィンドウ

```
select * from health;
delete  from  health
where   id in ("s301", "s302", "k301","k302") ;
NOTE: 4行がWORK.HEALTHから削除されました．
```

NOTE: 複数のオブザベーションが where 句で指定した条件にあてはまる場合（例えば，s301 が 3 件入力されていた場合など），該当するすべてのレコードが削除される．

付　録

4A　SQL プロシジャの基本構文と主な処理の内容

SQL プロシジャのステートメント

ステートメント	処理
alter table	列の属性の変更，または，テーブルへの列の追加，削除を行う
create index	列のインデックスを作成する
create table	SQL テーブルを作成する
create view	SQL ビューを作成する
delete	テーブルから行を削除する
describe	テーブルやビュー定義を表示する
drop	テーブル，ビュー，インデックスを削除する
execute	SQL ステートメントを DBMS に送る（DBMS は，データベース管理システム）
insert	テーブルに新しい行を追加する
reset	オプションをリセットする
select	データの検索と出力する
update	テーブルの列の値を修正する
validate	クエリーを検証する

4B　演算子

優先順位の高い演算から，先に評価，または，実行される．

優先順位と演算子のリスト

優先順位	演算子	説明	例
0	(　)	カッコの中を最初に評価や処理を行う．	2*(x + y)
1	CASE 式		
2	**	べき乗	a ** 3

	＋ , －	正と負の記号	+23 . +y , －23
	＞＜ , MAX	最大値を求める	x =(a ＞＜ b)
	＜＞ , MIN	最小値を求める	x =(a ＜＞ b)
3	*	乗算	x * 3
	/	除算	number / 5
4	＋	加算	x + 1
	－	減算	x － 1
5	‖	連結	
6	<NOT> BETWEEN 条件	値の範囲を示す	x between 1 and 5
	<NOT> CONTAINS 条件	文字列（値）の検索	contains 'Tokyo'
	<NOT> EXISTS 条件	副照会の評価	EXISTS (select * from …)
	<NOT> IN 条件	カッコ内のデータの評価	num IN (3, 4, 5 ,6)
	IS <NOT> 条件	欠損値の評価	is null , is not missing
	<NOT> LIKE 条件	一致するパターン	upcase(prod) like 'Z%'
7	= , eq	等しい	a = 1
	^= , ne	等しくない	ne 3
	＞, gt	より大きい	x > 3
	＜ , .lt	より小さい	x < 10
	＞＝ , ge	以上	num >= 100
	＜＝ , le	以下	num <= 10
	=*	類似	
8	＆ , AND	論理演算子 AND	15 < age AND 65 > age
9	｜ , OR	論理演算子 OR	a < 0 OR b < 0
10	^ , NOT	論理演算子 NOT	NOT (a< 15)

第 4 章　演習

(ex4.1)　ex11a テーブル，survey テーブルを照会する．
(i) それぞれのテーブルの内容を表示する．
(ii) ex11a テーブルで，学科別 (dept) に math1 と math2 変数の平均値を求める．
(iii) ex11a テーブルで，成績 (grade)，学科 (dept) の順に，grade, dept, subject 変数を表示する．
(iv) ex11a テーブルで，成績が A の学生を抽出し，subject, dept, ave 変数を表示する．
(v) ex11a と survey のテーブルを結合する．ex11a テーブルの subject 変数と survey テーブルの pin 変数を共通キーとして，pin, dept, area, career, grade 変数を表示する．
(vi) (v) の照会で，数学科のデータだけ表示する．

NOTE:　ex11a テーブルは Program 1.2.3.1 を参照，survey テーブルは，第 1 章の (1.1.2) および，Program1.1.2.3 を参照すること．また，章末付録 D も参照．

(ex4.2)　ex11a テーブル，survey テーブルにセット演算子を使って照会する．次のプログラムを実行してみる．

```
proc  sql；
select pin, dept, area, career, grade   from ex11a, survey
where ex11a.subject=survey.pin    and career=2；
```

NOTE:　where 句の career=2 は，進路 (career) が進学を示す．where 句には，元データの数値を指定すること．career=3 を指定すると，進路が教員のデータが表示される．

元データと表示するテキストの対応については，第 1 章の Picture 1.1.2.7 student survey シート，Table 1.1.2 と (1.2.1)「フォーマット (出力形式) の指定」を参照すること．

(i) 進路 (career) が，進学と教員である生徒のデータだけをセット演算子を使って表示する．
```
proc  sql；
  select pin, dept, area, career, grade   from ex11a, survey
    where ex11a.subject=survey.pin    and career=2
  union
  select pin, dept, area, career, grade   from ex11a, survey
    where ex11a.subject=survey.pin    and career=3；
```

(ii) outer union 演算子を利用して，union との違いをみる．
```
select pin, dept, area, career, grade   from ex11a, survey
  where ex11a.subject=survey.pin    and career=2
outer union
```

```
            select pin, dept, area, career, grade   from ex11a, survey
            where ex11a.subject=survey.pin   and career=3 ;
```

(ex4.3) 新規テーブルを作成してみる.

（ⅰ） 製品（product）テーブルには，製品名（prdname），原価（cost），定価（price）の3つの変数をもつ.

製品名(prdname)	原価(cost)	定価(price)
中華弁当	600	1000
幕の内弁当	700	1200
懐石御膳	1000	1600
すきやき弁当	700	900

product テーブルと，格納する列の定義は，次のプログラムで行う.

```
    proc  sql;
    create  table product
    ( prdname char(14)   label ="商品名"    ,
       cost   num   label="原価"   format = yen. ,
       price  num   label="定価"   format = yen.
        ) ;
```

データを入力していく.
```
    insert  into  product  (prdname, cost, price)
       values("中華弁当", 600, 1000)
            . . . . . .
       ;
    select  *  from  product ;
```

（ⅱ） データを入力後，利益（定価－原価），利益率（利益÷定価），原価率（原価÷定価）を求めよ. 利益率と原価率は，パーセント（format=percent.）で表記せよ.

(ex4.4) 次のサンプリングのプログラムを実行し，解説せよ.

```
    data   samp;
    n=100 ;
    do   id =  1   to   n ;
       output;
```

```
end;
drop   n ;
run;
proc   print   data=samp;
run;
proc   sql ;
   create   table   rsamp(where= (monotonic() le 10)) as
   select   * , ranuni(0) as random from samp order by random ;
quit;
proc   print   data=rsamp;
run;
```

(ex4.5)　次のプログラムを実行し，解説せよ．

```
data test;
input id $ date gender   $ age math eng kokugo;
informat date nldate11. ;
format   date yymmdds10. ;
cards;
s01 05APR2010 m    18 85 90 80
s01 06OCT2010 m    18 90 75 85
s01 15APR2011 m    19 92 78 81
s02 15APR2011 f    20   85 81 78
s02 11OCT2012 f    21   86 68 90
k01 21SEP2012 f    20   67 87 92
k03 07APR2013 m    18 75 80 82
k04 10APR2012 f 18    70 75 80
k04 07APR2013 f 19    80 75 90
;
proc print data=test;
run;

proc   sql;
title   "# tests";
create   table test1 as
select id ,
    count(id) as ntest
    from   test
```

```
      group by id;
      quit;
proc print data=test1;
run;

proc sql ;
title  "test 1 cases";
select * from test
group by id
having count(id)=1;
quit;

proc sql ;
title "summary";
select id,
    count(id) as ntest,
    count(math) as nmath,
    count(eng) as neng,
    count(kokugo) as nkokugo,
    avg(math) as m_math,
    avg(eng) as m_eng,
    avg(kokugo) as m_kokugo
from test
group by id;
quit;
```

第5章 IML

IML（Interactive Matrix Language：対話型行列言語）は行列演算を行うプログラミング言語であり，SAS の一般的なプログラミングとは異なり，行列演算に適したプログラミングを行う．

例えば，線型モデル Y=Xβ で，係数 β の最小 2 乗推定値 $\hat{\beta}$ を求める次の行列演算を，IML ではどのようなプログラミングになるのかを見てみる．

  行列の演算： $\hat{\beta} = (X'X)^{-1} X'Y$

  IML プログラミング： Bhat=inv(X`*X)* X` * Y ;

IML プログラミングは，行列演算に近いプログラミングであることがわかる．

IML では基本単位は行列であり，行列に対して演算，関数を適用していく．その場合，IML 独特の適用の仕方もあるので注意する必要がある．

IML は，そのプログラムをエディタに入力し，実行する．結果はアウトプットウィンドウ（結果ビューア）に表示される．IML では，プログラムを 1 つのモジュールとして実行したり，対話型として実行したりすることもできる．また，行列の次元やメモリの割り当てなどダイナミックに行われる．

IML では，行列演算が容易であり，多くの関数やサブルーチンが用意されていて，制御や繰り返しなどのプログラミングを通して，ユーザーが定義するプロシジャ（モジュールとよばれる）を作成することができる，また，SAS データセットとの連携も簡単にでき，SAS の利用範囲を広げることが可能である．ただし，演算の仕方，関数の適応の仕方などで SAS データステップと異なる場合があるので注意が必要である．

次に，簡単な 2 つの IML のサンプルプログラムを見て，IML プログラミングの概要をみてみる．

例1 $A = \begin{pmatrix} 1 & 2 \\ 3 & 4 \end{pmatrix}$, $B = \begin{pmatrix} 10 & 20 \\ 10 & 30 \end{pmatrix}$ のとき，和 A+B, 行列 A の逆行列 $\begin{pmatrix} -2 & 1 \\ 1.5 & -0.5 \end{pmatrix}$ を求める．

次のプログラムをエディタに入力し，実行（サブミット）する．

Progarm 1

```
proc iml;
a = { 1 2 ,
      3 4 } ;
b={10  20,
   10  30};
x= a + b ;
inva = inv(a) ;
print  x  inva;
quit;
```

プログラムの解説

1行目： IML を起動する．
2, 3 行目： 2×2 の行列 a の定義，各要素（成分）を代入する．
4, 5 行目： 2×2 の行列 b の定義，各要素（成分）を代入する．
6 行目： 行列 x に a+b の計算結果を格納する．
7 行目： inv 関数で行列 A の逆行列を行列 inva に格納する．
8 行目： print ステートメントは，指定した行列 x と inva の内容を出力する．
9 行目： quit ステートメントで，IML を終了する．

Progarm 1 の出力

行列 X (a+b) と行列 A の逆行列の計算結果			
x		**inva**	
11	22	−2	1
13	34	1.5	−0.5

例2 5つの成分をもつ列ベクトル $\mathbf{x} = \begin{pmatrix} 1 \\ 2 \\ 5 \\ 12 \\ 100 \end{pmatrix}$ について，$\mathbf{x}$ の成分の個数，$\mathbf{x}$ の成分の合計 sumx $= \sum x_i$，$\mathbf{x}$ の成分の平均 meanx $= \sum x_i / n$ を求める．次のプログラムをエディタに入力し，実行する．

Program 2

```
proc  iml ;
x = {1 ,  2 ,  5 ,  12 ,  100} ;
n = nrow( x ) ;
sumx = sum( x )  ;
meanx = sum( x ) /  n ;
print  x  n sumx  meanx  ;
quit ;
```

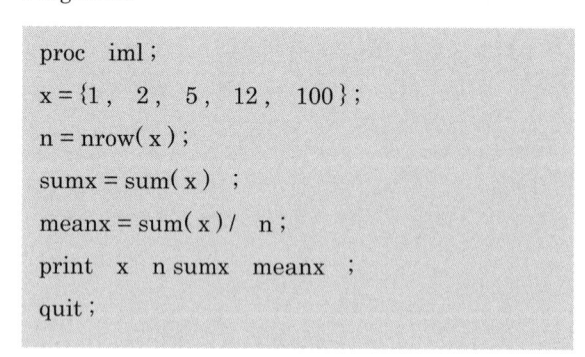

Program 2 の出力

x	n	sumx	meanx
1	5	120	24
2			
5			
12			
100			

プログラムの解説

1 行目： IML を起動する．
2 行目： 列ベクトル（縦ベクトル）x を定義する．
3 行目： nrow 関数で，列ベクトル x の行数（成分の個数）を求めて n に格納する．
4 行目： sum 関数で，ベクトルの成分の合計を求め，sumx に格納する．
5 行目： sum 関数と n（2 行目の計算結果）を使って，平均値を求めて meanx に格納する．
6 行目： print ステートメントは，ベクトルの成分，求めた値を出力する．
7 行目： quit ステートメントで，IML を終了する．

5.1 IML の基本知識

(5.1.1) IML の起動と終了

IML の起動は，**proc iml;** を SAS のエディタに入力し，実行（サブミット）する．つまり，次の行を実行（サブミット）しておくか，または，プログラムを始める．

Program 5.1.1

```
proc   iml ;
```

IML が起動されると，ログウィンドウに次のメッセージが表示される．エディタのタイトルには，「PROC IML 実行中」というメッセージが表示される．

```
NOTE: IML Ready
```

IML を対話型アプリケーションとして利用するには，IML が起動された状態で IML ステートメントを入力する．1 つの IML ステートメントは，セミコロン（;）で終了する．IML ステートメントを（選択）実行（サブミット）[1] するたびに処理が行われる．複数行選択してもかまわない．

IML の終了は，「**quit;**」をエディタに入力し，（選択）実行（サブミット）する．

Program 5.1.2

```
quit ;
```

IMLを終了すると，ログウィンドウに「NOTE: Exiting IML.」というメッセージが表示され，エディタのタイトルから「PROC IML 実行中」というメッセージが消える．

---

[1] 実行するステートメントを選択し，実行（サブミット）する．

すなわち，いったん IML が起動されると，quit ステートメントが実行されるまでは IML のステートメントを入力し実行することができる．

IML 起動時のログウィンドウの表示

```
NOTE:    Exiting IML.
NOTE:    PROCEDURE IML    処理　（合計処理時間）：
         処理時間          8:33.75
         CPU 時間          2.64 秒
```

proc iml; から quit; までが 1 つの IML セッションである．以後，特に明示していない例では proc iml; はすでに実行（サブミット）されていて，IML 実行中であるとする．IML のセッションを終了するには「**quit ;**」をエディタに入力し，（選択）実行（サブミット）する．

(5.1.2)　IML の行列ルール

IML における基本要素は行列である．行列は 32 文字までの名前をつけて参照する．名前は，英文字か下線で始める．

IML における行列の成分は，数値または文字列である．ただし，1 つの行列の成分はすべて数値か，すべて文字列でなければならない．混在することはできない．

(i) 数値は倍精度で扱われる．
(ii) 数値は，整数，小数，科学記法（1E3 など）である．
(iii) 文字列はシングルクォート（'）やダブルクォート（"）で囲む．1 つの文字列の長さは 32676 文字までである．
(iv) 欠損値は半角ピリオド（.）で表す．

NOTE: IML では，一般に大文字と小文字の区別はない．キーワード，数値，記号や空白などは，すべて半角英字である．半角と全角はもちろん区別されるので注意する必要がある．

文字列は，クォートに囲まれていなくても良いが，そのときはすべて大文字として扱われる．ただし，文字列が { } に囲まれていない場合，空白が含まれている場合，?，=，:，(,)，* のような特殊記号が含まれている場合，また，大文字や小文字を区別したい場合は，必ずクォートで囲む必要がある．

文字列にクォートを含めたい場合は，同じ種類のクォートで囲んだときはそのクォートを 2 回続けて書く必要がある．（例えば，'I"m' とか，"I'm" のようにする．）

5.2 ベクトルと行列

(5.2.1) 代入

```
行列名 = 値 ;
```

IMLでは，右辺で評価された値を左辺で指定した名前の行列に代入する．

(5.2.2) スカラー

成分が1つだけの行列，すなわち，1×1 行列をスカラーとよぶ．

Program 5.2.2

```
proc iml;
a = 123 ;
b = 123.456 ;
c = 12E - 3 ;
d = 'one' ;
e = "Yes, We can!" ;
f = . ;
g = 1/3 ;
print a b c d e f g ;
quit;
```

Program 5.2.2 の出力

a	b	c	d	e	f	g
123	123.456	0.012	one	Yes, We can!	.	0.3333333

NOTE:
(ⅰ) 代入する値には，数値，科学表記，分数，文字列，空白などの特殊文字を含んだ文字列を割り当てることができる．
(ⅱ) fの値は，欠損値である．

(5.2.3) ベクトル

行ベクトル（横ベクトル）(row vector) は $1 \times m$ 行列である．$1 \times m$ ベクトル，または，m 項行ベクトルなどとよぶ．また，**列ベクトル**（縦ベクトル）(column vector) は，$n \times 1$ 行列で，$n \times 1$ ベクトル，または，n 項列ベクトルとよぶ．

$\mathbf{x} = (x_1 \quad x_2 \quad \cdots \quad x_m)$ の $1 \times m$ の行ベクトルの入力

$\quad x = \{x_1 \quad x_2 \quad \cdots \quad x_m\} ;$

$\mathbf{x} = \begin{pmatrix} x_1 \\ x_2 \\ \vdots \\ x_n \end{pmatrix}$ の $n \times 1$ の列ベクトルの入力

$\quad x = \{x_1, \quad x_2, \quad \cdots, \quad x_m\} ;$

行の成分は1つ以上の空白で区切り，列は各成分をカンマ (,) で区切る．

NOTE: 半角空白，改行はキーワードの途中以外はどこにでも挿入できる．

（ⅰ）　x = (1　2　3　4　5) の1×5行ベクトル[2]

Program 5.2.3.1

```
x={1  2  3  4  5};
print  x ;
```

Program 5.2.3.1 の出力

x				
1	2	3	4	5

（ⅱ）　$y = \begin{pmatrix} 1 \\ 2 \\ 3 \\ 4 \\ 5 \end{pmatrix}$ の5×1列ベクトル

Program 5.2.3.2

```
y={1,  2,  3,  4,  5};
print  y ;
```

Program 5.2.3.2 の出力

y
1
2
3
4
5

　列ベクトルに近い形式で，成分を縦方向に改行して，次のようにベクトル y を定義することもできる．

Program 5.2.3.3

```
y = { 1,
      2,
      3,
      4,
      5 } ;
print  y ;
```

（ⅲ）　文字列を値にもつ1×6行ベクトル w を入力する．

Program 5.2.3.4

```
w = { abc  'abc'  AbC  'AbC'  "ab C"  abcd5 };
print  w  ;
```

Program 5.2.3.4 の出力

w					
ABC	abc	ABC	AbC	ab C	ABCD5

---

[2] 以後，例では，proc iml; が実行（サブミット）されていて，iml は起動中であるとする．

NOTE: 文字列がクォートで囲まれていないときは大文字で表示される．

(5.2.4) 行列

$n \times m$（型）**行列**（matrix）は，それぞれの行の成分は1つ以上の空白で区切り，各行はカンマ(,)で区切る．

$$
\text{行列} \quad \mathbf{A} = \mathbf{A}_{n \times m} = \mathbf{A}^{n \times m} = \begin{pmatrix} a_{11} & a_{12} & \cdots & a_{1m} \\ a_{21} & a_{22} & \cdots & a_{2m} \\ \vdots & \vdots & \ddots & \vdots \\ a_{n1} & a_{n2} & \cdots & a_{nm} \end{pmatrix} = (a_{ij}) \quad \text{の } n \times m \text{ 行列の入力}
$$

$$
A = \{a_{11} \quad a_{12} \quad \cdots \quad a_{1m}, a_{21} \quad a_{22} \quad \cdots \quad a_{2m}, \cdots\cdots, a_{n1} \quad a_{n2} \quad \cdots \quad a_{nm}\}
$$

NOTE: 1×1 行列はスカラーとみなし，その場合は，{ }は省略できる．(5.2.2)参照．

例 2×3 行列 $a = \begin{pmatrix} 1 & 2 & 3 \\ 4 & 5 & 6 \end{pmatrix}$ を入力する．

Program 5.2.4

```
a={1  2  3, 4  5  6};
print  a;
```

Program 5.2.4 の出力

a		
1	2	3
4	5	6

NOTE:

（ⅰ）次のどれでも同じである．

```
a={1  2  3,           a={1  2  3,4           a={1  2
    4  5  6};             5  6};                 3,4  5
                                                 6};
```

（ⅱ）行列 $c = \begin{pmatrix} 1 & 2 & aa \\ 4 & 5 & a \end{pmatrix}$ は，数値と文字（aa と a）を含んでいるが，数値と文字が混在する行列の定義は行えない．ログウィンドウには，次のようなエラーメッセージが表示される．

```
c={1  2  aa, 4  5  a};
ERROR: Mixing character with numeric in matrix literal at line=197 col=11.
print  c;
ERROR: Matrix c has not been set to a value.
```

(5.2.5) 繰り返し成分のある行列

> *行列名* = { [*r*] *値* };　　*値を r 回繰り返す*

Program 5.2.5

```
a={ [3] "yes" [2] "no" };
b={ [3] "yes", [3] "no" };
c={[2] 1, [2] 5};
print a;
print b;
print c;
```

Program 5.2.5 の出力 [3]

```
            A
yes  yes  yes  no  no
            B
yes  yes  yes
no   no   no
            C
 1    1
 5    5
```

(5.2.6) 連番

> *初期値* : *終値*　　初期値から始めて終値まで増分 1 の数列を生成する．
>   do（*初期値*, *終値*, *増分*）;
>   初期値から始めて終値まで増分ステップ幅の数列を生成する．

NOTE:
（ⅰ）初期値が終値よりも大きい場合は，減少列となる．
（ⅱ）文字列＋数字の場合も数字が増分する文字列が作成される．

Program 5.2.6

```
reset print;
a8  = 1:8;
a83 = 8:3;
aa  = do (-2, 2, 0.5);
varname = "v1" : "v5" ;
```

プログラムの解説

> 1行目： reset print ステートメントは，行列の定義や計算時に，自動的にアウトプットウィンドウに行列の内容を出力する．詳細は，章末付録 5B「reset ステートメント」を参照．

---

[3] Program 5.2.5 の出力以降は，アウトプットウィンドウの出力を記載する．

Program 5.2.6 の出力

```
            a8       1 row      8 cols     (numeric)

                1      2      3      4      5      6      7      8

            a83      1 row      6 cols     (numeric)

                8      7      6      5      4      3

            aa       1 row      9 cols     (numeric)

             -2    -1.5    -1   -0.5     0    0.5     1    1.5     2

            varname  1 row      5 cols     (character, size 2)

                v1  v2  v3  v4  v5
```

5.3 行列の演算

(5.3.1) 演算

IML 演算子は，行列の計算式で用いる．

IML 演算子

演算子	使用例	演算の内容	優先順位
`	*matrix*`	転置[4]	1（高い）
− （ハイフン）	−*matrix*	符号反転 行列の成分の符号（＋−）を反転させて保存する．	1
[*i,j*]	*matrix*[*i*,*j*] *matrix*[*elements*]	行列の (*i,j*) 成分の取り出し	1
[*i*,]	*matrix*[*i*,]	行列の第 *i* 行の取り出し	1
[,*j*]	*matrix*[,*j*]	行列の第 *j* 列の取り出し	1
**	*matrix***scalar*	行列の累乗	1
##	*matrix1*##*matrix2* *matrix*##*scalar* *matrix*##*vector*	各成分の累乗 *matrix1*##*matrix2* は，*matrix2* の成分が累乗を示す値．*matrix1* の成分を *matrix2* の成分で累乗する．	1

---

[4] 転置はバックスラッシュ（`）である．IML 関数，t(*行列*) と同じ ((5.4.1) 参照)．本書では，行列 A の転置を A^T で表記する．

*	*matrix1 * matrix2*	行列の乗算	2	
#	*matrix1 # matrix2* *matrix#scalar* *matrix#vector*	各成分どうしの乗算 （Hadamard (Schur) product）	2	
/	*matrix1 / matrix2* *matrix / scalar* *matrix / vector*	各成分どうしの除算	2	
@	*matrix1@matrix2*	直積（クロネッカー積）	2	
+	*matrix1 + matrix2* *matrix + scalar* *matrix + vector*	加算 matrix＋1 では，各成分に 1 を加えた値を新しい行列の成分にする．	3	
－	*matrix1－matrix2* *matrix－scalar* *matrix－vector*	減算 matrix－1 では，各成分から 1 を引いた値を新しい行列の成分にする．	3	
‖	*matrix1 ‖ matrix2*	行列を横に連結	4	
//	*matrix1 // matrix2*	行列を縦に連結	4	（低い）

要素の最大値演算子と最小値演算子

2つの行列の成分どうしを比較し，指定した条件（大きい値，もしくは，小さい値）の要素を新しい行列に保存する．

<>	*matrix1<>matrix2*	大きい値を取り出す	2
><	*matrix1><matrix2*	小さい値を取り出す	2

行列要素の比較演算子

対応する行列の成分を比較し，比較結果を新しい行列に保存する．
比較結果が真であれば 1，偽であれば 0 が，新しい行列の成分となる．

<	*matrix1<matrix2* d=(*matrix1*<10)	より小さい値を取り出す	5
<=	*matrix1<=matrix2*	以下	5
=	*matrix1=matrix2*	等しい	5
>	*matrix1>matrix2*	より大きい	5
>=	*matrix1>=matrix2*	以上	5
^=	*matrix1^=matrix2*	等しくない	5

論理演算子

新しい行列には，0 または 1 の値を保存する．

^	^*matrix*	NOT 接頭演算子 行列の成分が 0 の場合は 1，0 以外の値は 0 を保存．	1

&	*matrix1&matrix2*	AND 演算子	6
	matrix&scalar	行列の両方の成分が 0 以外の場合は	
	matrix&vector	1，それ以外は 0 を保存.	
|	*matrix1|matrix2*	OR 演算子	7
	matrix|scalar	行列の両方の成分が 0 の場合は 0，そ	
	matrix|vector	れ以外は 1 を保存.	

NOTE: 行列＋スカラー，行列−スカラー，行列＊スカラー，行列/スカラーなど，成分ごとに演算が行われる．

例 1 $A = \begin{pmatrix} 1 & 2 \\ 3 & 4 \end{pmatrix}, B = \begin{pmatrix} 5 & 6 \\ 7 & 8 \end{pmatrix}$ とする．

（i） A+B, B−A, 3A, AB, A の転置（A^T），$A^T A$, A の各成分の 2 乗，A と B のクロネッカー積（$A \otimes B$ と $B \otimes A$）を求める．出力は省略．

Program 5.3.1.1
```
reset   print ;
a = { 1   2 , 3   4 } ;
b = { 5   6 , 7   8 } ;

z1 = a + b ;
z2 = b − a ;
z3 = a +10 ;
z4 = 3 # a ;
z5 = a * b ;
z6 = a ` * a ;
z7 = a ## 2 ;
z8 = a @ b ;
z9 = b @ a ;
r = ( a >= 3 ) ;
```

NOTE:

（i） $\overset{n \times m}{A} = (a_{ij})$，$\overset{p \times q}{B} = (b_{ij})$ のクロネッカー積（Kronecker product）$A \otimes B$ は，$np \times mq$ 行列

$$A \otimes B = \begin{pmatrix} a_{11}B & a_{12}B & \cdots & a_{1m}B \\ a_{21}B & a_{22}B & \cdots & a_{2m}B \\ \vdots & \vdots & \ddots & \vdots \\ a_{n1}B & a_{n2}B & \cdots & a_{nm}B \end{pmatrix}$$

(ⅱ) 2×2 行列のとき,成分ごとの演算は次のようになる.

$$\begin{pmatrix} a_{11} & a_{12} \\ a_{21} & a_{22} \end{pmatrix} \#\# \begin{pmatrix} b_{11} & b_{12} \\ b_{21} & b_{22} \end{pmatrix} = \begin{pmatrix} a_{11}^{b_{11}} & a_{12}^{b_{12}} \\ a_{21}^{b_{21}} & a_{22}^{b_{22}} \end{pmatrix}$$

$$\begin{pmatrix} a_{11} & a_{12} \\ a_{21} & a_{22} \end{pmatrix} / \begin{pmatrix} b_{11} & b_{12} \\ b_{21} & b_{22} \end{pmatrix} = \begin{pmatrix} a_{11}/b_{11} & a_{12}/b_{12} \\ a_{21}/b_{21} & a_{22}/b_{22} \end{pmatrix}$$

$$\begin{pmatrix} a_{11} & a_{12} \\ a_{21} & a_{22} \end{pmatrix} \# \begin{pmatrix} b_{11} & b_{12} \\ b_{21} & b_{22} \end{pmatrix} = \begin{pmatrix} a_{11}b_{11} & a_{12}b_{12} \\ a_{21}b_{21} & a_{22}b_{22} \end{pmatrix}$$

$$\begin{pmatrix} c_1 & c_2 \end{pmatrix} / \begin{pmatrix} a_{11} & a_{12} \\ a_{21} & a_{22} \end{pmatrix} = \begin{pmatrix} c_1/a_{11} & c_2/a_{12} \\ c_1/a_{21} & c_2/a_{22} \end{pmatrix}$$

$$\begin{pmatrix} c_1 & c_2 \end{pmatrix} \# \begin{pmatrix} a_{11} & a_{12} \\ a_{21} & a_{22} \end{pmatrix} = \begin{pmatrix} c_1 a_{11} & c_2 a_{12} \\ c_1 a_{21} & c_2 a_{22} \end{pmatrix}$$

$$\begin{pmatrix} c_1 & c_2 \end{pmatrix} - \begin{pmatrix} a_{11} & a_{12} \\ a_{21} & a_{22} \end{pmatrix} = \begin{pmatrix} c_1 - a_{11} & c_2 - a_{12} \\ c_1 - a_{21} & c_2 - a_{22} \end{pmatrix}$$

$$\begin{pmatrix} c_1 & c_2 \end{pmatrix} \#\# \begin{pmatrix} a_{11} & a_{12} \\ a_{21} & a_{22} \end{pmatrix} = \begin{pmatrix} c_1^{a_{11}} & c_2^{a_{12}} \\ c_1^{a_{21}} & c_2^{a_{22}} \end{pmatrix}$$

$$\begin{pmatrix} a_{11} & a_{12} \\ a_{21} & a_{22} \end{pmatrix} - k = \begin{pmatrix} a_{11} - k & a_{12} - k \\ a_{21} - k & a_{22} - k \end{pmatrix} \quad (k \text{ はスカラー})$$

(ⅱ) (1, 2) 成分,第 1 行目,第 1 列目を取り出す.

Program 5.3.1.2

```
a = { 1  2 , 3  4 };

ae12 = a[ 1 , 2 ];
ae1 = a[ 1 , ];
aec1 = a[ , 1 ];
```

Program 5.3.1.2 の出力

```
ae12      1 row      1 col      (numeric)
                       2

ae1       1 row      2 cols     (numeric)
                1          2

aec1      2 rows     1 col      (numeric)
                       1
                       3
```

例 2 a##b や a / b などの計算に注意．出力は省略．

Program 5.3.1.3
```
z10 = a ## b ;
z11 = a / b ;
z12 = a # b ;
c = { 2  3 } ;
z13 = a ## c ;
z14 = c ## a ;
z15 = c / a ;
z16 = a # c ;
z17 = c # a ;
z18 = a − c ;
z19 = c − a ;
z20 = a − 4 ;
```

例 3 $A = \begin{pmatrix} 3 & 5 & 7 \\ 2 & 4 & 6 \end{pmatrix}$ とするとき，B=3A，C= A //B，C[1,3]=100 を実行して，

$$C = \begin{pmatrix} 3 & 5 & 100 \\ 2 & 4 & 6 \\ 9 & 15 & 21 \\ 6 & 12 & 18 \end{pmatrix}$$

となることを確かめる．また，C の第 2, 4 行と第 2, 3 列からなる小行列 CM と D= A || B を求める．
出力は省略．

Program 5.3.1.4
```
reset   print ;
a = { 3  5  7 ,  2  4  6  } ;
b = 3 # a ;
c = a // b ;
c [ 1 , 3 ] = 100;
cm = c [ { 2  4 } , { 2  3 } ] ;
d = a || b ;
```

206 第 5 章 IML

例 4　行列の要素の比較，要素どうしの乗算などを行う．

Program 5.3.1.5

```
reset   print ;
ma={1  2  3 , 4  -5  0};
mb={1  3  0 , 1  -1  1};
z1 = ma < mb ;
z2 = ma <= mb ;
z3 = ma # mb ;
z4 = ma > 0 ;
z5 = mod (ma , 2) ;
z6 = ma # (ma > 0) ;
```

プログラムの解説

- 4 行目： z1=ma < mb は，行列 ma と mb の各要素を比較し，行列 mb の要素が大きい場合，行列 z1 の要素に 1，そうでない場合は 0 を格納する．
- 7 行目： z4=ma > 0 は，行列 ma の各要素を 0 と比較，0 より大きい要素は 1，そうでなければ 0 を行列 z4 に格納する．
- 8 行目： mod は，割り算の余りを求める演算子．z5=mod (ma, 2) は，行列 ma の各要素を 2 で割ったときの余りを行列 z5 に格納する．
- 9 行目： ma > 0 を最初に計算し，その結果を行列 ma の各要素に掛ける．ma > 0 は，行列 ma の各要素が 0 より大きいかを比較する．

Program 5.3.1.5 の出力

ma	2 rows	3 cols	(numeric)	z3	2 rows	3 cols	(numeric)
	1	2	3		1	6	0
	4	−5	0		4	5	0
mb	2 rows	3 cols	(numeric)	z4	2 rows	3 cols	(numeric)
	1	3	0		1	1	1
	1	−1	1		1	0	0
z1	2 rows	3 cols	(numeric)	z5	2 rows	3 cols	(numeric)
	0	1	0		1	0	1
	0	1	1		0	−1	0
z2	2 rows	3 cols	(numeric)	z6	2 rows	3 cols	(numeric)
	1	1	0		1	2	3
	0	1	1		4	0	0

5.4 SAS 関数

(5.4.1) 行列の操作に関する関数とサブルーチン

関数とサブルーチン

行列	
逆行列 (inverse matrix)	inv (*matrix*)
転置行列 (transposed matrix)	t (*matrix*)
トレース (trace)	trace (*matrix*)
固有値 (eigen values)	eigval (*matrix*)
固有ベクトル (eigen vectors)	eigvec (*matrix*)
ランク (階数)	round (trace (ginv (a)*a))
行列式 (determinant)	det (*square-matrix*)
一般化逆行列 (Moore-Penrose inverse) (Generalized Inverse Matrix)	ginv (*matrix*)
行縮約行列	echelon (*matrix*)
行列の生成	
行と列を指定して，すべて同じ値 (*value*) の要素をもつ行列を生成する	j (*nrow, ncol, <value>*)
次元 (*dimension*) の単位行列を生成する	i (*dimension*)
対角行列 (diagonal matrix)	diag (*matrix*)
行列の対角成分をもつ列ベクトルを作成	vecdiag (*square-matrix*)
フルランクの計画行列	designf (*column-vector*)
計画行列の作成	design (*column-vector*)
ブロック対角行列	block (*matrix1, < matrix2> ,...*)
行列をブロック単位で変換 *matrix* を n×m ブロックごとに変換.	btran (*matrix, n, m*)
x 行列に y 行列を row, column で指定した場所に追加する．	insert (*x, y, row <, column>*)
行列の値を繰り返し利用した行列を作成する． *matrix* を行方向に nrow 回，列方向に ncol 回繰り返してコピーした行列を作成する．	repeat (*matrix, nrow, ncol*)
行列の形成 　型を変更する.	shape (*matrix<,nrow<,ncol<,pad-value>>>*)

正方行列の下三角成分を用いて，対称行列を作成する．対称行列の成分は，列ベクトルで作成する．	sqrsym (*matrix*)
列ベクトルに保存した対称行列の成分から，正方行列を作成する．	syssqr (*matrix*)
行列の要約	
最大の成分	max (*matrix1* <, *matrix2*,..., *matrix15* >)
最小の成分	min (*matrix1* <, *matrix2*,..., *matrix15* >)
成分の合計	sum (*matrix1* <, *matrix2*,..., *matrix15* >)
すべての成分の平方和	ssq (*matrix1* <, *matrix2*,..., *matrix15* >)
列の数	ncol (*matrix*)
行の数	nrow (*matrix*)
行列のタイプ 数値行列 n，文字行列 c，値がない行列 u を返す．	type (*matrix*)
すべての成分がゼロ以外の値かチェック	all(*matrix*)
ゼロ以外の成分のチェック	any(*matrix*)
ゼロ以外の成分の検出	loc(*matrix*)
文字行列の各成分のバイトサイズ，成分の最大バイト	length(*matrix*), nleng(*matrix*)
累積合計の行列を作成	cusum(*matrix*)
ストレージから，モジュールや行列を削除する．	remove <module=(*module-list*) <*matrix-list*>;
SAS データセットのソート	sort <*data*=> *SASdataset* <*out=SASdataset*> by <*descending*> *variables* ;

例1 $\mathbf{A}$ の逆行列 $\mathbf{A}^{-1}$，$\mathbf{A}$ の転置行列 $\mathbf{A}^T$，トレース $\mathrm{tr}(\mathbf{A})$，$(\mathbf{A}^T)^T$，行列式 $\det(\mathbf{A})$，固有値，固有ベクトルなどを求める．出力は省略．

$$A = \begin{pmatrix} 1 & 2 & 3 \\ 2 & 4 & 5 \\ 3 & 5 & 6 \end{pmatrix}, \quad B = \begin{pmatrix} 1 & 2 & 3 & 4 \\ 5 & 6 & 7 & 8 \end{pmatrix}, \quad C = \begin{pmatrix} 1 & 1 & 1 \end{pmatrix}, \quad 1_4 = \begin{pmatrix} 1 \\ 1 \\ 1 \\ 1 \end{pmatrix}$$

Program 5.4.1.1

```
proc  iml;
reset  print;
a = {1  2  3,  2  4  5,  3  5  6};
b = {1  2  3  4 ,  5  6  7  8};
c =  j(1, 3, 1);
i4 =  j(4, 1, 1);
invA = inv (a);
tranA = t (a);
ttA = t (t (a));
r = trace (a);
z1 = a * invA;
z2 = c * a;
z3 = a * t (c);
z4 = b * i4;
da = det (a);
ra = round (trace (ginv (a) *a));
ea = eigval (a);
evc = eigvec (a);
mm = max (a);
```

例2 行列の生成

すべての要素が1である1×10ベクトル,すべての要素が1である3×4ベクトル,5次の単位行列,対角成分が1, 2, 3の対角行列,正方行列の対角成分からなる対角行列を生成する.

Program 5.4.1.2

```
reset  print;
one = j ( 1, 10, 1 );
one34 =  j( 3, 4, 1 );
z = one34 * one34`;
z = one34` * one34;
id5 = i( 5 );                    /* 5次の単位行列 */
d3 = diag({1 ,  2 ,  3 });
d4 = diag({1  2  ,  3  4 });
print  d2    d3    d4;
```

Program 5.4.1.2 の出力

	one	1 row	10 cols	(numeric)					
1	1	1	1	1	1	1	1	1	1

	one34	3 rows	4 cols	(numeric)
	1	1	1	1
	1	1	1	1
	1	1	1	1

	z	3 rows	3 cols	(numeric)
	4	4	4	
	4	4	4	
	4	4	4	

	z	4 rows	4 cols	(numeric)
	3	3	3	3
	3	3	3	3
	3	3	3	3
	3	3	3	3

	id5	5 rows	5 cols	(numeric)
	1	0	0	0	0
	0	1	0	0	0
	0	0	1	0	0
	0	0	0	1	0
	0	0	0	0	1

d2			d3			d4	
1	0	0	1	0	0	1	0
0	2	0	0	2	0	0	4
0	0	3	0	0	3		

例 3 ブロック対角行列，行列の対角成分からなるベクトル，行列の繰り返し．

Program 5.4.1.3

```
m1 = { 1  1 , 2  2 } ;
m2 = { 3  3 , 4  4 } ;
m3 = block (m1 , m2) ;
nma = shape( {1  2  3 , 4  5  6} , 4 , 4 ) ;
nma = shape( {1  2  3 , 4  5  6} , 4 , 4 , 0 ) ;
mat1 = shape( 1 : 12 , 3 , 4 ) ;
dvec = vecdiag( m3 ) ;
mr1 = repeat( m1 , 2 , 4 ) ;
```

Program 5.4.1.3 の出力

	m1	2 rows	2 cols	(numeric)
		1	1	
		2	2	
	m2	2 rows	2 cols	(numeric)
		3	3	
		4	4	
	m3	4 rows	4 cols	(numeric)
	1	1	0	0
	2	2	0	0
	0	0	3	3
	0	0	4	4
	nma	4 rows	4 cols	(numeric)
	1	2	3	4
	5	6	1	2
	3	4	5	6
	1	2	3	4
	nma	4 rows	4 cols	(numeric)
	1	2	3	4
	5	6	0	0
	0	0	0	0
	0	0	0	0
	mat1	3 rows	4 cols	(numeric)
	1	2	3	4
	5	6	7	8
	9	10	11	12
	dvec	4 rows	1 col	(numeric)
		1		
		2		
		3		
		4		

			mr1	4 rows	8 cols	(numeric)			
1	1	1	1	1	1	1	1		
2	2	2	2	2	2	2	2		
1	1	1	1	1	1	1	1		
2	2	2	2	2	2	2	2		

例 4 行列の行合計，列合計を求める．

Program 5.4.1.4

```
a={ 1 2 3 4,5 6 7 8};
n1 = ncol ( a );
one = j ( n1 , 1 , 1);
rsum = a * one;
n2 = nrow ( a );
rone = j (1 , n2 , 1);
csum = rone * a;
```

Program 5.4.1.4 の出力

a	2 rows	4 cols	(numeric)	rsum	2 rows	1 col	(numeric)
	1	2	3	4		10		
	5	6	7	8		26		
n1	1 row	1 col	(numeric)	n2	1 row	1 col	(numeric)
	4					2		
one	4 rows	1 col	(numeric)					
	1			rone	1 row	2 cols	(numeric)
	1				1	1		
	1			csum	1 row	4 cols	(numeric)
	1				6	8	10	12

例 5　計画（デザイン）行列の生成

　design(列ベクトル) は，列ベクトルのそれぞれの異なる値に対応してその値に対応する成分が 1 でそれ以外が 0 である列をもつ行列を生成する．

　designf(列ベクトル) はフルランクの計画行列を生成する．その際，最後の列を他の列から引いた −1 を成分にもつ．

Program 5.4.1.5

```
reset   print;
x1 = design({1,1,2,2,5,1});
x2 = designf({1,1,2,2,5,1});
```

Program 5.4.1.5 の出力

x1	6 rows	3 cols	(numeric)	x2	6 rows	2 cols	(numeric)
1	0	0			1	0	
1	0	0			1	0	
0	1	0			0	1	
0	1	0			0	1	
0	0	1			−1	−1	
1	0	0			1	0	

(5.4.2) スカラー関数

スカラー関数　(Scalar function)	
各成分の絶対値	abs(*matrix*)
各成分の指数を求める	exp(*matrix*)
各成分の整数（切り捨て）	int(*matrix*)
各成分の自然対数を求める	log(*matrix*)
各成分の平方根を求める	sqrt(*matrix*)
m の成分を n の各成分で割った余り	mod(*m, n*)

例　mod 関数を用いてそれぞれの成分を 4 で割った余りを求める．

Program 5.4.2

```
z = mod({1 2, 3 4}, 4);
```

Program 5.4.2 の出力

z	2 rows	2 cols	(numeric)
1	2		
3	0		

(5.4.3) 確率に関する関数

確率関数	
累積分布関数	cdf ("*分布名*",*値*, <*パラメータ1*,...>)
確率密度関数	pdf ("*分布名*",*値*, <*パラメータ1*,...>)
ポアソン分布関数	poisson
二項分布関数	probbnml
2変量正規分布関数	probbnrm
カイ2乗分布関数	probchi
F分布関数	probf
標準正規分布関数	probnorm
ベータ分布関数	probbeta
Quantile 関数	
quantile 関数	quantile ("*分布名*",*値*, <*パラメータ1*,...>)
ベータ分布からの分位数	betainv(*b, a, b*)
カイ2乗分布からの分位数	cinv(*p, df* <,*nc*>)
F分布からの分位数	finv(*p, m, n* <,*nc*>)
ガンマ分布からの分位数	gaminv(*p,a*)
標準正規分布からの分位数	probit(*p*)
t分布からの分位数	tinv(*p, df* <,*nc*>)
乱数関数とサブルーチン	
乱数	rand("*分布名*", <*パラメータ 1*,...>)
二項乱数	ranbin (*seed,n,p*)
コーシー乱数	rancau (*seed*)
指数乱数	ranexp (*seed*)
ガンマ乱数	rangam (*seed, shape*)
正規乱数	rannor (*seed*)
ポアソン乱数	ranpoi (*seed, mean*)
指定した確率関数からの乱数	rantbl (*seed, p1,...,pm*)
三角乱数	rantri (*seed, mode*)
区間 (0, 1) の一様乱数	ranuni (*seed*)
区間 (0, 1) の一様乱数	uniform (*seed*)
正規乱数	normal (*seed*)
数学関数	
組み合わせ	comb(*m, n*)
順列	perm(*m, n*)

NOTE: 分布名については，(5.4.4) を参照．

例 1 パラメータ $n=10$, $p=0.4$ の二項分布の確率分布表

$$P(X = x) = \binom{n}{x} p^x (1-p)^{n-x}, \qquad x = 0, 1, 2, \ldots, n$$

Program 5.4.3.1

```
reset   noprint ;
n = 10 ;  p = 0.4 ;
x = 0 : n ;
pm = shape( x , 3 , n + 1 );
pm[ 2 , ]= pdf( "binom" , x , p , n ) ;
pm[ 3 , ]= cdf( "binom" , x , p , n ) ;
pm[ 2 , ]= pdf( "binom" , x , p , n ) ;
pm[ 3 , ]= cdf( "binom" , x , p , n ) ;
pt = pm` ;
print   pt [ colname = { " x "   " P(X=x) " " P( X < = x ) " }   format = 10.5
          label = "Binomial Distribution" ] ;
```

Program 5.4.3.1

Binomial Distribution

x	P (X=x)	P (X<=x)
0.00000	0.00605	0.00605
1.00000	0.04031	0.04636
2.00000	0.12093	0.16729
3.00000	0.21499	0.38228
4.00000	0.25082	0.63310
5.00000	0.20066	0.83376
6.00000	0.11148	0.94524
7.00000	0.04247	0.98771
8.00000	0.01062	0.99832
9.00000	0.00157	0.99990
10.00000	0.00010	1.00000

例 2 標準正規分布表

$$P(Z \leq z) = \int_{-\infty}^{z} \frac{1}{\sqrt{2\pi}} \exp\left(-\frac{u^2}{2}\right) du$$

Program 5.4.3.2

```
reset   noprint ;
z = do ( 0 , 3 , 0.1 ) ;
zt = t( z );
pt = t (cdf ( "normal" , z , 0 , 1 ) );
print  zt [ format = 5.2   label = "z"]   pt [ format = 10.5   label = "P (Z<=z)" ];
```

Program 5.4.3.2

z	P (Z<=z)
0.00	0.50000
0.10	0.53983
0.20	0.57926
0.30	0.61791
0.40	0.65542
0.50	0.69146
0.60	0.72575
0.70	0.75804
0.80	0.78814
0.90	0.81594
1.00	0.84134
1.10	0.86433
1.20	0.88493
1.30	0.90320
1.40	0.91924
1.50	0.93319
1.60	0.94520
1.70	0.95543
1.80	0.96407
1.90	0.97128
2.00	0.97725
2.10	0.98214
2.20	0.98610
2.30	0.98928
2.40	0.99180
2.50	0.99379
2.60	0.99534
2.70	0.99653
2.80	0.99744
2.90	0.99813
3.00	0.99865

例3 標準正規分布のパーセント点

$$p = \int_{-\infty}^{z1} \frac{1}{\sqrt{2\pi}} \exp\left(-\frac{u^2}{2}\right) du$$

Program 5.4.3.3

```
p = { 0.8 , 0.9 , 0.95 , 0.975 , 0.99 , 0.995 } ;
z1 = quantile ( "normal",   p , 0 , 1 );
p = p * 100 ;
print   p  [ format=4.3   label = "percent" ]   z1 [format =10.3 ]   ;
```

Program 5.4.3.3 の出力

percent	z1
80.0	0.842
90.0	1.282
95.0	1.645
97.5	1.960
99.0	2.326
99.5	2.576

例 4　乱数の生成

Program 5.4.3.4

```
reset   print ;
rn = normal ( repeat( 0 , 3 , 2 ) );
ru = uniform ( repeat( 0 , 3 , 2 ) ) ;
rp = ranpoi ( repeat( 0 , 3 , 2 ) , 3 );
rb = ranbin ( repeat( 0 , 3 , 2 ) , 10 , 0.3) ;
re = ranexp ( repeat( 0 , 3 , 2 ) ) ;
rt =rantbl ( repeat( 0 , 2 , 5 ), 0.1, 0.3, 0.1, 0.5 ) ;
```

Program 5.4.3.4 の出力

rn	3 rows	2 cols	(numeric)
	−0.265852	−0.836419	
	−0.749192	−1.60873	
	−0.279309	−2.510691	

ru	3 rows	2 cols	(numeric)
	0.8499062	0.6672368	
	0.8722369	0.3526365	
	0.8885748	0.5961289	

rp	3 rows	2 cols	(numeric)
	2	3	
	5	2	
	3	1	

rb	3 rows	2 cols	(numeric)
	2	2	
	5	4	
	3	4	

re	3 rows	2 cols	(numeric)
	0.6112064	1.7524718	
	0.9847161	0.9122711	
	0.9410906	0.4393302	

rt	2 rows	5 cols	(numeric)		
	1	4	2	2	4
	4	4	1	3	2

(5.4.4) 乱数関数

乱数関数のサブルーチン	
(0,1) 区間の一様分布からの疑似乱数を生成する	call ranuni(*seed*, *result*)
指定した分布から乱数を生成する	call randgen(*result, distname* <, *p1*><, *p2*><, *p3*>);
randgen モジュールにシードを与える	call ranseed(*seed*, <*reinit*>);
乱数	rand ("*分布名*", <*パラメータ 1,...*>)

　randgen モジュールに指定する分布名（*distname*）と引数（*p1,p2,p3*）は，次のリストの分布キーワードと引数 1 〜 3 を指定する．分布キーワードには，大文字，小文字のどちらも指定でき，3 文字に省略してもよい．

Table 5.4.4　分布と分布キーワード

分布	分布キーワード	引数 1	引数 2	引数 3
Bernoulli	'BERNOULLI'	p		
Beta	'BETA'	a	b	
Binomial	'BINOMIAL'	p	n	
Cauchy	'CAUCHY'			
Chi-Square	'CHISQUARE'	df		
Erlang	'ERLANG'	a		
Exponential	'EXPONENTIAL'			
$F_{n,d}$	'F'	n	d	
Gamma	'GAMMA'	a		
Geometric	'GEOMETRIC'	p		
Hypergeometric	'HYPERGEOMETRIC'	N	R	n
Lognormal	'LOGNORMAL'			
Negative Binomial	'NEGBINOMIAL'	p	k	
Normal	'NORMAL'			
Poisson	'POISSON'	m		
T	'T'	df		
Table	'TABLE'	p		
Triangle	'TRIANGLE'	h		
Uniform	'UNIFORM'			
Weibull	'WEIBULL'	a	b	

例 1 $p = 0.2$ のベルヌーイ分布に従う 5 個の乱数を生成する．また，区間 $(0, 1)$ の一様分布に従う 5 個の乱数を生成する．

Program 5.4.4.1

```
reset   noprint;
r = j(5, 1, .);
call  randgen(r, 'ber', 0.2);
print  r;

runi = j(5, 1, .);
call  ranuni(0, runi);
print  runi;
```

Program 5.4.4.1 の出力

R	runi
1	0.5479312
0	0.7217903
0	0.5513929
0	0.079366
0	0.875204

例 2　サイコロのシミュレーション

uniform 関数（一様分布から乱数を発生）を利用して，サイコロの出る目をシミュレーションしてみる．サイコロは 10 回投げる．

Program 5.4.4.2

```
reset   noprint;
seed = 0;
c = j(10, 1, seed);
md = j(10, 1, 1);
b = uniform(c);
saikoro = md + int(6 # b);
print  b  saikoro;
```

Program 5.4.4.2 の出力

B	SAIKORO
0.2104708	2
0.9687447	6
0.23382	2
0.6229883	4
0.2000557	2
0.3471199	3
0.0276793	1
0.6165369	4
0.3381463	3
0.5958264	4

call randgen モジュールの uniform 乱数や table 乱数を利用しても，同様のことができる．

Program 5.4.4.3

```
reset   noprint;
md = j(10, 1, 1);
ranu = j(10, 1, .);
call   randgen(ranu, 'UNIFORM');
saikoro = md + int(6 # ranu);
print   ranu  saikoro;
```

Program 5.4.4.4

```
saikoro = j(10, 1, .);
p = j(1, 6, 1) / 6;
call   randgen(saikoro, 'TABLE', p);
print   saikoro;
```

5.5 行列成分

(5.5.1) 行列の成分，行・列の操作

IML の演算の機能には，行や列ごとの処理や行列の成分の計算，最大値，最小値などの検出ができるため，さまざまな行列の計算に役立てることができる．

行列の成分を指定する基本構文

行列名 [*row*（行）, *column*（列）]

NOTE:
（ⅰ） *row* と *column* には，複数の行や列を指定できる．
（ⅱ） a[ ] は元の行列 a と同じ．
（ⅲ） [と] は，角カッコである．

成分操作で利用するリダクション演算子

演算子	内容
+	要素の加算
#	乗算
>	最大値
<	最小値
<:>	最大値のインデックス
>:<	最小値のインデックス
:	平均値
##	平方和

NOTE: ## の 2 文字の間に空白を入れないこと．

例えば，A[+ ,] は，行列 A の同じ列に含まれる成分の合計を求める．合計は，1 行に集約される．A[+,<>] は，列ごとの成分の合計 (+) の最大値 (<>) を求める．<> の間に空白は入れないこと．

リダクション演算子は，繰り返して指定することも可能である．

A[,<>][+,] は，行列 A の各行の最大値（A[,<>]）を求め，それらの最大値の合計（[+,]）を計算する．

例 1 行列 $x = \begin{pmatrix} 1 & 2 & 3 \\ 4 & 5 & 6 \\ 7 & 8 & 9 \end{pmatrix}$ で，行列の成分を指定して，Table 5.5.1 を確かめる．

Table 5.5.1

指定	例	iml プログラム	実行結果
成分	$x_{3,1}$	y=x[3,1];	y=7
行	1 行目	row1=x[1,];	row1 = $\begin{pmatrix} 1 & 2 & 3 \end{pmatrix}$
列	1 列目	col1=x[,1];	col1 = $\begin{pmatrix} 1 \\ 4 \\ 7 \end{pmatrix}$
ベクトル	1 と 3 行目と，1 と 2 列目	y=x[{1 3},{1 2}];	y = $\begin{pmatrix} 1 & 2 \\ 7 & 8 \end{pmatrix}$
コロン演算子（ : ）（ i から j まで）	2 行目の 1 から 3 列目まで	y2=x[2,1:3];	y2 = $\begin{pmatrix} 4 & 5 & 6 \end{pmatrix}$
演算			
同じ列に含まれる成分の合計．結果は，1 行に集約		xsum= x[+,];	xsum = $\begin{pmatrix} 12 & 15 & 18 \end{pmatrix}$
同じ行に含まれる成分の合計．結果は，1 列に集約		ysum= x[,+];	ysum = $\begin{pmatrix} 6 \\ 15 \\ 24 \end{pmatrix}$
平均値	すべての成分から平均を求める	xmean= x[:];	mean = 5
同じ行に含まれる成分を合計(+)して，その結果から最大値（<>）を求める．		xsummax= x[<>,+];	xsummax=24
演算子の繰り返し処理 同じ行に含まれる成分から最小値を求め，その結果を合計する．		xmind= x[,><][+,];	xmind=12

NOTE: <> や >< の間に空白を入れないこと．

Program 5.5.1.1

```
proc iml;
reset print;
x = {1 2 3, 4 5 6, 7 8 9};

x31 = x[3, 1];
x23 = x[2, 3];
row1 = x[1, ];
col1 = x[, 1];
row3 = x[3, ];
col3 = x[, 3];
y = x[{1 3}, {1 2}];
y2 = x[2, 1:3];
xsum = x[+, ];
ysum = x[, +];
xmean = x[:];
xsummax = x[<>, +];
xmind = x[, ><][+, ]  ;
```

NOTE: プログラムの解説は，Table 5.5.1 を参照．

例2 リダクション演算子による行列成分の操作

Program 5.5.1.2

```
reset print;
mat = {1 2 3, 4 5 0, -1 -2 -3};
r1 = mat[{1 2}, +];
r2 = mat[, <>];
r3 = mat[><, +];
r4 = mat[<>, ];
r5 = mat[<>, ][, +];
r6 = mat[ , :];
r7 = mat[:, ];
r8 = mat[:];
r9 = mat[ , <:>];
r10 = mat[, ##];
```

NOTE: <>, ><, ## の2文字の間に空白をいれないこと．

プログラムの解説

3行目： r1 に mat 行列の 1, 2 行目の成分の合計.
4行目： r2 に mat 行列の行ごとの成分の最大値を求める. 結果は 1 列に集約.
5行目： r3 に mat 行列の列ごとの成分の最小値の合計を求める.
6行目： r4 に mat 行列の列ごとの成分の最大値を求める. 1 行に集約.
7行目： mat [<>,] で 1 行に集約された結果から, 行の成分の合計を計算する.
8行目： r6 に同じ行に含まれる成分の平均を求める. 3 行 1 列に集約.
9行目： r7 に同じ列に含まれる成分の平均を求める. 1 行 3 列に集約.
10行目： すべての成分から平均を求める.
11行目： <:> は, 最大値のインデックスを求める. r9 には, 同じ行に含まれる成分の最大値のインデックス（何列目の成分か？）を求める.
12行目： ## は平方和を求める. r10 には, 行ごとに成分の平方和を求める. 3 行 1 列に集約.

Program 5.5.1.2 の出力

```
mat      3 rows    3 cols    (numeric)        r6     3 rows    1 col    (numeric)
           1         2         3                                2
           4         5         0                                3
          -1        -2        -3                               -2
r1       2 rows    1 col     (numeric)        r7     1 row     3 cols   (numeric)
           6                                       1.3333333  1.6666667     0
           9                                  r8     1 row     1 col    (numeric)
r2       3 rows    1 col     (numeric)                          1
           3                                  r9     3 rows    1 col    (numeric)
           5                                                    3
          -1                                                    2
r3       1 row     1 col     (numeric)                          1
          -6                                  r10    3 rows    1 col    (numeric)
r4       1 row     3 cols    (numeric)                         14
           4         5         3                               41
r5       1 row     1 col     (numeric)                         14
          12
```

5.6 数学への応用

(5.6.1) 多項方程式の解

polyroot 関数の構文

polyroot(*vector*)

vector には，多項式の係数を次数の高い方から順に指定する．

polyroot 関数の結果は，$(n-1) \times 2$ 行列で表示される．1 列目には実数部，2 列目には虚数部が保存される．虚数部がない場合は，0 が保存される．

例1 $4x^2 - 6x - 4 = 0$ の解は $-0.5, 2$ である．

Program 5.6.1.1

```
proc iml ;
a = polyroot({ 4  -6  -4 });
```

Program 5.6.1.1 の出力

```
A    2 rows    2 cols   (numeric)
        -0.5          0
           2          0
```

例2 $x^4 + x^3 + 6x - 8 = 0$ の解（近似解）は $x = 1$, $x = 0.2441511 + 1.776354i$, $x = 0.2441511 - 1.776354i$, $x = -2.488302$ である．

Program 5.6.1.2

```
a = polyroot({1  1  0  6  -8});
```

Program 5.6.1.2 の出力

```
A    4 rows    2 cols  (numeric)
             1              0
     0.2441511      1.7763541
     0.2441511     -1.776354
    -2.488302              0
```

(5.6.2) 行列のランク

IML では，行列のランク（階数）を求める関数は用意されていないので，IML でのランクを求めるいくつかの方法を見ていく．

（ⅰ）行列 **A** の一般化逆行列 $\mathbf{A}^-$（ginv(A)）を用いる方法： $\mathbf{A}^-\mathbf{A}$ はべき等行列であり，べき等行列のランクはそのトレースである（宮岡・眞田 (2007) 参照）．すなわち，

$$\text{rank}(\mathbf{A}) = \text{rank}(\mathbf{A}^-\mathbf{A}) = \text{trace}(\mathbf{A}^-\mathbf{A})$$

という性質を用いてランクを求めるには，次のようになる．

```
round (trace (ginv (a)*a)) ;
```

(ⅱ) 縮約行標準形（row echelon form）から最初の 1 がある行の個数を数えることによって，ランクを求める．

例 1 $\mathbf{X} = \begin{pmatrix} 1 & 1 & 0 \\ 1 & 1 & 0 \\ 1 & 1 & 0 \\ 1 & 0 & 1 \\ 1 & 0 & 1 \\ 1 & 0 & 1 \end{pmatrix}$ はランク 2 である．

Program 5.6.2.1

```
reset   print ;
i2 = j ( 2 , 1 ) ;
i3 = j ( 3 , 1 ) ;
i23 = i2 @ i3 ;
ii = i ( 2 ) @ i3 ;
x = i23 || ii ;
r1 = round( trace( ginv( x ) * x ) ) ;
r = echelon( x ) ;
r = ( r ^= 0 ) [ , + ] ;
r2 = ( r ^= 0 ) [ + , ] ;
```

Program 5.6.2.1 の出力

i2	2 rows	1 col	(numeric)	x	6 rows	3 cols	(numeric)	
		1			1	1	0	
		1			1	1	0	
i3	3 rows	1 col	(numeric)		1	1	0	
		1			1	0	1	
		1			1	0	1	
		1			1	0	1	
i23	6 rows	1 col	(numeric)	r1	1 row	1 col	(numeric)	
		1				2		
		1		r	6 rows	3 cols	(numeric)	
		1			1	0	1	
		1			0	1	-1	
		1			0	0	0	
		1			0	0	0	
ii	6 rows	2 cols	(numeric)		0	0	0	
		1	0		0	0	0	

1	0	r	6 rows	1 col	(numeric)
1	0		2		
0	1		2		
0	1		0		
0	1		0		
			0		
			0		
		r2	1 row	1 col	(numeric)
			2		

（iii） 正方行列の場合は，エルミート型行列を用いて求めることもできる．エルミート型行列は上三角行列でべき等である．したがって，そのランクとトレースは等しい．

例 2 上の例 1 の $\mathbf{X}$ を用いて，$\mathbf{X}^T\mathbf{X}$ のランクは 2 であることを求める．

実際， $\mathrm{rank}(\mathbf{X}^T\mathbf{X}) = \mathrm{rank}(\mathbf{X})$

Program 5.6.2.2

```
xx = x` * x;
r = trace( hermite( xx ) );
```

NOTE:

（i） 正方行列 $\mathbf{A}$ について，正則行列 $\mathbf{B}$ が存在して，$\mathbf{BA}=\mathbf{H}$．

$\mathbf{H}$ はエルミート型べき等行列（$\mathbf{H}$=hermite($\mathbf{A}$)）．

このとき，$\mathrm{rank}(\mathbf{A}) = \mathrm{rank}(\mathbf{BA}) = \mathrm{rank}(\mathbf{H}) = \mathrm{trace}(\mathbf{H})$．

（ii） n 次の正方行列 $\mathbf{H}$ がエルミート型であるとは，(i,j) 成分が，以下のようになる．

$$h_{ij} = \begin{cases} 0 \text{ or } 1 & \text{if } i = j \\ 0 & \text{if } i > j \\ 0 & j = 1,...,n, i \neq j, \text{if } a_{ii} = 0 \\ 0 & i = 1,...,n, i \neq j, \text{if } a_{jj} = 1 \end{cases}$$

Program 5.6.2.2 の出力

xx	3 rows	3 cols	(numeric)	
	6	3	3	
	3	3	0	
	3	0	3	
r	1 row	1 col	(numeric)	
	2			

(5.6.3) 連立方程式の解

（ⅰ） 連立方程式 $\underset{n\times n}{A}\underset{n\times p}{x}=\underset{n\times p}{c}$ において，係数行列 $\underset{n\times n}{A}$ が正則な場合

逆行列 A^{-1} を用いて，
$$x = A^{-1}c$$
で解 x を求める．また，A が正則なときは，solve 関数でも，解 x を求めることができる．

solve 関数の構文

solve (A, c)

例1 連立一次方程式を，逆行列と solve 関数を使って求めてみる．

$$\begin{cases} 3x_1 - x_2 + 2x_3 = 8 \\ 2x_1 - 2x_2 + 3x_3 = 2 \\ 4x_1 + x_2 - 4x_3 = 9 \end{cases} \quad \text{の解を求める．}$$

この連立方程式を行列で表すと，次のようになる．

$$\begin{pmatrix} 3 & -1 & 2 \\ 2 & -2 & 3 \\ 4 & 1 & -4 \end{pmatrix} \begin{pmatrix} x_1 \\ x_2 \\ x_3 \end{pmatrix} = \begin{pmatrix} 8 \\ 2 \\ 9 \end{pmatrix}$$

$Ax = c$ とすると，$x = A^{-1}c$．これを IML で解く．

Program 5.6.3.1

```
proc  iml ;
reset  print;
a={3  -1   2,
   2  -2   3,
   4   1  -4 };
c={8,  2,  9};
r = det ( a );
x1 = inv ( a ) * c ;
x2 = solve ( a , c );
c1 = a * x1 ;
c2 = a * x2 ;
```

Program 5.6.3.1 の出力（抜粋）

```
X1      3 rows     1 col     (numeric)
                    3
                    5
                    2

X2      3 rows     1 col     (numeric)
                    3
                    5
                    2
```

NOTE: 正方行列 A の行列式 $\det(A) \neq 0$ のとき，行列 A は正則であり逆行列 A^{-1} が存在し，$\det(A) = 0$ のとき，正則でない（特異である）．

（ⅱ）　連立方程式 $\underset{n\times m}{\mathbf{A}}\ \underset{m\times p}{\mathbf{x}}\ =\ \underset{n\times p}{\mathbf{c}}$ において，解が無数にある場合

例2　解が無数にある場合：縮約行標準形（row echelon form）を用いて解を求める．

$\begin{cases} x+2y+z=1 \\ 2x+4y-z=8 \\ x+2y+2z=-1 \end{cases}$ について，$\mathbf{A}=\begin{pmatrix} 1 & 2 & 1 \\ 2 & 4 & -1 \\ 1 & 2 & 2 \end{pmatrix}$，$\mathbf{x}=\begin{pmatrix} x \\ y \\ z \end{pmatrix}$，$\mathbf{c}=\begin{pmatrix} 1 \\ 8 \\ -1 \end{pmatrix}$ とおくと，$\mathbf{Ax}=\mathbf{c}$．

ここで，$\det(\mathbf{A})=0$．行列 $\mathbf{A}$ は正則ではない．

$(\mathbf{A}\ \mathbf{c})=\begin{pmatrix} 1 & 2 & 1 & 1 \\ 2 & 4 & -1 & 8 \\ 1 & 2 & 2 & -1 \end{pmatrix}$ の縮約行標準形は，$\begin{pmatrix} 1 & 2 & 0 & 3 \\ 0 & 0 & 1 & -2 \\ 0 & 0 & 0 & 0 \end{pmatrix}$ である．

これより，解は，$x+2y=3$，$z=-2$ で与えられる．

IML では，echelon 関数を用いて縮約行標準形を求める．

Program 5.6.3.2

```
proc iml ;
reset print;
a={1 2 1, 2 4 -1 , 1 2 2};
c={1, 8, -1};
r=det(a);
ac=a||c;
w=echelon(ac);
```

Program 5.6.3.2 の出力

```
w    3 rows    4 cols    (numeric)
     1      2      0      3
     0      0      1     -2
     0      0      0      0
```

求めた縮約行標準形 w の 1, 2 行目から，$x+2y=3$，$z=-2$．

（ⅲ）　**一般化逆行列の解**

一般化逆行列を用いて解を求める．

連立方程式 $\underset{n\times m}{\mathbf{A}}\ \underset{m\times p}{\mathbf{x}}\ =\ \underset{n\times p}{\mathbf{c}}$ において，係数行列 $\underset{n\times m}{\mathbf{A}}$ の一般化逆行列を $\mathbf{A}^-$ とすると，解は

$$\mathbf{x}=\mathbf{A}^-\mathbf{c}+(\mathbf{I}_m-\mathbf{A}^-\mathbf{A})\mathbf{h}$$

で与えられる．ここで，$\mathbf{h}$ は任意の $m\times 1$ ベクトル．

Program 5.6.3.3

```
reset print;
a={1 2 1, 2 4 -1, 1 2 2};
c={1, 8, -1};
```

```
agi = ginv( a ) ;
x = ginv( a ) * c ;
cc = a * x ;
reset   fuzz ;
z = i( 3 ) − ginv(a) * a;
h = { 5 , 4 , 1 } ;
x1 = ginv( a ) * c + z * h ;
cc = a * x1 ;
```

Program 5.6.3.3 の出力

a	3 rows	3 cols	(numeric)
	1	2	1
	2	4	−1
	1	2	2
c	3 rows	1 col	(numeric)
	1		
	8		
	−1		
agi	3 rows	3 cols	(numeric)
	0.0285714	0.0742857	0.0228571
	0.0571429	0.1485714	0.0457143
	0.1428571	−0.228571	0.3142857
x	3 rows	1 col	(numeric)
	0.6		
	1.2		
	−2		
cc	3 rows	1 col	(numeric)
	1		
	8		
	−1		

z	3 rows	3 cols	(numeric)
	0.8	−0.4	0
	−0.4	0.2	0
	0	0	0
h	3 rows	1 col	(numeric)
	5		
	4		
	1		
x1	3 rows	1 col	(numeric)
	3		
	0		
	−2		
cc	3 rows	1 col	(numeric)
	1		
	8		
	−1		

例 3 ここでは，縮約行標準形を用いて逆行列を求める．

まず，正則行列 **A** に単位行列を横に付け加える．この (**A** **I**) に基本変形を何回か適用し，縮約行標準形にすると，(**I** **A**$^{-1}$) と変形できる．

Program 5.6.3.4

```
reset   print;
a={1  2  -1 ,  2  3  -1  ,  1  2  3  };
z = det ( a );
ai = inv ( a );
i3 = i( 3 );
ai3 = a   ||   i3 ;
ia = echelon ( ai3 );
ia3=ia[ , 4 : 6];
```

Program 5.6.3.4

ai	3 rows	3 cols	(numeric)	
	−2.75	2	−0.25	
	1.75	−1	0.25	
	−0.25	0	0.25	
z	1 row	1 col	(numeric)	
		−4		
i3	3 rows	3 cols	(numeric)	
	1	0	0	
	0	1	0	
	0	0	1	
ai3	3 rows	6 cols	(numeric)	
1	2	−1	1	0	0
2	3	−1	0	1	0
1	2	3	0	0	1

ia	3 rows	6 cols	(numeric)		
1	0	0	−2.75	2	−0.25
0	1	0	1.75	−1	0.25
0	0	1	−0.25	0	0.25
ia3	3 rows	3 cols	(numeric)		
	−2.75	2	−0.25		
	1.75	−1	0.25		
	−0.25	0	0.25		

(ⅳ) 同次連立方程式の解

同次連立方程式 $\overset{n \times m}{\mathbf{A}} \overset{m \times p}{\mathbf{X}} = \overset{n \times p}{\mathbf{0}}$ が自明の解 $\mathbf{x} = \mathbf{0}$ 以外の解をもつためには，rank($\mathbf{A}$) $< m$．

IML では，次の関数で解を求める．

```
X=homogen (a);
```

このとき，$\mathbf{X}$ は $m \times (m-\text{rank}(\mathbf{A}))$ 行列で，$\mathbf{AX=0}$，$\mathbf{X}^T \mathbf{X} = \mathbf{I}$ である．すなわち，$\mathbf{X}$ の各列は正規直交系である．

例 4 $\mathbf{A} = \begin{pmatrix} 1 & 1 & 1 & 2 \\ 1 & 0 & 1 & 0 \\ 2 & 1 & 2 & 2 \end{pmatrix}$ とすると, $\mathbf{x}_1 = \dfrac{1}{\sqrt{5}}\begin{pmatrix} 0 \\ 2 \\ 0 \\ -1 \end{pmatrix}$, $\mathbf{x}_2 = \dfrac{1}{\sqrt{2}}\begin{pmatrix} 1 \\ 0 \\ -1 \\ 0 \end{pmatrix}$ は, それぞれ $\mathbf{Ax} = \mathbf{0}$ を満たす.

Program 5.6.3.5

```
reset  print;
a = { 1  1  1  2 , 1  0  1  0 , 2  1  2  2 };
r1 = round ( trace ( ginv( a ) * a ) ) ;
x = homogen( a );
xx = x` * x ;
reset  fuzz ;
c1 = a * x[ , 1 ] ;
c2 = a * x[ , 2 ] ;
```

Program 5.6.3.5 の出力

```
     a    3 rows    4 cols    (numeric)        xx    2 rows    2 cols    (numeric)
          1         1         1         2             1         0
          1         0         1         0             0         1
          2         1         2         2       c1    3 rows    1 col     (numeric)
     r1   1 row     1 col     (numeric)               0
                    2                                 0
     x    4 rows    2 cols    (numeric)               0
          0              0.7071068                c2   3 rows    1 col     (numeric)
          0.8944272      0                             0
          0             −0.707107                      0
         −0.447214       0                             0
```

(5.6.4) 固有値・固有ベクトル

正方行列 $\mathbf{A}$ について,

$$\mathbf{Ax} = \lambda \mathbf{x}$$

となるスカラー λ を $\mathbf{A}$ の固有値, 零でないベクトル $\mathbf{x}$ を固有値 λ に対する固有ベクトルという.

 eigval (*A*); :正方行列 *A* の固有値 (最初の列は実部, 第 2 列は虚部のベクトル)
 eigvec (*A*); :対応する正方行列 *A* の固有ベクトル
     (複素ベクトルの場合は, 対応するように $\mathbf{u} \pm i\mathbf{v}$ の $\mathbf{u}$ と $\mathbf{v}$)
 call eigen (*固有値*, *固有ベクトル*, *A*) :正方行列 *A* の 固有値, 固有ベクトル

例1 対称行列の場合，固有値は実数である．

Program 5.6.4.1

```
 reset   noprint;
a = {1  2  2,  2  1  2,  2  2  1};
 eva = eigval(a);
 evec = eigvec(a);
 print  a  ,,  eva  ,,  evec;
 ax1 = a * evec[,1];
 ax2 = a * evec[,2];
 ax3 = a * evec[,3];
 lx1 = eva[1,] # evec[,1];
 lx2 = eva[2,] # evec[,2];
 lx3 = eva[3,] # evec[,3];
 print  ax1  lx1  ,,  ax2  lx2  ,,  ax3  lx3;
```

Program 5.6.4.1 の出力

	a	
1	2	2
2	1	2
2	2	1

eva
5
−1
−1

	evec	
0.5773503	−0.588553	−0.565926
0.5773503	0.7843825	−0.226739
0.5773503	−0.195829	0.7926649

ax1	lx1
2.8867513	2.8867513
2.8867513	2.8867513
2.8867513	2.8867513

ax2	lx2
0.5885533	0.5885533
−0.784383	−0.784383
0.1958293	0.1958293

ax3	lx3
0.5659255	0.5659255
0.2267393	0.2267393
−0.792665	−0.792665

次のように指定してもよい．

Program 5.6.4.2

```
 call  eigen(evac, evecc, a);
 print  a  ,,  evac  ,,  evecc;
```

Program 5.6.4.2 の出力

	a	
1	2	2
2	1	2
2	2	1

evac
5
−1
−1

	evecc	
0.5773503	−0.588553	−0.565926
0.5773503	0.7843825	−0.226739
0.5773503	−0.195829	0.7926649

対称行列の場合，固有ベクトルは，正規直交系のものを出力する．すなわち，固有ベクトルからなる行列は直交行列である．

Program 5.6.4.3

```
reset  fuzz;
print ( evec` * evec );
```

Program 5.6.4.3 の出力

1	0	0
0	1	0
0	0	1

結果が単位行列であることから確かめられる．

例 2 固有値が複素数の場合．固有値は $1, \pm i$ である．実固有値に対応する固有ベクトルは $(1,0,0)^T$．

Program 5.6.4.4

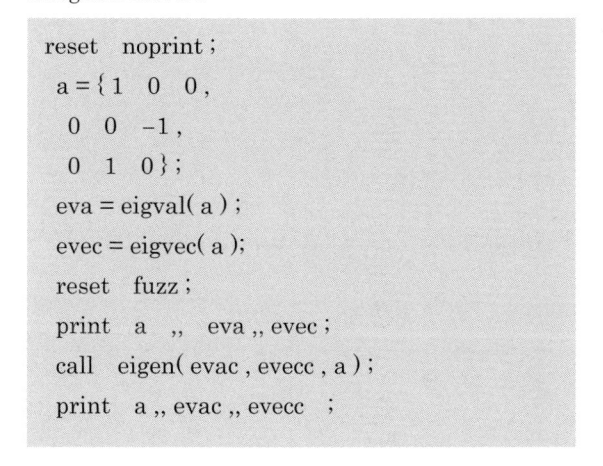

```
reset   noprint;
a = { 1  0   0,
      0  0  −1,
      0  1   0};
eva = eigval( a );
evec = eigvec( a );
reset   fuzz;
print   a ,,   eva ,, evec;
call    eigen( evec, evecc, a );
print   a ,, evac ,, evecc  ;
```

Program 5.6.4.4 の出力

	a	
1	0	0
0	0	−1
0	1	0

evac	
1	0
0	1
0	−1

	evecc	
1	0	0
0	0.7071068	0
0	0	−0.707107

5.7 統計への応用

(5.7.1) 平均，分散など

p 個の変数を n 人からそれぞれ観測したデータを次の $n \times p$ データ行列とする．

$$\mathbf{X} = \begin{pmatrix} x_{11} & x_{12} & \cdots & x_{1p} \\ x_{21} & x_{22} & \cdots & x_{2p} \\ \vdots & \vdots & \ddots & \vdots \\ x_{n1} & x_{n2} & \cdots & x_{np} \end{pmatrix} = \begin{pmatrix} \mathbf{x}_1^T \\ \vdots \\ \mathbf{x}_n^T \end{pmatrix}, \quad \mathbf{x}_i^T = (x_{i1} \cdots x_{ip}) \text{ は } i \text{ 番目の人の } p \text{ 変数のデータ．}$$

k 番目の変数の標本平均，標本分散と標本標準偏差は次のように定義される．

$$\overline{x}_k = \frac{1}{n} \sum_{i=1}^{n} x_{ik}, \quad s_{kk} = s_k^2 = \frac{1}{n} \sum_{i=1}^{n} (x_{ik} - \overline{x}_k)^2, \quad s_k = \sqrt{s_k^2}$$

n の代わりに $n-1$ で割った分散を不偏標本分散とよぶ．

- 10 人の学生の数学（math）と英語（eng）の点数のデータを 10×2 のデータ行列（x）とする．

数学（math）	67	55	85	46	87	93	46	77	65	85
英語（eng）	89	64	90	74	67	95	55	88	58	80

Program 5.7.1.1

```
proc iml ;
x = { 67  89 ,  55  64 ,  85  90 ,  46  74 ,  87  67 ,
      93  95 ,  46  55 ,  77  88 ,  65  58 ,  85  80 } ;
cn = { math  eng } ;
mattrib   x  colname = cn ;
print  x ;
```

Program 5.7.1.1 の出力

```
              x
       MATH        ENG
         67         89
         55         64
         85         90
         46         74
         87         67
         93         95
```

```
              x
       MATH        ENG
         46         55
         77         88
         65         58
         85         80
```

- 数学の点数の平均（mmath）と英語の点数の平均（meng）とすべての点数の平均（mall）

Program 5.7.1.2

```
mmath = x[ : , 1 ];
meng = x[ : , 2 ];
mall = x[ : ];
print  "mean "  mmath  [ format=7.2]
       meng [ format= 7.2]
       mall   [ format= 10.3] ;
```

Program 5.7.1.2 の出力

	mmath	meng	mall
mean	70.60	76.00	73.300

プログラムの解説

1 行目： 数学の点数を保存している行列 x の 1 列目の平均値を求めて，mmath に代入する．平均値は，コロン（:）を指定する．
2 行目： 英語の点数を保存している行列 x の 2 列目の平均値を求めて，meng に代入する．
3 行目： すべての点数から，平均を求める．

- 数学の点数の分散（vmath），標準偏差（smath）と英語の点数の分散（veng），標準偏差（seng）

Program 5.7.1.3

```
vmath = ssq( x[, 1 ] - mmath ) / nrow( x ) ;
smath = sqrt( vmath ) ;
veng = ssq( x[ , 2 ] - meng ) / nrow( x ) ;
seng = sqrt( veng ) ;
print   " variance " " standard deviation"  ,,
        vmath   smath   ,,
        veng    seng    ;
```

Program 5.7.1.3 の出力

variance	standard deviation
vmath	smath
272.44	16.505757
veng	seng
188	13.711309

- 数学の点数の 5 数要約（qmath）と英語の点数の 5 数要約（qmath）のベクトル

最小値，第 1 四分位点（25%点），中央値（第 2 四分位点（50%点）），第 3 四分位点（75%点），最大値

Program 5.7.1.4

```
qmath = quartile ( x[ , 1 ] ) ;
qeng = quartile ( x [ , 2 ] ) ;
print   qmath   qeng ;
```

Program 5.7.1.4 の出力

qmath	qeng
46	55
55	64
72	77
85	89
93	95

NOTE: 次のプログラムでもProgram 5.7.1.4と同じことを行う.

Program 5.7.1.5

```
summary = j( 8 , 2 ) ;
n = nrow ( x ) ;
summary[ 1 , ] = x[ : , ] ;
summary[ 2 , ] = x - x [ ## , ] / n ;
summary[ 3 , ] = sqrt( summary[ 2 , ] ) ;
summary[ 4 : 8 ,  ] = quartile( x ) ;
print  summary  [ rowname = { mean  var  sd  min  q1 q2 q3 max }
         colname = cn   format = 12.3 ] ;
```

Program 5.7.1.5 の出力

	summary	
	MATH	ENG
MEAN	70.600	76.000
VAR	272.440	188.000
SD	16.506	13.711
MIN	46.000	55.000
Q1	55.000	64.000
Q2	72.000	77.000
Q3	85.000	89.000
MAX	93.000	95.000

5.7 統計への応用

- それぞれの学生の数学と英語の点数の平均の 10×1 のベクトル (m) とそのランクのベクトル (rm)

Program 5.7.1.6

```
m = t (mean ( t(x) ) ) ;
rm = rank( m ) ;
print   m   rm ;
```

Program 5.7.1.6 の出力

m	rm
78	6
59.5	2
87.5	9
60	3
77	5
94	10
50.5	1
82.5	8
61.5	4
82.5	7

NOTE: タイがある場合に平均順位を用いるときは，ranktie 関数を用いる．

この平均ベクトルを小さい順に並び替える．

Program 5.7.1.7

```
call   sort( m , 1 ) ;
print   m ;
```

Program 5.7.1.7 の出力

m
50.5
59.5
60
61.5
77
78
82.5
82.5
87.5
94

NOTE: データ $x_1, \ldots, x_n$ の標本分散を計算するときに次のような変形がある．

$$v1 = \frac{1}{n} \sum_{i=1}^{n} (x_i - \overline{x})^2$$

$$v2 = \frac{1}{n} \left(\sum_{i=1}^{n} x_i^2 - n\overline{x}^2 \right)$$

$$v3 = \frac{1}{n} \left(\sum_{i=1}^{n} x_i^2 - \frac{1}{n} \left(\sum_{i=1}^{n} x_i \right)^2 \right)$$

- 大きな値のデータの分散を計算するときなどは注意が必要である．

Program 5.7.1.8

```
x={1, 2, 3, 4, 5};
n=nrow(x);
v1=ssq(x-x[:])/n;
v2=(x[##]-n*x[:]*x[:])/n;
v3=(x[##]-x[+]*x[+]/n)/n;
print   v1 v2 v3;
```

Program 5.7.1.8 の出力

v1	v2	v3
2	2	2

- もちろん分散の値は 2 である．ここで各 x の値に 1e10（つまり，10^{10}）を加えてそれぞれの式で分散を計算してみる．もちろん定数を足しただけであるので分散の値は変わらない．

    x=x+1e10;

として，同様に，v1, v2, v3 を求めてみると，v1 の式だけ正確な値が求められている．

・標本共分散行列

$$\mathbf{S} = \frac{1}{n}\sum_{i=1}^{n}(\mathbf{x}_i - \overline{\mathbf{x}})(\mathbf{x}_i - \overline{\mathbf{x}})^T = \frac{1}{n}\mathbf{X}^T(\mathbf{I}_n - \frac{1}{n}\mathbf{J}_n)\mathbf{X}$$

ここで，$\mathbf{I}_n$ は n 次の単位行列，$\mathbf{J}_n = \mathbf{1}_n\mathbf{1}_n^T = \{1\}$，すなわち，すべての成分が 1 の n 次の正方行列．$\mathbf{1}_n$ はすべての成分が 1 の $n \times 1$ ベクトル．

p 個の変数を n 人から観測するとし，$\mathbf{X} = \begin{pmatrix} \mathbf{x}_1^T \\ \vdots \\ \mathbf{x}_n^T \end{pmatrix}$ は $n \times p$ のデータ行列とする．

$\mathbf{x}_i = \begin{pmatrix} x_{i1} \\ \vdots \\ x_{ip} \end{pmatrix}$ は i 番目の p 次元データ（$i=1,...,n$），$\overline{\mathbf{x}} = \begin{pmatrix} \overline{x}_1 \\ \vdots \\ \overline{x}_p \end{pmatrix} = \mathbf{X}^T\mathbf{1}_n$，

$$s_{jk} = \frac{1}{n}\sum_{i=1}^{n}(x_{ij} - \overline{x}_j)(x_{ik} - \overline{x}_k)$$

は j 番目と k 番目の変数との標本共分散である．また，n の代わりに $n-1$ で割った分散を不偏標本共分散とよぶ．

5.7 統計への応用

- 10人の学生の数学 (math) と英語 (eng) の点数のデータに上の式を適用する．

Program 5.7.1.9
```
x = { 67   89 , 55   64 , 85   90 , 46   74 , 87   67 , 93   95 ,
      46   55 , 77   88 , 65   58 , 85   80 };
cn = { math   eng };
mattrib   x   colname = cn ;
n = nrow( x );
jn = j ( n , 1 );
jjn = j ( n , n );
mx = jn`* x / n ;
ss = ( x`*( I ( n ) - ( 1 / n ) * jjn ) * x ) / n ;
print   x   jn   jjn   ;
print   "mean "   mx   [colname = cn   format=10.2 ] ;
print   ss [ label = "Covariance"   rowname=cn   colname=cn   format=12.3 ] ;
```

Program 5.7.1.9 の出力の一部

	mx	
	MATH	ENG
mean	70.60	76.00

	Covariance	
	MATH	ENG
MATH	272.440	142.100
ENG	142.100	188.000

- 学生の数学と英語の点数の相関行列

$$\mathbf{R} = \{r_{ij}\} = \mathbf{D}^{-1}\mathbf{S}\mathbf{D}^{-1}, \quad \mathbf{D}^{-1} = \text{diag}(1/\sqrt{s_{11}},...,1/\sqrt{s_{pp}})$$

$r_{jk} = \dfrac{s_{jk}}{\sqrt{s_{jj}s_{kk}}}$ は，j 番目と k 番目の変数との標本相関係数．$s_{ij} = \dfrac{1}{n}\sum_{k=1}^{n}(x_{ki} - \overline{x}_i)(x_{kj} - \overline{x}_k)$．

Program 5.7.1.10
```
sd = diag ( 1 / sqrt( vecdiag ( ss ) ) ) ;
cor = sd * ss * sd ;
print   cor   [ label =" Correlation "   rowname = cn   colname = cn   format = 8.3 ] ;
```

Program 5.7.1.10 の出力

	Correlation	
	MATH	ENG
MATH	1.000	0.628
ENG	0.628	1.000

(5.7.2) 対応のある t 検定

組になった連続型変数の i 番目の観測値を (x_i, y_i), $i=1,...,n$, 各組の差を $d_i = x_i - y_i$ とする．母集団の平均（それぞれ μ_X, μ_Y）の差についての仮説検定を行う．

帰無仮説 $H_0 : \mu_X - \mu_Y = 0$, 対立仮説 $H_1 : \mu_X - \mu_Y \neq 0$

$$t = \frac{\bar{d}}{s_D/\sqrt{n}}, \quad \bar{d} = \frac{1}{n}\sum_{i=1}^{n} d_i, \quad s_D = \sqrt{\frac{1}{n-1}\sum_{i=1}^{n}(d_i - \bar{d})^2}$$

正規分布の仮定のもとで t 検定統計量は自由度 $n-1$ の t 分布 t_{n-1} に従うことを用いて，

p 値 $= 2\,P(t_{n-1} > |\text{observed }t|)$ を求める．また，平均の差の 95%信頼区間 $\bar{x} - \bar{y} \pm t_{n-1, 0.05/2} \dfrac{s_D}{\sqrt{n}}$ を求める．

Program 5.7.2.1

```
x = { 12.1   13.5   10.8   14.6   16.2 };
y = { 11.9   15.2   14.7   18.8   19.4 };
n = ncol ( x );
dif = x - y;
df = n - 1;
mdif = dif [ : ];
vdif = ssq( dif - mdif ) / df;
sdif = sqrt( vdif );
t = mdif / sqrt( vdif / n );
pval = 2 * ( 1 - cdf( " T ", abs( t ), df ) );
print   mdif [format=10.3]    sdif [format=10.3]   df
        t [format=10.3]       pval [format=10.4]   ;

alpha = 0.05;
tq = quantile ( 't', 1 - alpha / 2, df );
lower = mdif - tq * sqrt ( vdif / n );
upper = mdif + tq * sqrt ( vdif / n );
print   ( ( 1 - alpha ) * 100 )   " % confidence interval ",,
        lower   [format=10.3]    upper   [format=10.3];
```

Program 5.7.2.1 の出力

	mdif	sdif	df	t	pval
	−2.560	1.820	4	−3.145	0.0347

95 % confidence interval

lower	upper
−4.820	−0.300

NOTE: 同じことを行うSASプログラムを次に示す.

Program 5.7.2.2

```
data;
input  x  y;
d = x - y;
cards;
12.1  11.9
13.5  15.2
10.8  14.7
14.6  18.8
16.2  19.4
;
proc  ttest  alpha=0.05;
var  d;
run;
```

Program 5.7.2.2 の出力

TTEST プロシジャ

変数： d

N	平均	標準偏差	標準誤差	最小値	最大値
5	−2.5600	1.8202	0.8140	−4.2000	0.2000

	平均の			標準偏差の	
平均	95% 信頼限界		標準偏差	95% 信頼限界	
−2.5600	−4.8200	−0.3000	1.8202	1.0905	5.2303

自由度	t 値	Pr > |t|
4	−3.14	0.0347

(5.7.3) 線形回帰

線形モデル $y = Xb + e$

y： $n \times 1$ 応答変数のベクトル，観測値

X： $n \times k$ デザイン（計画）行列

b： $k \times 1$ 未知パラメータ

e： $n \times 1$ 誤差ベクトル

X がフルランクのとき，b の最小 2 乗推定値は次のように表せる．

$$\hat{b} = (X'X)^{-1}X'y$$

予測値（当てはめ値）： $\hat{y} = X\hat{b} = X(X'X)^{-1}X'y$

残差： $y - \hat{y} = y - X\hat{b}$

残差平方和： $SSE = \sum_{i=1}^{n}(y_i - \hat{y}_i)^2$

修正済み総平方和： $SST = \sum_{i=1}^{n}(y_i - \bar{y}_i)^2$

回帰（モデル）平方和： $SSM(SSR) = SST - SSE = \sum_{i=1}^{n}(\hat{y}_i - \bar{y})^2$

平均二乗誤差： $MSE = \dfrac{1}{n-k}\sum_{i=1}^{n}(y_i - \hat{y}_i)^2$

決定係数： $r^2 = \dfrac{SSM}{SST} = 1 - \dfrac{SSE}{SST}$

計画（デザイン）行列 $X = \begin{pmatrix} 1 & 1 & 1 \\ 1 & 2 & 4 \\ 1 & 3 & 9 \\ 1 & 4 & 16 \\ 1 & 5 & 25 \end{pmatrix}$ ，応答ベクトル $y = \begin{pmatrix} 1 \\ 5 \\ 9 \\ 23 \\ 36 \end{pmatrix}$ が与えられているとし，IML を起動して，ステップごとに実行してみる．

Program 5.7.3.1

```
proc  iml ;
reset  print ;
```

● デザイン行列 X と応答ベクトルの入力

Program 5.7.3.2

```
x = {  1  1   1,
       1  2   4 ,
       1  3   9 ,
       1  4  16 ,
       1  5  25 } ;
y = { 1 , 5 , 9 , 23 , 36 } ;
```

- b を最小2乗法により計算する．

Program 5.7.3.3

```
b = inv ( x`* x ) * x`* y ;
```

Program 5.7.3.3 の出力

```
B      3 rows    1 col    (numeric)
                  2.4
                 -3.2
                   2
```

- b のパラメータ推定値を利用して，予測値を求める．

Program 5.7.3.4

```
yhat = x * b ;
```

Program 5.7.3.4 の出力

```
YHAT    5 rows    1 col    (numeric)
                   1.2
                   4
                  10.8
                  21.6
                  36.4
```

- 実測値と予測値の差（残差）を計算する．

Program 5.7.3.5

```
resid = y - yhat ;
```

Program 5.7.3.5 の出力

```
R      5 rows    1 col    (numeric)
                 -0.2
                  1
                 -1.8
                  1.4
                 -0.4
```

- SSE（誤差の平方和），DF（自由度）を求め，SSE (error sum of squares), MSE (mean squared error：平均二乗誤差) を計算する．ssq 関数は，行列のすべての成分の平方和を求める．また，SST ((corrected) total sum of squares), SSM (model sum of squares または regression sum of squares)，決定係数を求める．

Program 5.7.3.6

```
sse = ssq (resid) ;
df = nrow (x) − ncol(x) ;
mse = sse / df ;
sst = ssq ( y − y[ : ] ) ;
ssm = sst − sse ;
r2 = ssm / sst ;
```

Program 5.7.3.6 の出力（抜粋）

SSE	1 row	1 col	(numeric)
		6.4	
DF	1 row	1 col	(numeric)
		2	
MSE	1 row	1 col	(numeric)
		3.2	

ここで，誤差項 e は，平均 **0**，共分散行列 $\sigma^2 \mathbf{I}_n$ の仮定，すなわち，$\mathbf{e} \sim N_n(\mathbf{0}, \sigma^2 \mathbf{I}_n)$ をおく．

また，ここで，$\text{Cov}(\hat{\mathbf{b}}) = \sigma^2 (\mathbf{X}^T \mathbf{X})^{-1}$ である．

ハット行列 $\mathbf{H} = \mathbf{X}(\mathbf{X}^T \mathbf{X})^{-1} \mathbf{X}^T$ を用いて次のように求めることができる．

$\hat{\mathbf{y}} = \mathbf{H} \mathbf{y}$ ：予測値ベクトル

$\text{resid} = \hat{\mathbf{e}} = (\mathbf{I}_n - \mathbf{H})\mathbf{y}$ ：残差ベクトル

$SSE = \hat{\mathbf{e}}^T \hat{\mathbf{e}} = \mathbf{y}^T (\mathbf{I}_n - \mathbf{H}) \mathbf{y}$

$SST = \mathbf{y}^T \left(\mathbf{I}_n - \frac{1}{n} \mathbf{J}_n \right) \mathbf{y}$

$SSM = \left(\mathbf{H} - \frac{1}{n} \mathbf{J}_n \right) \mathbf{y}$

ここで，$\mathbf{I}_n$ は n 次の単位行列，$\mathbf{J}_n = \mathbf{1}_n \mathbf{1}_n^T = \{1\}$，すなわち，すべての成分が 1 の n 次の正方行列．$\mathbf{1}_n$ はすべての成分が 1 の $n \times 1$ ベクトル．

Program 5.7.3.7

```
x = { 1   1   1 ,
      1   2   4 ,
      1   3   9 ,
      1   4   16 ,
      1   5   25 } ;
y = { 1 ,  5 ,  9 ,  23 ,  36 } ;
n = nrow( x );
jjn = j ( n , n , 1 );
hat = x * inv( x` * x ) * x` ;
er = ( i ( n ) − hat ) * y;
sse = y` * ( i ( n ) − hat)* y ;
sst = y` * ( i ( n ) − ( 1 / n ) * jjn ) * y;
ssm = y` * ( hat − ( 1 / n ) * jjn ) * y ;
ss = ssm // sse // sst ;
```

```
dfm = ncol( x ) - 1 ;
dfe = nrow( x ) - ncol( x ) ;
dft = nrow( x ) - 1 ;
df = dfm // dfe // dft ;
msm = ssm / dfm ;
mse = sse / dfe ;
ms = msm // mse ;
fv = msm / mse ;
pv = 1 - cdf ( "f" , fv , dfm , dfe ) ;
r2 = ssm / sst ;
source = { "model" , "error   " , "total   " } ;
print   "ANOVA table"  ,,
   source   ss [ format = 10.3 ]   df   [ format = 4.0]   ms [ format = 10.2 ]
   fv [ format=6.2 ]   pv [ format=6.4 ] ;
rootmse = sqrt ( mse ) ;
print   mse [format = 10.4]   rootmse [format=10.4]   r2 [format=10.4] ;
bhat = inv( x`* x ) * x` * y ;
vb = mse * inv( x` * x );
seb = sqrt (vecdiag( vb ) ) ;
t = bhat / seb ;
pt = 2 * ( 1 - probt( abs( t ) , dfe ) ) ;
print   bhat [format=10.3]   ( j ( ncol( x ) , 1 ,1 ) )   seb [ format=10.3 ]
      t [format=10.3]   pt [format=10.5] ;
```

Program 5.7.3.7 の出力

ANOVA table

source	ss	df	ms	fv	pv
model	830.400	2	415.20	129.75	0.0076
error	6.400	2	3.20		
total	836.800	4.			

mse	rootmse	r2
3.2000	1.7889	0.9924

bhat		seb	t	pt
2.400	1	3.837	0.626	0.59548
−3.200	1	2.924	−1.094	0.38797
2.000	1	0.478	4.183	0.05267

NOTE: 同じことを REG プロシジャで行うには，次のプログラムを実行する．出力は省略．

Program 5.7.3.8
```
data ;
input  x1  x2  y ;
cards;
1   1   1
2   4   5
3   9   9
4  16  23
5  25  36
;
proc  reg ;
model  y = x1  x2 ;  run;
```

(5.7.4) 一要因分散分析

計画行列がフルランクでない分散分析のとき，一般化逆行列を用いて解析する．

ムーア・ペンローズ逆行列 $\mathbf{X}^+$ を用いると，$(\mathbf{X}^T\mathbf{X})^+\mathbf{X} = \mathbf{X}^+$ なので，以下の式で求まる．

$$\hat{\mathbf{b}} = (\mathbf{X}^T\mathbf{X})^+\mathbf{X}^T\mathbf{y} = \mathbf{X}^+\mathbf{y}$$

$$\mathbf{H} = \mathbf{X}(\mathbf{X}^T\mathbf{X})^+\mathbf{X} = \mathbf{X}\mathbf{X}^+$$

例 1 searle (2006) にある例を IML で行う．

a, b, c の 3 群のデータが次のように与えられている．

a	b	c
101	84	32
105	88	
94		

ここで，次のモデルを考える．

$$y_{ij} = \mu + \alpha_i + e_{ij},\ i=1,2,3,\ j=1,\ldots,n_i\ (n_1=3, n_2=2, n_3=1)$$

このとき，応答変数ベクトル $\mathbf{y}$, 計画行列 $\mathbf{X}$, パラメータベクトル $\mathbf{b}$, 誤差ベクトル $\mathbf{e}$ は，

5.7 統計への応用

$$\mathbf{y} = \begin{pmatrix} 101 \\ 105 \\ 94 \\ 84 \\ 88 \\ 32 \end{pmatrix}, \quad \mathbf{X} = \begin{pmatrix} 1 & 1 & 0 & 0 \\ 1 & 1 & 0 & 0 \\ 1 & 1 & 0 & 0 \\ 1 & 0 & 1 & 0 \\ 1 & 0 & 1 & 0 \\ 1 & 0 & 0 & 1 \end{pmatrix}, \quad \mathbf{b} = \begin{pmatrix} \mu \\ \alpha_1 \\ \alpha_2 \\ \alpha_3 \end{pmatrix}, \quad \mathbf{e} = \begin{pmatrix} e_{11} \\ e_{12} \\ e_{13} \\ e_{21} \\ e_{22} \\ e_{31} \end{pmatrix}$$

つまり，$\mathbf{y} = \mathbf{Xb} + \mathbf{e}$ と書くことができる．

Program 5.7.4.1

```
proc iml;
y = { 101 , 105 , 94 , 84 , 88 , 32 };
a = { 1 , 1 , 1 , 2 , 2 , 3 };
xp = design( a );
n = nrow( y );
x = j( n , 1 , 1 ) || xp ;
rankx = round( trace( ginv( x ) * x ) );
jjn = j ( n , n , 1 );
hat = x * ginv( x );
yhat = hat * y ;
er = ( i ( n ) - hat ) * y ;
sse = y` * ( i ( n ) - hat ) * y ;
sst = y` * ( i ( n ) - ( 1 / n ) * jjn ) * y ;
ssm = y` * ( hat - ( 1 / n ) * jjn ) * y ;
ss = ssm // sse // sst ;
dfm = rankx - 1 ;
dfe = nrow( x ) - rankx;
dft = nrow( x ) - 1 ;
df = dfm // dfe // dft ;
msm = ssm / dfm ;
mse = sse / dfe ;
ms = msm // mse ;
fv = msm / mse ;
pv = 1 - cdf( " f " , fv , dfm , dfe );
rootmse = sqrt( mse );
r2 = ssm / sst ;
source = { " model " , " error   " , " total   " };
print  " ANOVA table "  ,,
source  ss  [ format=10.3]  df  [format=4.0]  ms  [format=10.2]
    fv   [format=6.2]   pv [format=6.4] ;
print  mse [format=10.4]  rootmse [format=10.4]  r2  [format=10.4] ;
```

Program 5.7.4.1 の出力

	ANOVA table				
source	ss	df	ms	fv	pv
model	3480.000	2	1740.00	74.57	0.0028
error	70.000	3	23.33		
total	3550.000	5			

mse	rootmse	r2
23.3333	4.8305	0.9803

また，一般に $H_0 : \mathbf{H}^T \mathbf{b} = \mathbf{m}$ の線形仮説は，検定統計量 $F = \dfrac{num}{mse}$ を用いて行う．

$$num = (\mathbf{H}^T \hat{\mathbf{b}} - \mathbf{m})^T (\mathbf{H}^T (\mathbf{X}^T \mathbf{X})^- \mathbf{H})^{-1} (\mathbf{H}^T \hat{\mathbf{b}} - \mathbf{m}) / \mathrm{rank}(\mathbf{H})$$

$$\text{p-value} = P(F_{\mathrm{rank}(\mathbf{H}), n-\mathrm{rank}(\mathbf{X})} \geq F)$$

ここで，$\mathbf{H}^T$ は $q \times k$ 行列であり，フル行ランクで，$\mathbf{H}^T \mathbf{b}$ の各成分は推定可能でなければならない．

例 2 $H_0 : \alpha_2 - \alpha_3 = 0$ の検定

Program 5.7.4.2

```
h = { 0 , 0 , 1 , -1 } ;
rankh = round( trace( ginv( h ) * h ) ) ;
bhat = ginv( x ) * y ;
hb = h` * bhat ;
num = hb` * inv ( h`*ginv( x`* x ) * h ) * hb / rankh ;
fv = num / mse ;
pv = 1 - probf( fv , rankh , n - rankx ) ;
print   rankh   num [ format=10.4 ]   fv [ format=10.4 ]   pv [ format=10.4 ] ;
```

Program 5.7.4.2 の出力

rankh	num	fv	pv
1	1944.0000	83.3143	0.0028

次に，$H_0 : \begin{cases} \alpha_1 - \alpha_2 = 10 \\ \alpha_2 - \alpha_3 = 50 \end{cases}$，つまり，$H_0 : \begin{pmatrix} 0 & 1 & -1 & 0 \\ 0 & 0 & 1 & -1 \end{pmatrix}$, $\mathbf{b} = \begin{pmatrix} 10 \\ 50 \end{pmatrix}$ の検定をする．

Program 5.7.4.3

```
h = { 0  0,  1  0,  -1  1,  0  -1 };
m = { 10 , 50 };
rankh = round( trace( ginv( h ) * h ) );
bhat = ginv( x ) * y;
hb = h` * bhat ;
num = ( hb - m )` * inv( h` * ginv( x` * x) * h ) * ( hb - m ) / rankh ;
fv = num / mse;
pv = 1 - probf ( fv , rankh , n - rankx ) ;
print   rankh   num   [ format=10.4 ]   fv   [ format=10.4 ]   pv [ format=10.4 ] ;
```

Program 5.7.4.3 の出力

	rankh	num	fv	pv
	2	26.6667	1.1429	0.4276

NOTE: 次のプログラムは同様なことを行う ANOVA プロシジャである．

Program 5.7.4.4

```
data ;
input   method $   y ;
cards ;
a   101
a   105
a   94
b   84
b   88
c   32
;
proc   anova ;
class   method ;
model   y = method ;
run;
```

Program 5.7.4.4 の出力

ANOVA プロシジャ

従属変数：y

要因	自由度	平方和	平均平方	F 値	Pr > F
Model	2	3480.000000	1740.000000	74.57	0.0028
Error	3	70.000000	23.333333		
Corrected Total	5	3550.000000			

R2 乗	変動係数	Root MSE	y の平均
0.980282	5.750546	4.830459	84.00000

Anova

要因	自由度	平方和	平均平方	F 値	Pr > F
method	2	3480.000000	1740.000000	74.57	0.0028

5.8 SAS/IML プログラミング

(5.8.1) IML のプログラミングステートメント

IML のプログラミングは，DATA ステップと同様に IF/THEN–ELSE, DO ループなど，制御処理を行うことができる．

IML の制御ステートメント

制御	
条件式	if – then/else
グループ処理	do – end
繰り返し処理 （グループ処理）	do 変数 = 開始値 to 終了値 by 増分；
	do while
	do until
新しいステートメントへジャンプ	goto
実行中のステートメントの停止	stop
実行の停止と iml の終了	abort
実行中のモジュールの中断	pause

(5.8.2) if - then/else ステートメント

```
if 式 then ステートメント1；
else    ステートメント2；
```

式が真の場合は ステートメント1 を実行し，偽の場合は ステートメント2 を実行する．ただし，else ステートメントは必須ではない．

NOTE: 式に行列が含まれているときは，行列のすべての成分が評価され，各成分は1（真）か，0（偽）になる．条件式の行列の結果がすべて 0 でなく，欠損値でもない場合に，その条件は真となり，どれか 1 つの成分でも 0 であれば，偽となる．

例 行列 A の成分の値を評価する．行列 A のすべての成分が 0 より小さい値のときの処理と，行列 A のすべての成分が 2 以下の値のときの処理をプログラムする．

Program 5.8.2

```
proc  iml;
a = { 1  2,  -1  -3  };
if  a <0  then  a1 = abs (a);
else  a1 = a;
print  a1;
if  a <= 2  then  a2 = abs (a);
else  a2 = a;
print  a2;
quit;
```

Program 5.8.2 の出力

	a1	
	1	2
	−1	−3
	a2	
	1	2
	1	3

プログラムの解説

3行目：行列 A のすべての成分が 0 より小さい場合，a1=abs(a) を実行する．行列 A のすべての成分は，0 より小さくないため，then に続く処理は，実行されない．

6行目：行列 A のすべての成分が 2 以下の場合，a2=abs(a) を実行する．行列 A のすべての成分は，2 以下のため，then に続く処理が実行される．

NOTE: （ⅰ） 次の 2 つの式は同じ結果となる．all 関数は，すべての成分を確認する．また，any 関数は，どれか 1 つの成分の真偽による．all 関数との違いに注意．

    if a<0   then a1= abs(a); else a1=a;
    if all (a<0) then a3= abs(a); else a3=a;
    if any (a<0) then a4= abs(a); else a4=a;

（ⅱ） 以下を実行する．

    reset spaces= 5;
    print a (a< 0) (a<=2);

すると，条件式の結果の行列が次のようになっていることがわかる．

    0   0   1   1
    1   1   1   1

また，

    print (all(a<0)) (any(a<0));

を実行して条件式の結果が次であることがわかる．

    0   1

(5.8.3)　do ステートメント

(ⅰ)　グループ処理

複数のステートメントを 1 つのグループとして処理するには，do と end ステートメントの間にステートメントを記述する．do と end ステートメントは対にする必要がある．

グループ処理の do - end ステートメントの基本構文

```
    do ;
        ステートメント ;
        ・・・・・・・
    end ;
```

例 複数のステートメントをまとめて 1 つのグループとして処理をする[5].

Program 5.8.3.1

```
x = floor (10 * uniform(0) ) + 1 ;
y = floor (10 * uniform(0) ) + 1 ;
if  x < y  then
do ;
    z1 = y ;   z2 = x ;
end ;
else  do ;
    z1 = x ;   z2 = y ;
end ;
print  x  y  ,,  z1  z2 ;
```

Program 5.8.3.1 の出力

x	y
5	9
z1	z2
9	5

プログラムの解説

> 3 行目の x < y の条件を満たすとき，4～6 行目の複数のステートメントを処理する．条件を満たさないときは，7～9 行目のステートメントを処理する．
> どちらの場合も，複数のステートメントを処理するため，do - end ステートメントを記述する．

（ⅱ） 繰り返し処理

変数の値を初期値から終値まで増加（または，減少）しながら，do と end ステートメント間のステートメントを繰り返し実行する．

繰り返し処理の do と end ステートメントの基本構文

```
    do  変数 = 初期値 to 終値 < by 増分値 > ;
        ステートメント ；
        ・・・・・・・
    end ;
```

---

[5] これ以降，明示されていない場合は，proc iml ; がすでに実行（サブミット）されているとする．quit ; を実行（サブミット）するまでは，IML 実行中である．

5.8 SAS/IML プログラミング

例 1 平均 1, 標準偏差 3 の正規乱数を成分とする 5×3 行列とそれらの平均を出力する.

Program 5.8.3.2

```
seed = 12345 ;
z = j ( 5, 3, 1 ) ;
do  i  =  1  to  5 ;
   do  j  =  1  to  3 ;
      z[ i , j ] = 1 + 3 * normal ( seed ) ;
   end ;
end ;
print  z  [ format= 10.5 ]  ,,  ( z[ : ] ) ;
```

NOTE: 次のように do ループを使用せずに, 正規乱数を発生させることもできる.

```
z1 = 1 + 3 * normal ( j ( 5, 3, 12345 ) ) ;
print  z1  ;
```

Program 5.8.3.2 の出力

	z	
0.87106	0.70004	0.26952
0.33322	1.22060	2.49810
−3.56356	3.37540	2.71662
1.52713	−3.33082	2.34662
−0.93256	6.09743	1.09425
	1.0148681	

例 2 $s_{n+1} = \dfrac{1}{2}\left(s_n + \dfrac{a}{s_n} \right)$ とおくと, $\lim_{n \to \infty} s_n = \sqrt{a}$

100 回の繰り返しを行って, 結果を sqrt 関数の値と比べる.

Program 5.8.3.3

```
a = 2 ;
x = a / 2 ;
do   i = 1 to 100 ;
     x = ( x + a / x ) / 2 ;
end ;
```

```
n = i - 1 ;
print "n=" n ,," root" a " = " x [ format =16.13 ] ;
z = sqrt( a ) ;
print "sqrt (" a ") =  " z [ format = 16.13 ] ;
```

Program 5.8.3.3 の出力

	n=	100
root	2=	1.4142135623731
sqrt(	2)=	1.4142135623731

5.9 IML モジュール

(5.9.1) モジュール

いくつかのステートメントをまとめて，関数やサブルーチンを作成することができる．これらを SAS ではモジュールとよぶ．

モジュールの作成は，start ステートメントと finish ステートメントの間に実行するプログラムを指定して定義をする．作成するモジュール名は，start ステートメントに指定する．

モジュールの定義

> **start** 　名前　<(引数リスト)>　　< **global** (引数リスト)> ；
> 　　　　プログラム
> **return** (引数) ；
> **finish** 　<名前> ；

NOTE:
（ⅰ）名前を省略した場合は，MAIN という名前がデフォルトでつけられる．
（ⅱ）global 句に指定した変数は，モジュール内で利用した変数の値をモジュール外で利用することができる．

モジュールの実行は，run または call ステートメントにモジュール名を指定する．

モジュールの実行

> **run**　モジュール名 <(引数リスト)> ；
> **call** 　モジュール名 <(引数リスト)> ；

NOTE:
　run ステートメントの場合，次の優先順位となる．
　　　1. ユーザー定義モジュール
　　　2. IML 組み込み関数，サブルーチン
　call ステートメントの場合，次の優先順位となる．
　　　1. IML 組み込み関数，サブルーチン
　　　2. ユーザー定義モジュール

例　平方根を求める sq モジュールを作成する．sq モジュールには，平方根を求める数値を引数で与える．

Program 5.9.1

```
start   sq(a);
  asqrt = sqrt ( a );
  print " sqrt  of  " a " = " asqrt;
finish   sq;


run    sq(4);
call    sq(5);
```

Program 5.9.1 の出力

	a	asqrt
sqrt　of	4　=	2

	a	asqrt
sqrt　of	5　=	2.236068

(5.9.2)　ユーザー関数

ユーザー定義関数の start – finish ステートメントの基本構文

```
start   関数名 （引数リスト） < global （引数リスト）> ;
        プログラム
        ・・・・・
return   （引数）;
finish   <名前>;
```

NOTE:　名前を省略した場合は，MAIN という名前がデフォルトでつけられる．

　作成した関数の実行は，SAS 関数と同様に次のように用いる．
　　　　　変数名 = 関数名（引数）;

例 離散型分布の期待値と分散を求める関数を作成する．

$\mathbf{x}$ を確率変数 X の取る値を成分にもつ $n \times 1$ ベクトル，$\mathbf{p}$ を対応する確率を成分にもつ $n \times 1$ ベクトルとする．期待値と分散は，それぞれ次式で表される．

$$E(X) = \sum_{i=1}^{n} x_i p_i = \mathbf{x}^T \mathbf{p}$$

$$\mathrm{Var}(X) = E(X^2) - (E(X))^2 = \sum_{i=1}^{n} x_i^2 p_i - (E(X))^2$$

期待値は ex 関数，分散は varp 関数という名前で作成する．

Program 5.9.2.1
```
start   ex( x , p );
c = x` * p;
return( c );
finish;
start   varp( x , p );
x2 = x ##2;
c = x2` * p - ( x`* p ) ##2;
return( c );
finish;
```

（ⅰ）Xの確率分布が次で与えられているとする．

X	1	3	−2	4
確率	0.2	0.1	0.4	0.3

このとき，期待値 $E(X)$=0.9，分散 $\mathrm{Var}(X)$=6.69．

Program 5.9.2.2
```
p = { 0.2 , 0.1 , 0.4 , 0.3 };
x = { 1 , 3 , -2 , 4 };
evalue = ex ( x , p );
varp = varp ( x , p );
print   evalue   varp;
```

Program 5.9.2.2 の出力

evalue	varp
0.9	6.69

（ⅱ） $n=10, p=0.4$ の二項分布の期待値 $E(X)=4$, 分散 $Var(X)=2.4$.

Program 5.9.2.3

```
reset   noprint ;
n = 10   ;   p= 0.4 ;
x = 0 : n ;
pxx = pdf ( "binomial" , x , p , n ) ;
print    ( x` ) ( pxx` ) [ format = 10.5 ] ;
z1 = ex ( x` , pxx` ) ;
z2 = varp ( x` , pxx` ) ;
print   z1   z2 ;
```

Program 5.9.2.3 の出力

0	0.00605
1	0.04031
2	0.12093
3	0.21499
4	0.25082
5	0.20066
6	0.11148
7	0.04247
8	0.01062
9	0.00157
10	0.00010

z1	z2
4	2.4

(5.9.3) 引数なしのモジュール

引数なしのモジュールでは，IML で定義された行列などがそのまま参照される．

回帰分析における統計量を求める部分をモジュール化してみる．モジュールの実行は，run ステートメントで行う．regress モジュールを作成する．

Program 5.9.3.1

```
start   regress ;                    /***** regress モジュールの作成開始 */
beta = solve( t(x) * x , t(x) * y ) ;         /*   パラメータ推定値   */
 yhat = x * beta ;                            /*   予測値   */
 resid = y - yhat ;                           /*   残差   */
 sse = ssq ( resid ) ;                        /*   sse (平均平方)   */
```

```
    n = nrow( x );                          /*  サンプルサイズ  */
    df = nrow( x ) - ncol( x );             /*  誤差の自由度    */
    mse = sse/df;                           /*  mse             */
    cssy = ssq( y - sum( y ) / n );         /*  修正済誤差の平方和 */
    rsquare= ( cssy - sse ) / cssy;         /*  R-Square        */
    print  , "Regression Results ",         /*  出力            */
        sse  df  mse  rsquare;

    stdb = sqrt( vecdiag( inv( t(x) * x ))* mse );   /* 推定値の標準誤差 */
    t= beta / stdb;                         /*  t 値            */
    prob=1 - probf(t#t,1,df);               /*  p 値            */

    print,"Parameter Estimate",,  beta  stdb  t  prob;
    print,  y  yhat  resid;
    finish  regress;                        /**** regress モジュールの作成終了 ***/
```

行列 X を定義して，regress モジュールを実行する．

Program 5.9.3.2

```
x={ 1 1 1, 1 2 4, 1 3 9, 1 4 16, 1 5 25 };
 y={1, 5, 9, 23, 36};
reset  noprint;
run  regress;                       /* regress モジュールの実行 */
```

Program 5.9.3.2 の出力

Regression Results

sse	df	mse	rsquare
6.4	2	3.2	0.9923518

Parameter Estimate

beta	stdb	t	prob
2.4	3.8366652	0.6255432	0.5954801
-3.2	2.923794	-1.094468	0.387969
2	0.4780914	4.1833001	0.0526691

y	yhat	resid
1	1.2	-0.2
5	4	1
9	10.8	-1.8
23	21.6	1.4
36	36.4	-0.4

付　録

5A　print ステートメント

行列をアウトプットウィンドウに表示する．

> **print** *行列名* <"メッセージ"> < [オプション] >;

オプション：

colname={リスト}	列ラベルを表示する．
format= フォーマット	*w.d* 小数点を含めた全 *w* 桁，小数点以下 *d* 桁
label=" ラベル "	行列にラベルを表示する．
rowname={リスト}	行ラベルを表示する．
（ 式 ）	式を評価した結果
ポインター	コンマ（,）は改行，/ は改ページなど

NOTE:
（ⅰ）print ステートメントで指定しないとデフォルトでは変数に値を代入しても何も表示されない．
　　　（章末付録 5B「reset ステートメント」を参照．）
（ⅱ）リストはカンマ（,）で区切られていても，空白で区切られていてもよい．

例　（ⅰ）出力の桁数を指定する．

Program 5A.1

```
proc iml ;
a = { 123.456789    123456.78 } ;
print "a=" a [format=7.4] ,,
 "a + 1000 = " ( a+1000 )  [format=8.4] ;
```

Program 5A.1 の出力

```
        a=    123.457   123457
   a + 1000 =    1123.457 124456.8
```

（ⅱ）それぞれの行や列にラベルをつける．

Program 5A.2

```
ma={1  2  3  4,5  6  7  8, 0 -1 -2.4 -3.123};
print ma;
rn = { a , b , c } ;
```

```
    print    ma  [ rowname=rn ];
cn={c1   c2   c3   c4};
    print    ma [rowname=rn   colname=cn   format=5.3   label="Matrix ma"];
```

Program 5A.2 の出力

```
                    ma
        1        2        3        4
        5        6        7        8
        0       -1      -2.4    -3.123

                    ma
    A   1        2        3        4
    B   5        6        7        8
    C   0       -1      -2.4    -3.123

                Matrix ma
           C1       C2       C3       C4
    A    1.000    2.000    3.000    4.000
    B    5.000    6.000    7.000    8.000
    C    0.000   -1.00    -2.40    -3.12
```

プログラムの解説

3行目：rn = {a b c} のリストはカンマ (,) で区切られていても，空白で区切られていてもよい．
リストの文字列がクォートで囲まれていないときは大文字で表示される．
例えば，rn = {"a" b c} のときは，a, B, C という文字になる．

4行目：ma 行列の行ラベルとして，rn 行列の値を表示する．
rowname= オプション colname= オプションには，要素を波カッコ { } に直接指定できる．
　　print ma [rowname = { a b c }];

5B　reset ステートメント

出力に関する処理を設定する．多くのオプションは，NO を接頭辞につけて，処理を切り替える．

reset <オプション>；

reset ステートメントのオプション：

print	行列の定義や計算時に，自動的にアウトプットウィンドウに行列の内容を出力する．
noprint	デフォルト．行列の定義や計算時に，自動的に内容を出力しない．
autoname	行と列に，ラベル ROW1, ROW2, ... や COL1, COL2, ... を表示する．
noautoname	デフォルト．行と列に ROW や COL のラベルを表示しない．
center	デフォルト．出力位置をページの中央に揃えて出力する．
nocenter	出力位置を左に揃えて出力する．

fuzz <=*数値*>	小さい値を0と表示する．指定した数値の絶対値より小さい値は，0を表示する．fuzz に数値を指定しない場合，デフォルト値として1E-12の絶対値と比較する．
nofuzz	デフォルト．小さい値も表示する．
fw= *数値*	表示するフィールド幅を指定する．デフォルトはd = 9．
spaces= *数値*	行列の要素間の空白の数．デフォルトは1．autoname が指定されている場合は，デフォルトは4．
name	デフォルト．print ステートメントで行列を表示するときに，行列の名前やラベルを表示する．
noname	行列の名前やラベルは表示しないで，要素だけを表示する．

例 科学表記（E を使った指数表記）の数値を入力する．

Program 5B

```
proc iml;
reset noprint;
a={ 1e-13  1e-12  1e-11  1e-10
    123456789012345  1234567890123456 };
print a;
reset fuzz fw=15 nocenter;
print a;
reset nofuzz fw=12 center;
print a;
show options;
ma={1 2 3 4, 5 6 7 8, 0 -1 -2.4 -3.123};
reset autoname;
print ma;
```

NOTE:
（ⅰ） reset オプションは次の reset オプションを設定するか，IML を終了するまで有効．
（ⅱ） show options; で現在の設定を表示することができる．

Program 5B の出力

```
                           a
         1E-13      1E-12      1E-11      1E-10 1.2346E14    1.2346E15
                           a
          0          0        1E-11      1E-10 123456789012345  1.2345678901E15
```

<pre>
                                         a
                     1E-13   1E-12   1E-11   1E-10 1.2345679E14   1.2345679E15
                              Options: noautoname center noclip
                       deflib=WORK （C:¥Users¥yosizawa¥AppData¥Local¥Temp¥SAS）
                                  nodetails noflow nofuzz fw=12
                            imlmlib=SASHELP.IMLMLIB linesize=80 nolog
                           name pagesize=68 noprint noprintall spaces=1
                              userlib=WORK.IMLSTOR （not open）
                                              ma
                     COL1   COL2   COL3   COL4
         ROW1   1   2   3   4
         ROW2   5   6   7   8
         ROW3   0   −1   −2.4   −3.123
</pre>

5C mattrib ステートメント

複数の行列を関連づけして，出力する．

mattrib ステートメントの構文

> **mattrib** *行列名* ＜**rowname=** *行の名前*＞ ＜**colname=** *列の名前*＞
>   ＜**label=** *ラベル*＞ ＜**format=** *フォーマット*＞ ；

例 行列 A と B に行と列の名前をつけて，出力する．

Program 5C.1

```
reset   autoname ;
rows  =  'Tokyo1'  :  'Tokyo3' ;
print   rows ;
cols = {Jan  Feb  Mar  Apr  May };
print   cols ;
A={  1  1  1  ,  2  2  2  ,  3  3  3};
B={ 0.1  0.2  0.3  , 1.01  0.02  0.03  ,  0  1  10};
mattrib   A  rowname=rows    colname=cols    label={'matrix A'}
          B  label = {'matrix B'}  format=6.3 ;
print   A  ,,  B ;
```

プログラムの解説

2行目: *値1*:*値2* は，*値1*から*値2*までの連番を与える ((5.2.6) 参照).
8行目: mattrib ステートメントの rowname= は，行列 A の行の名前を rows 行列, colname= で，列の名前を cols 行列から割り当てる．colname=cols は，1～3列の3つの値を利用する．
10行目: print ステートメントの ,, (2つのカンマ) は，空白を1行挿入する．

Program 5C.1 の出力

```
                    rows
            COL1    COL2    COL3
    ROW1    Tokyo1  Tokyo2  Tokyo3


                    cols
        COL1   COL2   COL3   COL4   COL5
ROW1    JAN    FEB    MAR    APR    MAY

                matrix  A
            JAN         FEB         MAR
Tokyo1      1           1           1
Tokyo2      2           2           2
Tokyo3      3           3           3


                matrix  B
            COL1        COL2        COL3
ROW1        0.100       0.200       0.300
ROW2        1.010       0.020       0.030
ROW3        0.000       1.000       10.000
```

列名に Mar Apr May を割り当てるには，cols[3:5] と指定する．Program 5C.1 に続けて実行する．

Program 5C.2

```
mattrib  A  rowname = ( rows [ 1 : 3 ] )
    colname = ( cols [ 3 : 5 ] )
    label = { 'matrix A of  Mar , Apr , May' }
    format = 5.2  ;
print A ;
```

Program 5C.2 の出力

```
        matrix A of Mar, Apr, May
            MAR     APR     MAY
Tokyo1      1.00    1.00    1.00
Tokyo2      2.00    2.00    2.00
Tokyo3      3.00    3.00    3.00
```

5D submit, endsubmit ステートメント

IML 実行中の途中に一般的な SAS プログラムを実行する submit と endsubmit ステートメントの使用例を紹介する．この 2 つのステートメントにより，IML を終了することなく，IML 実行中に一般的な SAS プログラムを挿入，および，実行し，プログラム終了後，IML に戻ることができる．

Program 5D.1 は，IML のプログラムに一般的な SAS プログラムを実行する一例である．

Program 5D.1

```
proc iml;
indep = {15 43 31 22 32   3 21 34 45 66 56 19}`;
dep= {5 4 1 2 2 2 3   7 5 14 16 9   }`;
print  indep  dep;
create   ds var {"indep", "dep"};
append;
close ds;

submit;
proc   means   data=ds noprint;
  var  indep  dep;
  output   out=outds    mean(indep)=meanx    mean(dep)=meany ;
run;
endsubmit;

use outds;
read all var {"meanx","meany"};
close outds;
print  meanx   meany ;

submit;
proc sgplot data=ds;
title "SGPLOT";
reg y=dep    x=indep;
run;
endsubmit;
```

プログラムの解説

2, 3 行目：最初に indep と dep 横ベクトルを生成し，成分の最後に転置 (`) があるため，最終的に縦ベクトルを作成する．

4 行目： print ステートメントにより，2 つのベクトルが Table 5D.1 に表示される．

5～7 行目： create ステートメントで，indep, dep 変数をもつ，ds データセットが作成される．

9～14 行目： submit ステートメントから，endsubmit ステートメントの間のステートメントは，一般的な SAS プログラムを実行する．ここでは，IML で作成した ds データセットを利用し，MEANS プロシジャを実行して，indep, dep 変数の平均値を outds データセットに保存する．endsubmit ステートメントで，一般的な SAS プログラムの実行が IML 内で終了される．

16 行目： IML モードに戻り，生成した outds データセットを利用する．

16～19 行目： meanx, meany 変数のすべての値を読み込み出力する（Table 5D.2 を参照）．

21～26 行目： IML 実行中に，再度，一般的な SAS プログラムを実行できるモードにする．ds データセットを利用し，y, x 変数に dep, indep 変数の回帰直線付き散布図を作成する．その後，26 行目の endsubmit ステートメントにおいて，IML モードに戻る．

Table 5D.1

indep	dep
15	5
43	4
31	1
22	2
32	2
3	2
21	3
34	7
45	5
66	14
56	16
19	9

Program 5D.1の結果

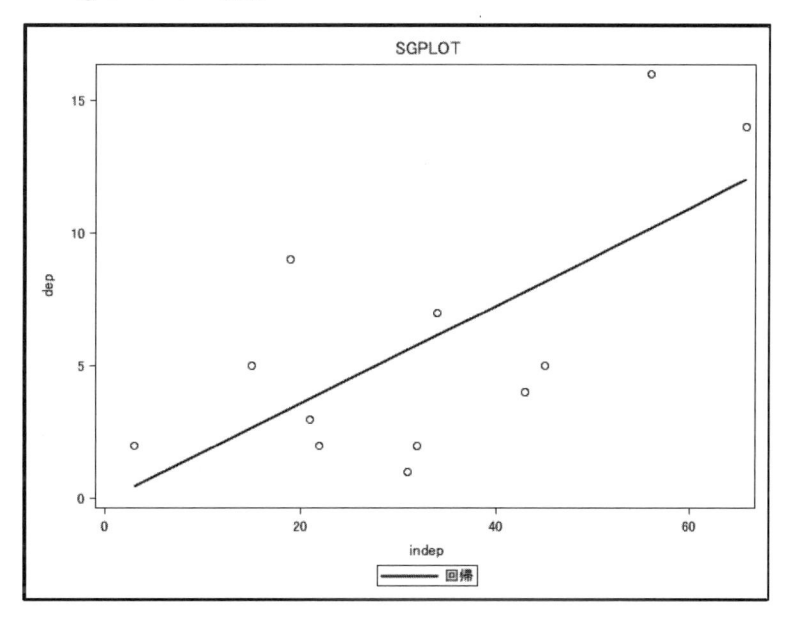

Table 5D.2

meanx	meany
32.25	5.8333333

第5章　演習

IMLを用いて，次の演算を行う．

(ex5.1)　次の行列について結果を求めよ．

$$A = \begin{pmatrix} 1 & 1 & -1 \\ 2 & 1 & 0 \end{pmatrix}, \quad B = \begin{pmatrix} 3 & 1 & 2 \\ 2 & 0 & -4 \end{pmatrix}, \quad C = \begin{pmatrix} 2 \\ 5 \end{pmatrix}$$

(i)　A+B，A−B

(ii)　AとBを横方向に連結した行列とその1行目のベクトル

(iii)　AとBを縦横方向に連結した行列とその3列目のベクトル

(iv)　$D = AB^T$

(v)　Dの行列式

(vi)　Dのトレース

(vii)　Dx=Cとなるベクトル x

(ex5.2)　行列Aの逆行列と行列式の値を計算する．また，行列Aの対角成分を，diag関数を利用して取り出す．

$$A = \begin{pmatrix} 2 & 1 & 1 & 1 & 1 \\ 0 & 1 & 1 & -1 & 0 \\ 1 & 0 & 1 & 2 & 0 \\ 1 & 1 & -1 & 1 & 2 \\ 1 & 1 & 1 & 2 & 1 \end{pmatrix}$$

(ex5.3)　$x = (3\ 4\ 5\ 6\ 7\ 8)^T$，1_6をすべての成分が1の6×1のベクトル，Jをすべての成分が1の6×6行列，Iを6次の単位行列とする．また，C=I−J/6とする．次を求めよ．

(i)　$(1_6^T 1_6)^{-1} x^T 1_6$

(ii)　$x^T C$

(iii)　$x^T C 1_6$

(iv)　$x^T C x$

(ex5.4) 連立1次方程式の解を求めよ．

$$2x_1 + x_2 + 3x_3 + 4x_4 = 2$$
$$3x_1 + 2x_2 + 5x_3 + 2x_4 = 12$$
$$3x_1 + 4x_2 + x_3 - x_4 = 4$$
$$-x_1 - 3x_2 + x_3 + 3x_4 = -1$$

(ex5.5)

　　線形モデル　$y = Xb + e$

　y：応答変数のベクトル，観測値，X：デザイン行列，b：未知パラメータ，e：誤差　とする．

　　b の最小2乗推定値は　$\hat{b} = (X'X)^{-1}X'y$
　　予測値は　　　　　　　$\hat{y} = X\hat{b} = X(X'X)^{-1}X'y$
　　残差は　　　　　　　　$y - \hat{y} = y - X\hat{b}$　　　　　で表せる．

デザイン行列 $X = \begin{pmatrix} 1 & 0 & 0 & 0 \\ 1 & 0 & 0 & 1 \\ 1 & 1 & 0 & 0 \\ 1 & 0 & 1 & 0 \\ 1 & 1 & 0 & 1 \\ 1 & 0 & 1 & 1 \end{pmatrix}$，応答ベクトル $Y = \begin{pmatrix} 0 \\ 0 \\ 1 \\ 1 \\ 2 \\ 3 \end{pmatrix}$ が与えられているとき，以下を求めよ．

(i)　$\hat{b}$，予測値，残差を求めよ．

(ii)　$H = X(X'X)^{-1}X'$

(iii)　$K = Y'(I - H)Y$

(ex5.6)　IML を利用して，1 から 100 までの値をもつ行列の分散を求める uvar モジュールを作成せよ．

　分散は，次の式から求める．　$u^2 = \dfrac{1}{n-1} \sum_{i=1}^{n}(x_i - \overline{x})^2$

IML のプログラムと求めた分散の値を示せ．

(ex5.7)　次のプログラムは異なったサンプリングを行うものである．
Help を用いてそれぞれのサンプリングの方法を調べよ．

```
proc iml;
  call randseed(0);
```

```
data='A1' : 'A7';
p={0.3, 0.3, 0.1, 0.05, 0.05, 0.1, 0.1};
rdata=ranperm(data);
rsamp5=ranperk(data, 5);
rs1=sample(data, 5,"replace", p);
rs2=sample(data, 5,"wor");
rsampb=ranperm({A B C D}, 2);
 print data, rdata,  rsamp5, rs1, rs2,  rsampb;
quit;
```

巻末付録

A 出力に関する設定（プリファレンスダイアログ）

SASのウィンドウを各自の好みにカスタマイズしたり，出力結果，Webなどを用途に合わせて設定したりするウィンドウが，プリファレンスダイアログである．ここでは，出力に関する便利ないくつかの設定を紹介する．

プリファレンスダイアログは，［ツール］→［オプション］→［プリファレンス］を選択して起動する．

Picture A.1　プリファレンスダイアログの全般タブ

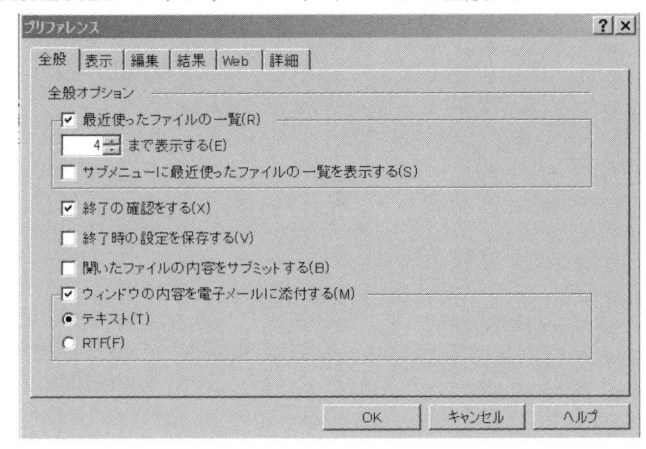

A.1　結果タブ

結果タブでは，SASプログラムの実行結果の出力について設定する．

Picture A.1.1

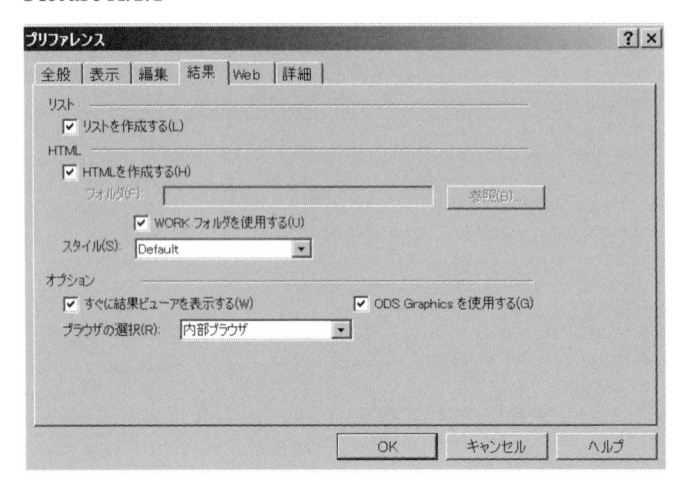

- リストの項目の「リストを作成する」をチェックすると，リスト形式（テキスト出力ともよぶ）のアウトプットウィンドウに実行結果を表示する．デフォルトでは，選択されていないため，HTML形式の出力で，アウトプットウィンドウには表示されない．
- HTMLの項目の「HTMLを作成する」をチェックすると，HTML形式の出力が表示される．デフォルトは，HTML形式の出力である．

Picture A.1.2　HTMLのスタイルのプルダウンメニュー

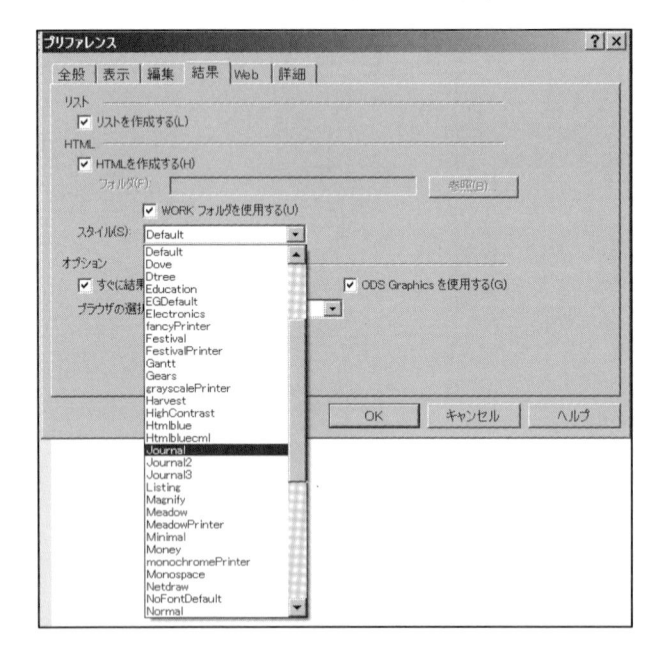

　HTMLに含まれる，スタイルのプルダウンメニューを選択すると，HTMLの出力スタイルがリストされる．

　スタイルは，HTML出力で使用する色，フォント，フォントサイズ，数表の罫線の種類や有無などを含む，見栄えを提供するテンプレートである（スタイルは，TEMPLATEプロシジャで作成され，用途や雰囲気により，それぞれのスタイルに名前がついている）．

　デフォルトは，Defaultスタイルが選択されている．スタイルの変更後に実行したプログラムの結果から，選択したスタイルが適用される．

いくつかの便利なスタイルとその特徴は，次のとおりである．

スタイル	特徴
Default	SAS のデフォルトスタイル．
Analysis	数表は罫線あり．見やすい出力．グラフはカラー表示．
grayscalePrinter	数表，グラフはグレースケール出力．数表は罫線あり．簡素で見やすい出力．
Journal1, Journal2, Journal3	グレースケールまたは，白黒の出力．グラフも同様．数表は罫線なし．HTML から Excel へのエクスポートが早い．
Normal, NormalPrinter	フォントが小さく，コンパクトで見やすい出力．数表はカラー罫線あり．
MeadowPrinter	フォントが小さく，コンパクトで見やすい出力．数表はカラー罫線あり．
Minimal	簡素な出力．数表は罫線あり．HTML から Excel へのエクスポートが早い．
monocromePrinter	数表は白黒，簡素で見やすい出力．数表は罫線あり．
Printer	数表は罫線あり．簡素で見やすい出力．
RTF	コンパクトで見やすい出力．罫線あり．
sasdocPrinter, statdoc	罫線なし．
SerifPrinter	コンパクトで見やすい出力．数表は罫線なし．
sansPrinter	数表は罫線あり．
Statistical	フォントが小さく，コンパクトで見やすい出力．数表はグレーの罫線あり．

NOTE: version 9.3 で提供しているスタイルの特徴である．異なるバージョンでは，変更の可能性がある．

Picture A.1.3　ブラウザ選択のプルダウンメニュー

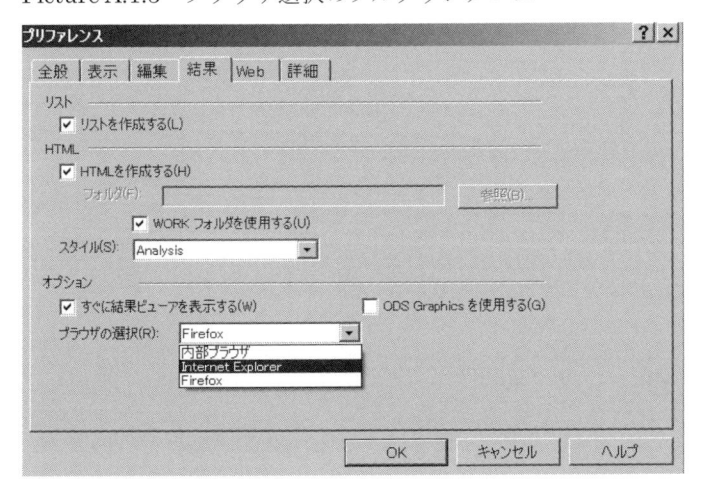

オプションにある「ブラウザの選択」リストは，SAS の内部のブラウザ（デフォルト）に結果を出力するか，外部にブラウザを起動して出力をするかを選択する．

「ODS Graphics を使用する」をチェックすると，ODS グラフをサポートしているプロシジャの実行時に，自動的にグラフを生成する．

B SASバッチモード

DATAステップやPROCステップを含むSASプログラムをWindows版SASのバッチジョブ[1]で実行するには，メニューから実行する方法と，コマンドプロンプトなどにSASコマンドを記述して，実行する方法がある．

バッチジョブで実行するSASプログラムは，.sasまたは，.sasv7bpgmの拡張子をつけたファイル名で作成する．

B.1 メニューから実行する

メニューからバッチモードで実行するには，SASプログラムが書かれたファイル上で，マウスの右ボタンをクリックして表示されるポップアップメニュー[2]から，「バッチサブミット」を選択する．

Picture B.1.1　SASプログラムのポップアップメニュー

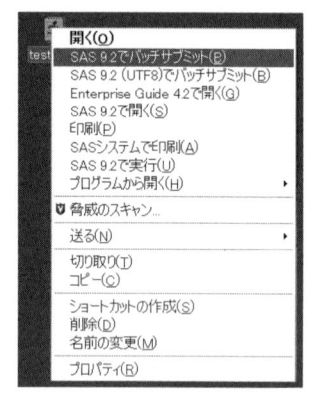

バッチモードでSASプログラムが実行されると，実行したファイルと同じフォルダに実行ログと分析結果や集計表などの出力が保存される．

実行ログは，SASプログラム名に.log拡張子がついたファイル名で保存され，結果出力はSASプログラム名に.lst拡張子がついたファイル名で保存される．SASプログラムの実行が終わると，SASは自動的に終了する．

Picture B.1.2　バッチジョブのステータスウィンドウ

バッチモードを実行すると，バッチジョブステータスウィンドウが表示される．ウィンドウには，バッチジョブとして実行したSASプログラム名，ログと実行結果の出力先が表示される．ステータスウィンドウは，SASバッチジョブが終了すると，自動的にクローズされる．

---

[1] SASをバッチモードで実行するには，Windowsのシステム環境変数のPATH変数にSASシステムをインストールしたディレクトリのフルパスを加えておくとよい．コマンドプロンプトで，どのディレクトリからでもsas.exeを実行できるようになる．PATHに加えていない場合は，SASをインストールしたディレクトリに移動してからsas.exeを実行するか，sas.exeのフルパスをSASコマンドに指定する．PATH変数は，Windowsの［コントロールパネル］→［システム］→［詳細設定］の「環境変数」で編集する．

[2] インストールした環境によっては，ポップアップメニューにSAS関連のメニューが含まれない場合がある．その場合は，SASコマンドでバッチジョブを実行する．

B.2 SAS コマンドで実行する

　SAS コマンドで実行するには,「ファイル名を指定して実行」ウィンドウ,または,コマンドプロンプトに,SAS コマンド (sas.exe) を指定する.SAS プログラムを含むファイルは,–sysin システムオプションに指定する.

　例えば,mysaspgm.sas を実行するには,–sysin オプションにファイル名と保存先のフォルダを指定する.

　　　　　sas.exe　　–sysin　　"c:¥sas_pgm¥mysaspgm.sas"

　sas.exe の代わりに,例えば,次のように SAS システムをインストールした保存場所を,ドライブ名からのフルパスで指定してもよい.

　　　　　"C:¥Program Files¥SAS¥SASFoundation¥9.2¥sas.exe"
　　　　　　　　　–sysin　　"c:¥sas_pgm¥mysaspgm.sas"

NOTE:　sas.exe のフルパスや –sysin オプションに SAS プログラム名を指定する場合,前後をダブルクォート (") で囲む.パスやファイル名に特殊文字(カッコなど)を含む場合は,ダブルクォート (") を利用すること.

Picture B.2.1　「ファイル名を指定して実行」ウィンドウから SAS バッチジョブを実行

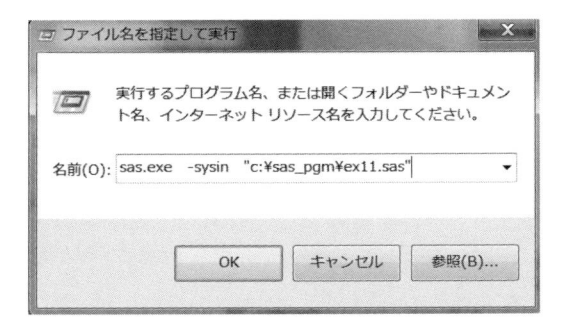

　実行結果はデフォルトで,現在のフォルダとよばれるグラフや html 出力が保存されるフォルダ(例:'Documents and Settings¥ユーザ' や 'Users¥ユーザ' など)に保存される.実行ログは実行した SAS プログラム名に .log 拡張子,出力は SAS プログラム名に .lst 拡張子をつけたファイルに保存される.

　実行結果やログ[3]を指定したファイルに保存するには,SAS プログラムで PRINTTO プロシジャを用いるのが便利である.

---

[3] sas.exe コマンドに –log オプションを指定してもよい.例 1 では,PRINTTO プロシジャの log= オプションに指定せずに,sas.exe　–log　"C:¥sasrand¥log¥sasrand_log.txt" と指定することもできる.

例 1 実行結果を c:¥sasrand¥sasrand_out.txt，ログを c:¥sasrand¥log¥sasrand_log.txt に保存するバッチ用の SAS プログラム（c:¥sas_pgm¥mysaspgm.sas）を作成する．乱数から生成したデータセットは，指定したフォルダに保存しておく．

Program B.2.1（c:¥sas_pgm¥mysaspgm.sas の内容）

```
proc  printto    print ="c:¥sasrand¥sasrand_out.txt"
                 log = "c:¥sasrand¥log¥sasrand_log.txt"   NEW  ;

libname  sasdat   "c:¥sasrand";
options  ls= 64  ps= 500  nodate ;

data  sasdat.ranuni100  ( drop=i ) ;
do  i = 1  to  100 ;
  r= ranuni( i ) ;
  output;
end ;
run ;
title "Report by &sysuserid on &sysdate9 &systime";
proc  means  data= sasdat.ranuni100 ;
run ;
proc  printto ;  run ;
```

プログラムの解説

1, 2 行目： print= と log= オプションに，保存先のファイルを指定する．NEW オプションは，ログや出力を上書きする．
4 行目： 生成したデータセットを保存するライブラリ参照名を割り当てる．
5 行目： 出力先のラインサイズや 1 ページの行数，日時の非表示を設定する．
7 行目： sasdat ライブラリ（c:¥sasrand）に ranuni100 データセットを保存する．
13 行目： 自動マクロ変数で，ユーザー名，実行日時をタイトルに出力する．
16 行目： proc printto; は，保存先をリセットし，デフォルトの出力先に戻す．

例 2 Windows バッチファイルの作成

 sas_test.bat ファイルを作成してみる．.bat 拡張子のファイルは，Windows のバッチファイルとして認識されるため，ファイルのダブルクリックだけで実行することができる．このため，.bat 拡張子をもつファイルに SAS コマンドを記載しておくと，バッチジョブの実行に大変便利である．

sas_test.bat ファイルの内容

```
sas.exe  –sysin  "c:¥sas_pgm¥mysaspgm.sas"
```

B.3 SAS バッチジョブの中止

実行中の SAS バッチジョブを中止するには，ステータスウィンドウ（Picture B.1.2 を参照）で，[キャンセル]ボタンをクリックするか，キーボードから Ctrl ボタンと Break ボタンを同時に押して，実行中のジョブを停止させる．

B.4 バッチジョブの再実行

SAS のバッチジョブが，実行の途中で強制的に終了した場合，バッチジョブの再実行で，SAS プログラムの途中から実行することができる．

バッチジョブを途中から再実行するには，チェックポイントモードを使用して，実行の履歴を保存しておく必要がある．再実行時に，保存した履歴情報を参照して，実行が途中であったプログラムから開始される．すでに実行が完了した DATA ステップや PROC ステップは再実行されない．バッチジョブ終了時に実行していた SAS プログラムから再開される．

例 1 work ライブラリをチェックポイント情報の保存先とする再実行ライブラリとして割り当て，バッチモードを実行する．

Program B.4.1

```
sas.exe  –sysin  'c:¥sasfolder¥mysas1.sas'  –stepchkpt  –noworkterm
  –noworkinit  –errorcheck  strict  –errorabend
```

NOTE: SAS コマンドは，ファイル名を指定して実行ウィンドウから，または，コマンドプロンプトから実行する．

例 2 チェックポイント情報を保存する再実行ライブラリを指定する．

Program B.4.2

```
sas.exe  –sysin  'c:¥sasfolder¥mysas1.sas'  –stepchkpt
  –stepchkptlib  mylibref
  –errorcheck  strict  –errorabend
```

NOTE: mysas1.sas の最初のステートメントで，*mylibref* ライブラリを定義する．

再実行は次のように指定する．チェックポイント情報の保存先により，再実行の方法は異なるため，注意すること．

例 3 work ライブラリに保存したチェックポイント再実行データを参照して，再実行するときは，次のように指定する．

Program B.4.3

```
sas.exe   –sysin  'c:¥sasfolder¥mysas1.sas'  –stepchkpt   –steprestart
 –noworkinit    –noworkterm
–errorcheck  strict   –errorabend
```

例 4 チェックポイント情報をユーザー指定ライブラリに保存してあるときは，次のようにバッチモードを再実行する．*mylibref* ライブラリを参照してみる．

Program B.4.4

```
sas.exe  –sysin  'c:¥sasfolder¥mysas1.sas'   –stepchkpt    –steprestart
   –stepchklib  mylibref   –errorcheck  strict   –errorabend
```

例 5 チェックポイント情報を参照せずに，常に DATA ステップや PROC ステップを実行したい場合，SAS プログラムの最初に，次のステートメントを追加しておくとよい．

　　　　　　　CHECKPOINT　EXECUTE_ALWAYS　;

バッチモードのシステムオプション：

STEPCHKPT	チェックポイントモードを有効にする．
STEPRESTART	チェックポイント再実行モードを有効にする．チェックポイントデータが示すプログラムから，再実行するモードである．
STEPCHKPTLIB= *libref*	チェックポイントデータを保存するライブラリを指定する．デフォルトは work ライブラリ．
NOWORKINIT	直前の SAS セッションの work 作業ライブラリを利用して，SAS を開始する．
NOWORKTERM	SAS 終了時に work 作業ライブラリの内容を保存する．
ERRORCHECK　STRICT	LIBNAME, FILENAME, %INCLUDE, LOCK ステートメントでエラーが発生したときに，構文チェックモードにする．ERRORCHECK=STRICT が設定され，LIBNAME, FILENAME ステートメントでエラーが発生した場合，SAS は終了する．
ERRORABEND	エラーが発生した場合，SAS を終了する．

C SAS Enterprise Guide

　SAS Enterprise Guide (EG) とは，SAS が提供するさまざまな機能を直感的，かつ，視覚的なインターフェースで利用する SAS システムのポータル的アプリケーションである．作成したい数表やグラフ，データ解析などをメニューから選択することにより，変数や分析の手法，グラフの種類などを含むさまざまな SAS プログラムが自動的に生成され，簡単に出力を得ることができる．

　次のウィンドウのイメージ (Picture C.1) は，survey データセット[4] (survey.sas7bdat ファイル) の処理の一例である．Enterprise Guide (EG) で，グラフ作成，記述統計量，回帰分析，クエリを行い，その処理の結果が右側のプロセスフローにアイコンで表示された．このプロセスフローを保存すると，次回の EG のセッションでも，結果などを見ることもできる．

Picture C.1

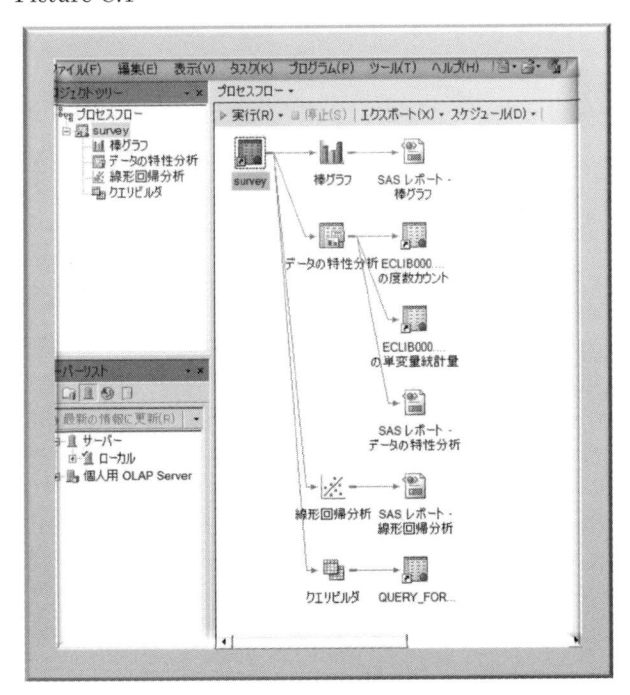

[4] survey データセットは，Program 1.1.2.4, Program1.2.1.1, Program1.2.1.4 を実行しておくこと．

C.1 SAS Enterprise Guide を使う

C.1.1 SAS データセットを使う

　SAS Enterprise Guide (EG) の起動は SAS データセットをクリックして起動する方法と，スタートメニューから起動をする方法がある．

(C.1.1.1)　SAS データセットをダブルクリックして，SAS EG を起動する

　survey データセットをダブルクリックすると，SAS Enterprise Guide に survey データセットがスプレットシートに表示されて，起動される（注意：環境設定によっては，起動されない場合もある）．脚注 1 のように，SAS セッションごとに SAS データセットを作成することもできるが，データファイルの場所がわかりにくいときがあるので，survey データセットを，フォルダを指定できる永久データセットとカタログに保存しておくことを勧める．例えば，次のプログラムを実行しておくのがよい．

例　survey データセットとカタログを永久データセットとカタログをライブラリ（ここでは，eg. つまり，libname で指定したフォルダ"c:¥mysas"）に保存する．

```
libname   eg "c:¥mysas";
data    eg.survey;
  set   survey;
run;
proc  format lib=eg;
 value   scfmt 1="大変満足"  2="満足" 3="普通" 4="不満足" 5="大変不満" ;
 value   careerfmt 1="就職"  2="進学" 3="教員" 4="その他" ;
run;
data   eg.survey ;
set   eg.survey;
format sc scfmt.　career   careerfmt. ;
run;
```

NOTE:　SAS 終了後，次の SAS セッション開始後，以下のプログラムを実行して，survey データセットの保存先とフォーマットカタログの参照先を割り当てること．survey 永久データセット使用時には，参照先のフォルダを libname でライブラリ名を設定する（ここでは，eg）．

```
libname   eg   "c:¥mysas";
options   fmtsearch=( eg ) ;
proc   print   data=eg.survey   ;
run;
```

Picture C.1.1.1　surveyデータセットの表示

surveyデータセットがスプレッドシートで表示されるが，シートの上部には，「フィルタと並べ替え」，「クエリビルダ」，「データ」，「記述統計」，「グラフ」などのデータ操作やグラフ，分析を行うメニューが表示される．

(C.1.1.2) エクスプローラのポップアップメニューから，SAS EG を起動する

Picture C.1.1.2

エクスプローラに表示された SAS データセット（survey.sas7bdat）にマウスを合わせて，マウスの右ボタンで選択して表示されるポップアップメニューから，Enterprise Guide を起動する．指定した SAS データセットが Enterprise Guide のスプレッドシートに表示される．Picture C.1.1.1 と同じ画面が起動される．

(C.1.1.3) メニューから SAS EG を起動する

［スタート］→［すべてのプログラム］→［SAS］→［SAS Enterprise Guide］を選択する．この段階では，データセットは選択されていない．（Picture C.1.1.3 を参照．）

（ⅰ）プロジェクトの作成

Enterprise Guide の起動後，新規作成にある「新規プロジェクト」を選択する．

Picture C.1.1.3

左側のプロジェクトツリーにプロセスフローのエリアが表示される．このプロセスフローエリアには，使用したデータセットや，作成したグラフ，集計表，データのサブセット（SQL）などの作業履歴が，プロセスフロー（流れ図）として，表示，および，保存される．

（ⅱ）使用する SAS データセットを指定する

［ファイル］→［開く］→［データ…］を選択する．

「データを開く」ウィンドウの左のリストから，survey データセットがあるフォルダやネットワーク，サーバーの場所を選択し，survey データセットを選択する．

survey データセットが選択されると，survey データセットの内容が，右側にスプレッドシート形式で表示される．データ上部には，Picture C.1.1.1 と同様にデータ処理を行うためのクエリビルダ，グラフ，記述統計量，分析などのメニューがあり，メニューから変数の役割や分析の手法を選ぶことにより，SAS プログラムが自動的に生成され，出力が得られる．

NOTE: データセットの作成されたフォルダは proc contents などで確かめることができる．ライブラリに保存したときは，data= ライブラリ名.データセット名 の 2 レベルで指定する．

- eg ライブラリ保存時の確認

    proc contents data=eg.survey; run;

または，

- work ライブラリ保存時の確認

    proc contents data=survey; run;

アウトプットのファイル名でフルパスが表示される．

"c:¥mysas" をライブラリ eg に割り当てたときの proc contents の出力でのファイル名

C:¥mysas¥survey.sas7bdat

work ライブラリ保存時の proc contents の出力でのファイル名

C:¥Users¥*user*¥AppData¥Local¥Temp¥SASTemporaryFiles¥_TD7860_DT7500_¥survey.sas7bdat

C.1.2 Excel ファイルから読み込む

［スタート］→［すべてのプログラム］→［SAS］→［SAS Enterprise Guide］を選択する．この段階では，データセットは選択されていない．

c:¥sas_study フォルダにある student.xls ファイルから health check シートを読み込んでみる[5]．

（ⅰ） プロジェクトの作成

Enterprise Guide の起動後，新規作成にある「新規プロジェクト」を選択する．

（ⅱ） Excel ファイルの読み込み

メニューから，［ファイル］→［データのインポート］を選択する．フォルダにあるファイル一覧から，student.xls ファイルを選択する．読み込むファイルは，マイコンピュータやサーバーなどからディレクトリを選択して，student.xls を指定する．

---

[5] C.1.2 から C.1.6 までは health データセットをもとに説明する．

Excel データ以外のファイル形式（例えば，csv 形式，Access，テキストデータなど）のデータも読み込むことができる．ファイル形式は，画面下の「ファイルの種類」から指定する．

Picture C.1.2.1 「データのインポート」ウィンドウ

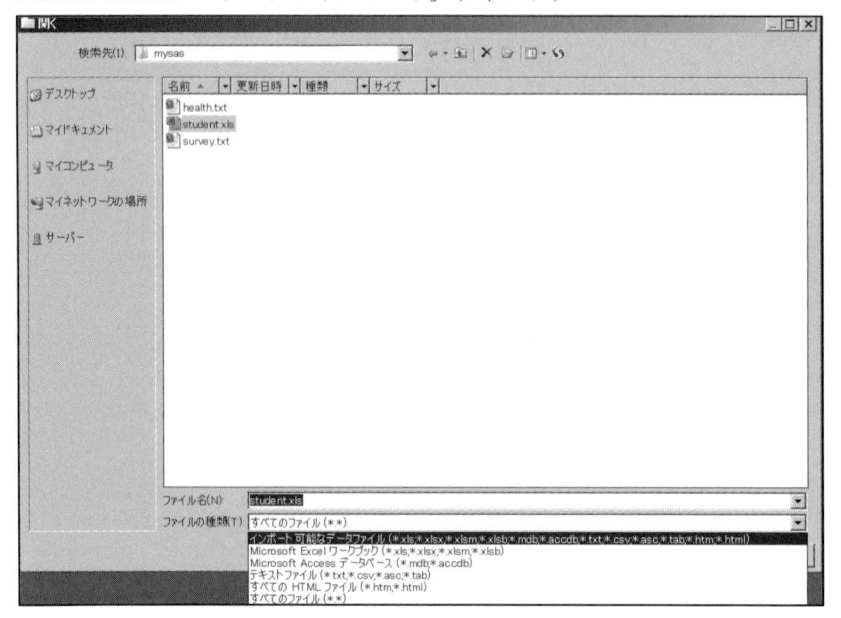

student.xls を選択し，［開く］ボタンをクリックすると，次の画面（Picture 1/4）が表示される．ここで，［次へ］ボタンを選択する．

Picture 1/4 「データの指定」ウィンドウ

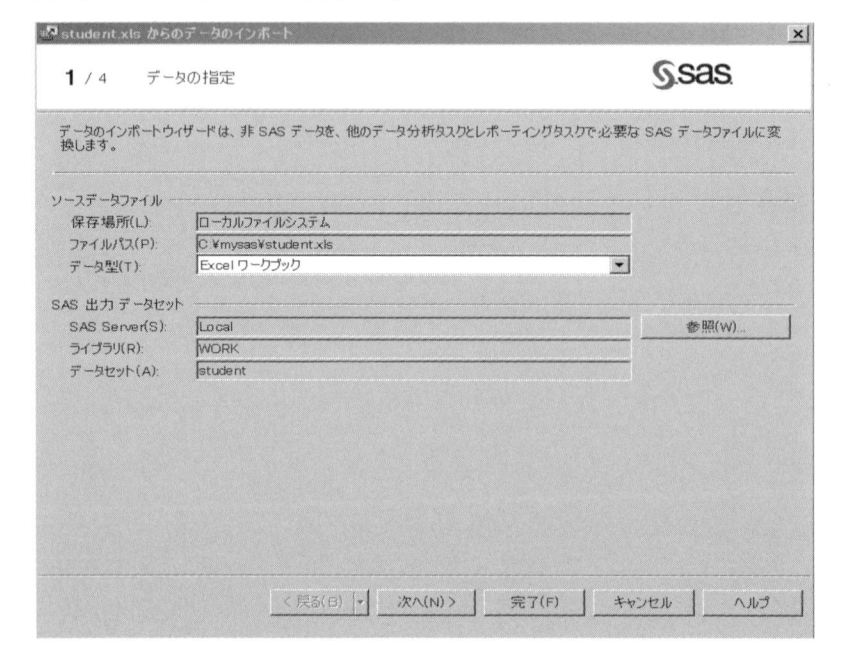

［次へ］ボタンを選択し，Picture 2/4「データソースの選択」ウィンドウの「範囲の選択」から，health check シートを選択する．また，「範囲の先頭行にフィールド名が挿入されている」にチェックを入れ，先頭の行を変数名として使用する．指定後，［次へ］ボタンを選択する．

Picture 2/4 　「データソースの選択」ウィンドウ

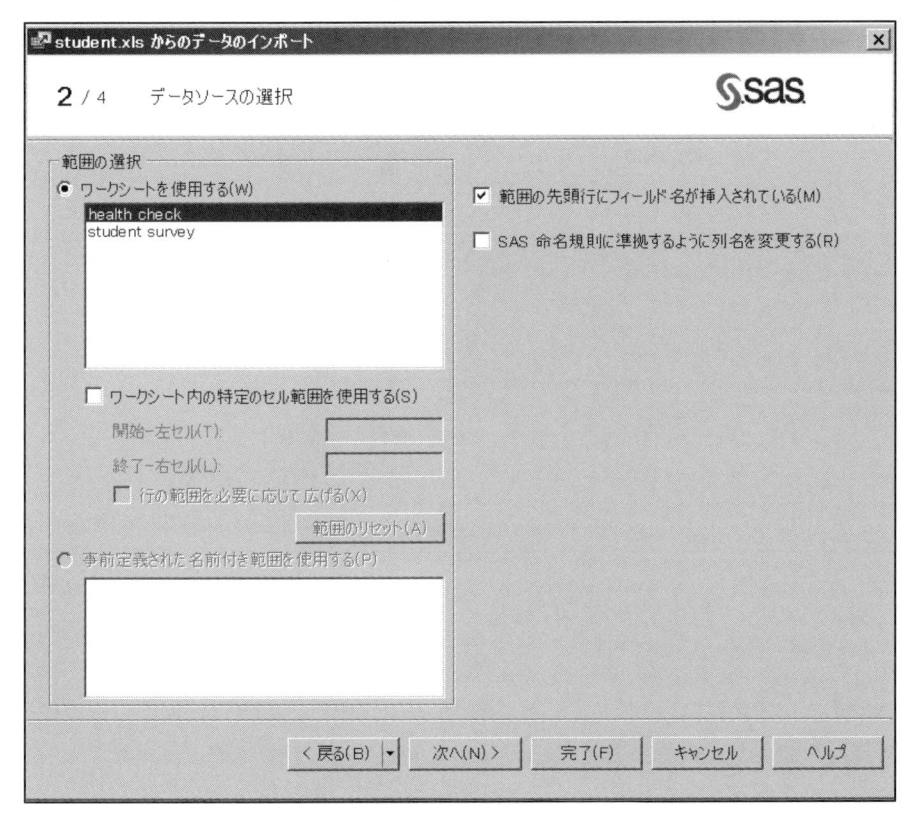

Picture 3/4「フィールド属性の定義」ウィンドウで，変数のラベルをそれぞれ，age="年齢", gender="性別", height="身長", weight="体重", sleeping="睡眠時間", smoking="喫煙歴", nsmoking=" 1 日の喫煙本数" へ変更する．

種類を id だけを文字列にし，それ以外を数値にする．変更はプルダウンメニューから行える．変数ラベルと種類を変更後，［次へ］ボタンを選択する．

Picture 3/4 「フィールド属性の定義」ウィンドウ

Picture 4/4「詳細設定」ウィンドウより，[完了] ボタンを選択する．

Picture 4/4 「詳細設定」ウィンドウ

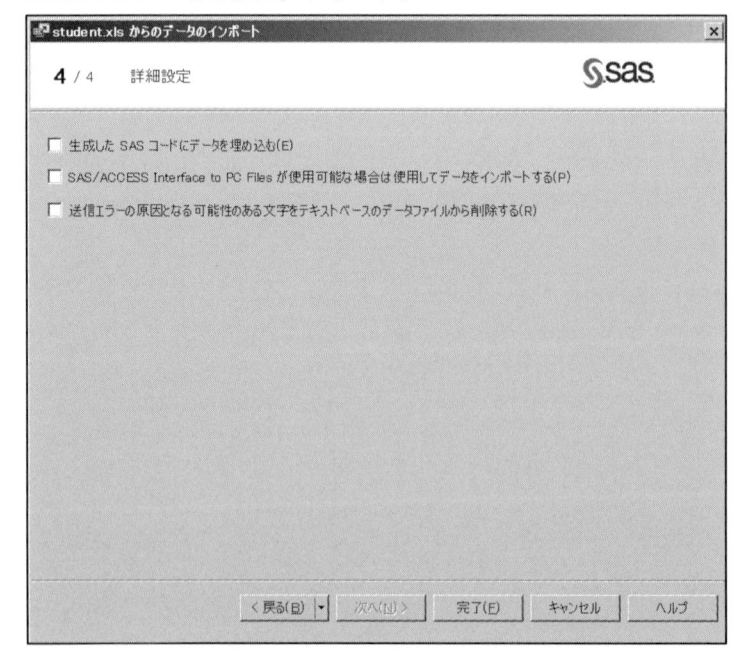

メニュー「ファイル」から「エクスポート」→「student.xls からインポートされたデータのエクスポート...」を選択すると，特定のフォルダに SAS データセットとして（ここでは，health.sas7bdat を）保存し，EG 終了後でも参照することができる．

次回から EG の起動後，[ファイル] → [開く] を利用する．

Picture C.1.2.2　エクスポートメニュー

「エクスポート」ウィンドウで，保存先とファイル名を指定する．ここで指定したフォルダとファイル名を次回の EG 起動後に指定し使用する．

Picture C.1.2.3　「エクスポート」ウィンドウ

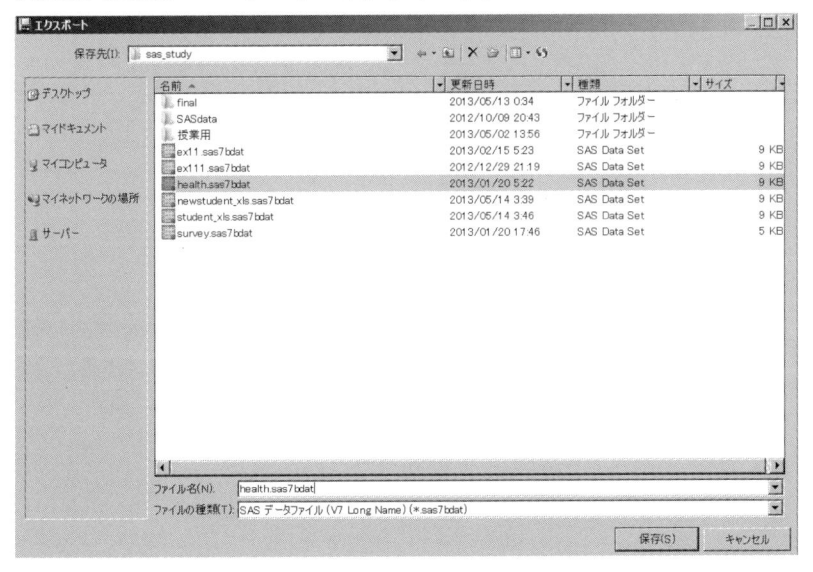

C.1.3 データを直接入力する

(i) プロジェクトの作成

Enterprise Guide の起動後，新規作成にある「新規プロジェクト」を選択する．［ファイル］→［新規作成］→［データ］を選択する．「名前と場所の指定」ウィンドウが開く．

Picture 1/2 「名前と場所の指定」ウィンドウ

作成するデータセットの名前（例えば，health）を入力し，［次へ］ボタンを選択する．

(ii) データの入力

作成する列の名前を指定し，そのプロパティを指定する．作成する変数の種類（数値か，文字），読み込み形式など，列のプロパティの右側のボタンから選択する．変数と変数ラベルなどを入力後，［完了］ボタンを選択する．

Picture 2/2 「列の作成とプロパティの指定」ウィンドウ

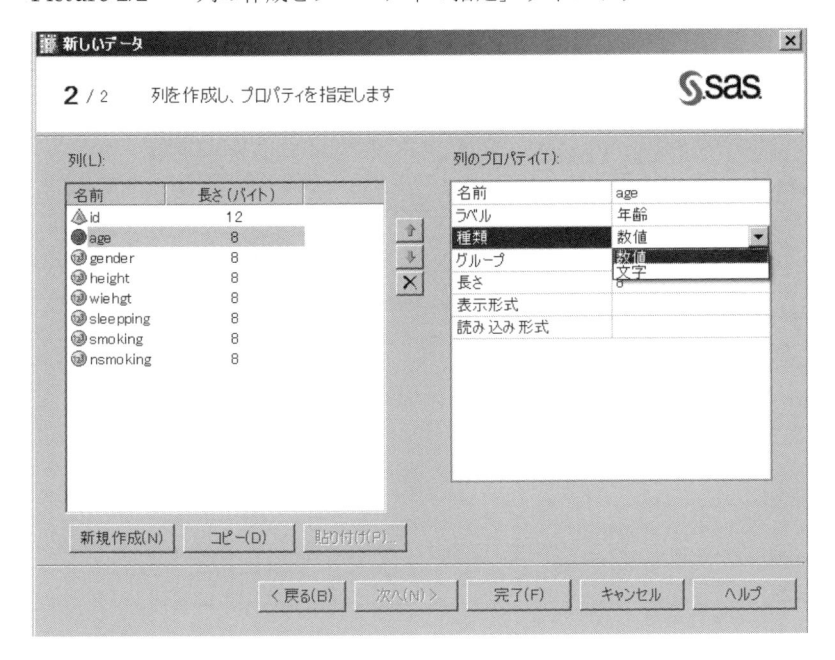

実際のデータを下記のように入力する．

Picture C.1.3 データの入力

C.1.4 フォーマットの設定

(i) フォーマットの作成

メニュー「タスク」→［データ］→［出力形式の作成］を選択する．

Picture C.1.4.1 「出力形式の作成」ウィンドウ

オプション→出力形式名を genderfmt,
　　　　　出力形式の種類を数値,
　　　　　サーバーを local,
　　　　　ライブラリを sasuser（work にすると終了と同時に定義は削除される）と入力する．

Picture C.1.4.2 「出力形式の定義」ウィンドウ

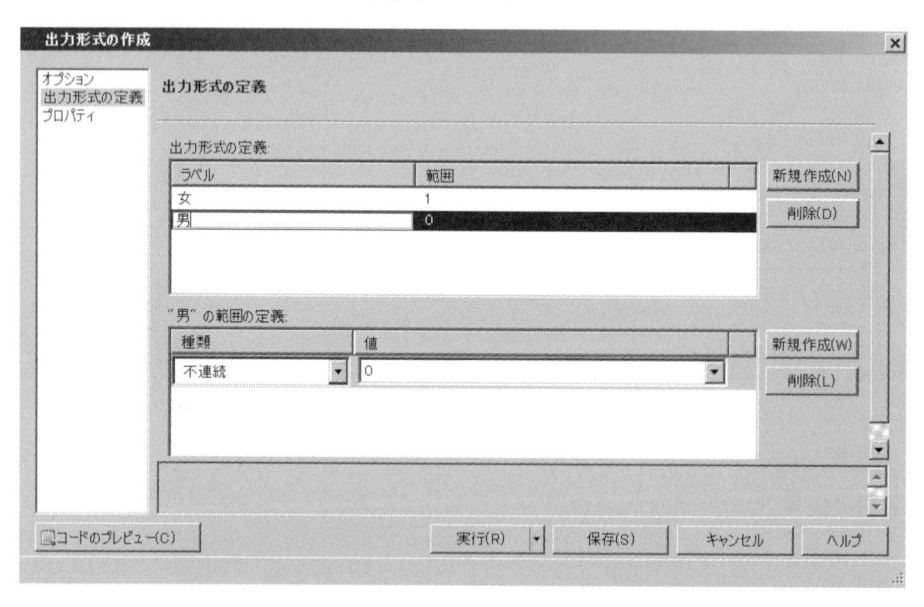

左側の「出力形式の定義」をクリックし，上の表「出力形式」の右側の［新規作成］ボタンをクリ

ックする．

0を男，1を女と表示するには，Picture C.1.4.2 で次のように入力する．

  ラベル 1 を女

 下の表の「"女"の範囲の定義」

  種類は不連続

  値を 1

 上の表「出力形式」の右側の［新規作成］をクリック

  ラベル 2 を男

 下の表の「"男"の範囲の定義」

  種類は不連続

  値を 0

入力後，［実行］ボタンをクリックする．

同様に smkfmt も設定する．0 を喫煙歴なし，1 を喫煙と指定する．

（ii）フォーマットの適用

作成したフォーマットを適用するには，次の順に指定する．

［ファイル］→［開く］→ フォルダーから「health.sas7bdat」を選択する．

［編集］→「データの保護」のチェックを外す．

 gender → プロパティ

 gender 列をクリックし，右クリックでメニューから「プロパティ」を選択する．

Picture C.1.4.3 gender 変数の右クリック時のメニュー

出力形式のカテゴリから「ユーザー定義」を選択，出力形式から「genderfmt.」を選択 →［OK］を選択する．

Picture C.1.4.4 「出力形式」ウィンドウ

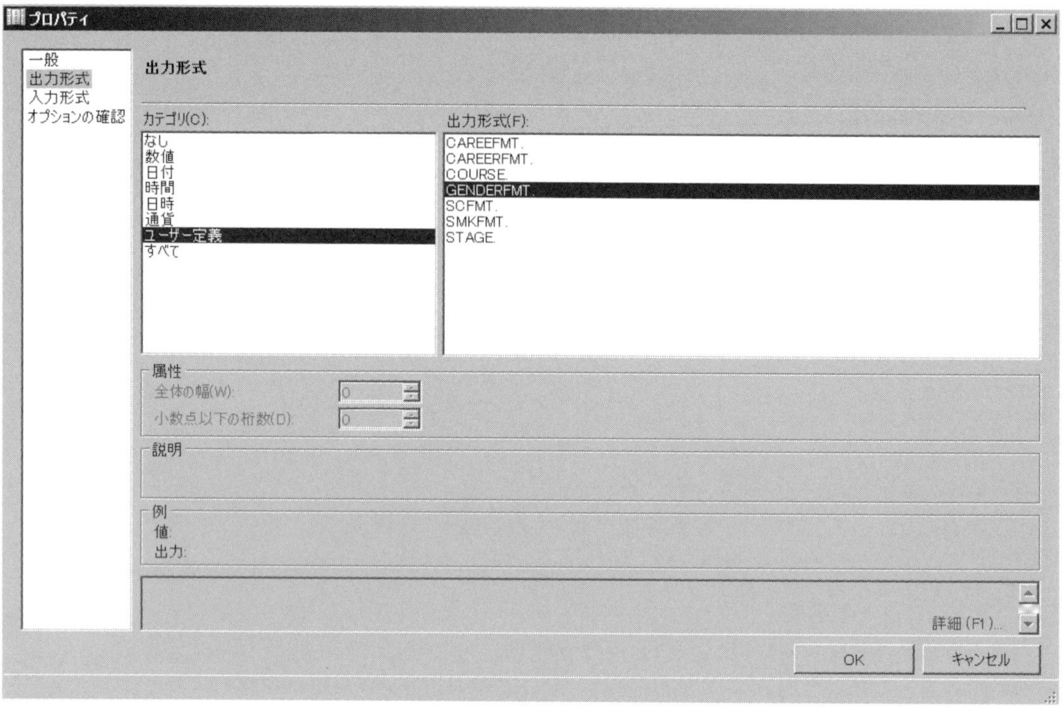

次のようにして，smoking 変数も同様に出力形式を指定する．

smoking →プロパティ（右クリック）

出力形式のカテゴリから「ユーザー定義」を選択，出力形式から「smkfmt.」を選択→［OK］ボタンを選択する．

出力形式の設定が終わると，gender と smoking 変数の値がラベルで表示される．

Picture C.1.4.5 出力形式設定後のデータシート

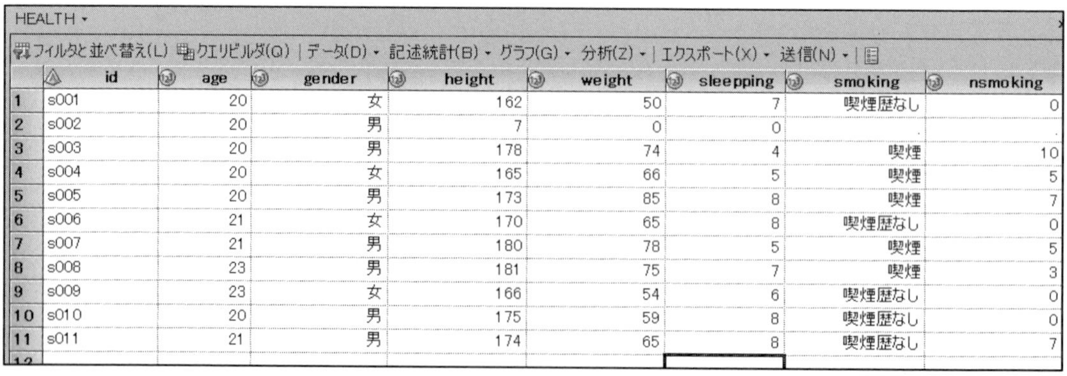

	id	age	gender	height	weight	sleepping	smoking	nsmoking
1	s001	20	女	162	50	7	喫煙歴なし	0
2	s002	20	男	7	0	0		.
3	s003	20	男	178	74	4	喫煙	10
4	s004	20	女	165	66	5	喫煙	5
5	s005	20	男	173	85	8	喫煙	7
6	s006	21	女	170	65	8	喫煙歴なし	0
7	s007	21	男	180	78	5	喫煙	5
8	s008	23	男	181	75	7	喫煙	3
9	s009	23	女	166	54	6	喫煙歴なし	0
10	s010	20	男	175	59	8	喫煙歴なし	0
11	s011	21	男	174	65	8	喫煙歴なし	7

C.1.5 新しい変数の作成（クエリビルダ）

helathデータセットの上部にある「クエリビルダ」をクリックし，新しい計算列の追加アイコンをクリック（または，メニューの「計算列」をクリック）する．

Picture C.1.5.1　クリエビルダウィンドウ

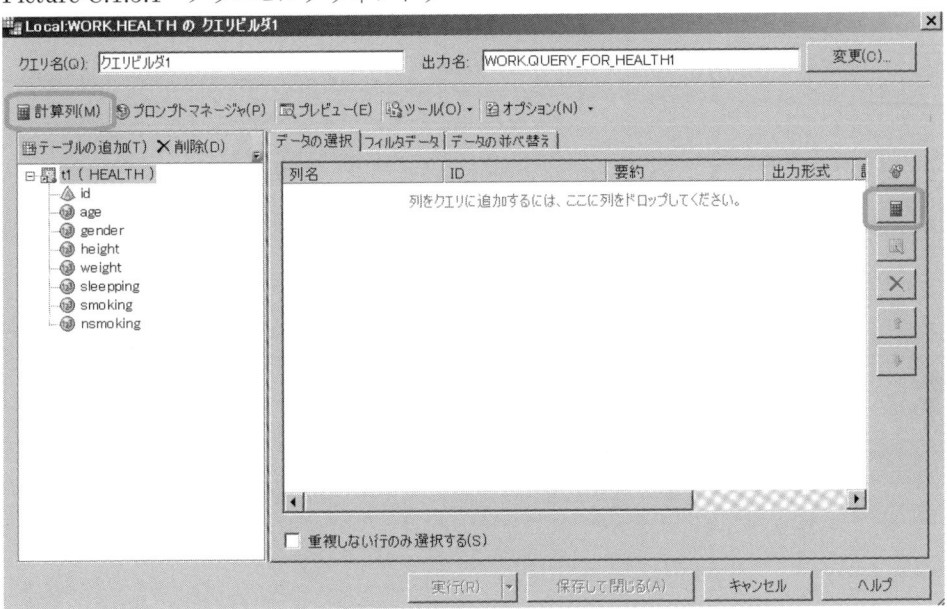

Picture 1/4「種類の選択」ウィンドウで「高度な式」をチェック→［次へ］ボタンを選択する．

Picture 1/4　「種類の選択」ウィンドウ

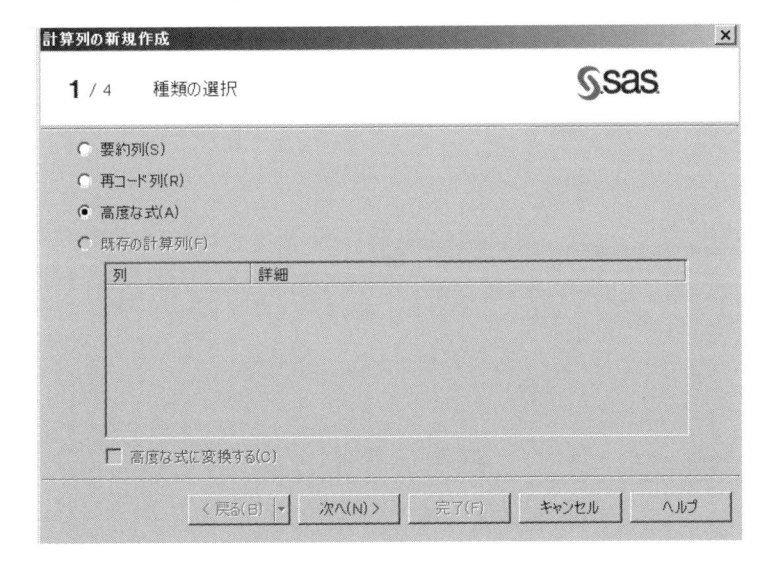

Picture 2/4「高度な式を作成します」ウィンドウにおいて，次のように計算式を「式の入力」フィールドに指定する．

    weight/((height/100)**2)

（または，選択済みの列から変数名を選んで入力すると

    t1.weight/((t1.height/100) ** 2)

のようになる．）

入力後，［次へ］ボタンを選択する．

Picture 2/4「高度な式を作成します」ウィンドウ（計算列の新規作成ウィンドウ）

変数名，ラベルなどを変更する．

Picture 3/4「詳細オプションを変更します」ウィンドウに次を入力する．
  ID を BMI
  列名を BMI
  ラベルを body mass index

入力後，［次へ］ボタンを選択する．

Picture 3/4 「詳細オプションを変更します」ウィンドウ

Picture 4/4 「プロパティの概要」ウィンドウで，「完了」ボタンを選択する．

Picture 4/4 「プロパティの概要」詳細ウィンドウ

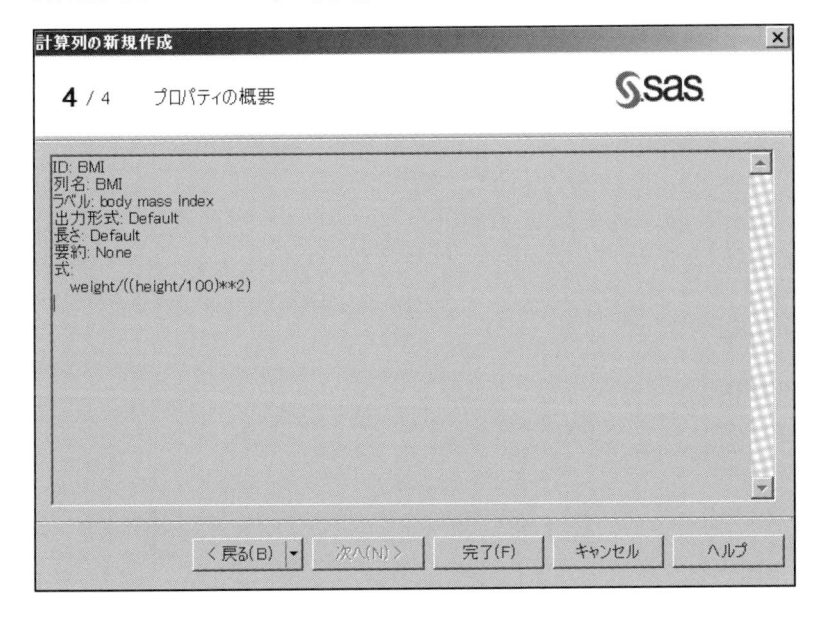

次のウィンドウが開く．

Picture C.1.5.2　計算列が追加されたクエリビルダウィンドウ

ここで［実行］ボタンをクリックすると，次のように BMI が表示される．

Picture C.1.5.3　BMI が表示される

	BMI
1	19.051973784
2	.
3	23.355636915
4	24.242424242
5	28.400547964
6	22.491349481
7	24.074074074
8	22.893074082
9	19.596458122
10	19.265306122
11	21.469150482
12	19.562955255
13	20.68515024
14	.
15	22.038567493
16	.
17	24.382372979
18	19.53125
19	26.989619377

C.1.6 データセットのサブセット（フィルタ）

health データセットの上部の「フィルタと並べ替え」メニューをクリックする．（または，メニュー「タスク」の［データ］→［フィルタと並べ替え］を選択する．）

Picture C.1.6.1 データシートの「フィルタと並べ替え」メニュー

変数タブを表示し，すべての変数を選択する．（ドラッグ＆ドロップか，選択して矢印をクリック．）

Picture C.1.6.2 すべての変数を選択した後のウィンドウ

変数と，その変数選択の条件の指定は，フィルタタブで設定する．

age 変数の値が 25 以上のデータを選択するには，age を選択し，「次の値以上」，「25」を指定し，「and」（論理演算子）の指定により，複数条件の指定を可能にする．

さらに，男性データを抽出するには，「gender」，「次の値に等しい」，「0」を指定する．変数と選択条件を入力後，［OK］ボタンを選択する．

Picture C.1.6.3　age と gender 変数の値で条件抽出を行う

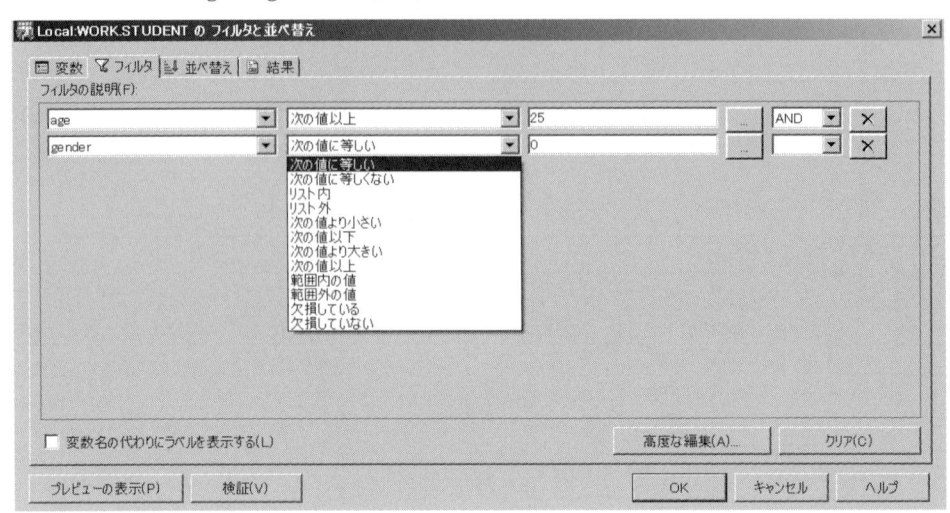

C.2　グラフを描く

ここでは，survey データセットを用いる．

・棒グラフの作成

survey データセットの sc 変数（学生生活の満足度）の棒グラフを描く．

survey データセットのスプレッドシートの上部にあるメニュー（Picture C.1.1.1）から［グラフ］→［棒グラフ…］を選択する．棒グラフの一覧が表示されるため，「単純縦棒グラフ」をクリックする．

Picture C.2.1

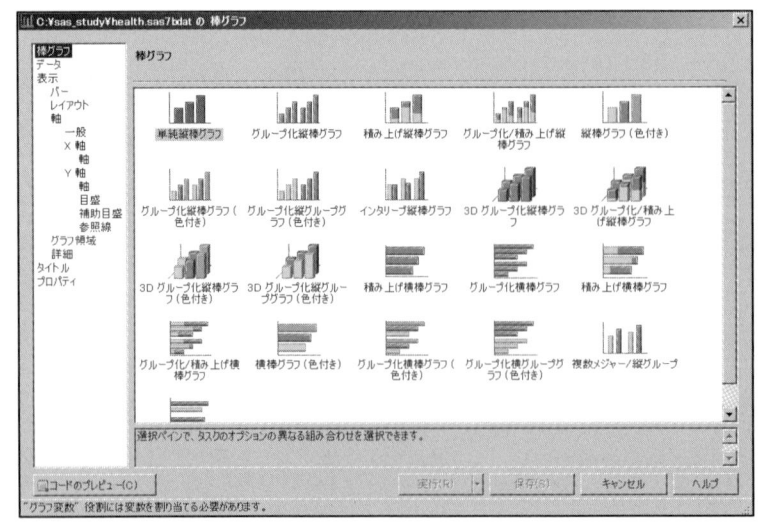

Picture C.2.2 変数の割り当てウィンドウ

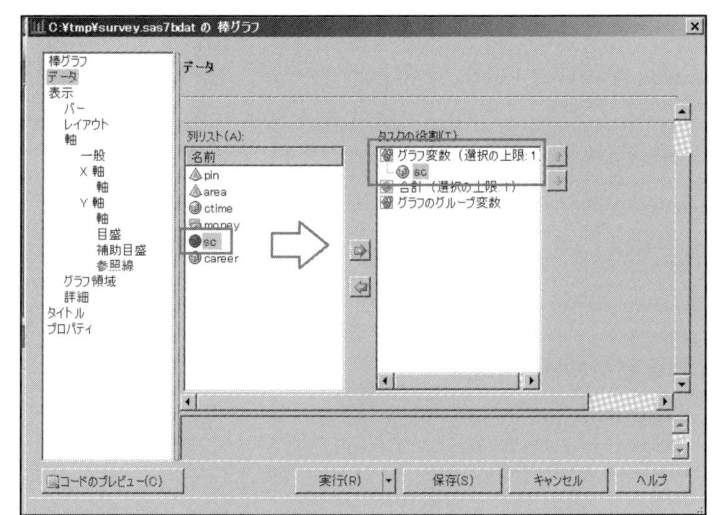

sc 変数を選択し，そのまま右側にあるタスク割り当てのボックスのグラフ変数の上へドラッグして，sc 変数を割り当てる．

その後，[実行] ボタンをクリックする．

Picture C.2.3 sc（学生生活満足度）グラフ

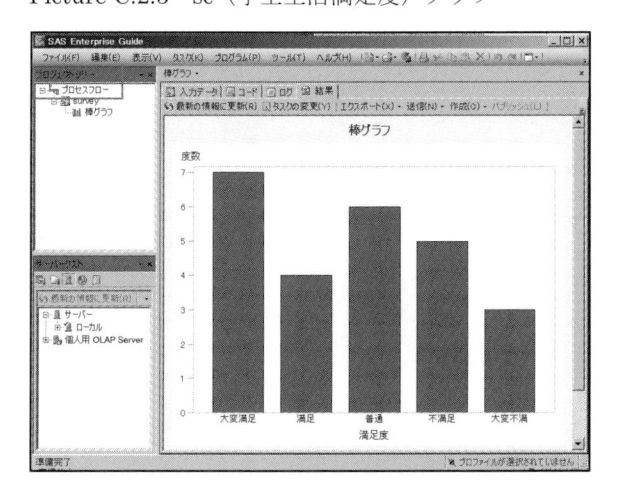

左側のプロジェクトツリーのプロセスフローをクリックすると，作業履歴を表す関連図（プロセスフロー）が，右側に表示される．

Picture C.2.4 を参照．

Picture C.2.4

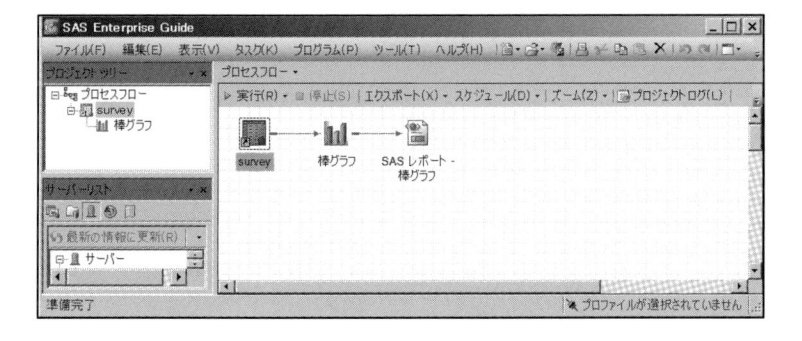

NOTE:
（ⅰ）「棒グラフ」を選択し，「結果」タブのクリックで，グラフは表示される．
（ⅱ）Picture C.2.3 のウィンドウ上部にある「コード」タブをクリックすると，自動生成された SAS プログラムを参照することができる．（ただし，マクロなども含み，SAS プログラムの基本知識がないと，SAS プログラムの解読は難しい．参考程度にみることができる．）

C.3 データ分析

(C.3.1) 記述統計量： それぞれの変数の特性をみる

ⅰ)「入力データ」のタブをクリックし，survey データシートを表示する．

> **NOTE:** グラフ作成や，分析などの次の処理に移る前に，「入力データ」のタブに戻り，表示されたメニュー（例：データ，記述統計，グラフ，分析など）から作業を続けるか，または，左側にあるプロジェクトツリーのプロセスフローから，survey アイコンを選択して，スプレットシートを表示させ，ウィンドウ上部にメニュー（Picture C.1.1.1 を参照）が見える状態にしておく．

ⅱ)「記述統計」→「データの特性分析 …」を選択する．データの特性分析では，変数ごとの要約統計量とグラフが表示される．画面の指示に従い，［完了］ボタンをクリックする．

Picture: C.3.1.1

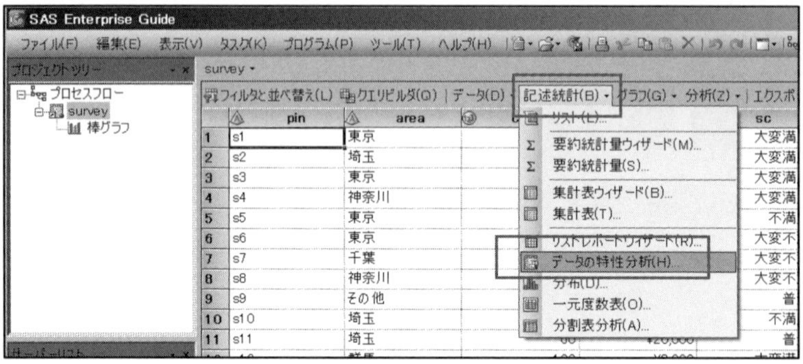

結果タブをクリックし，データの特性分析の出力の抜粋を見てみる．数値変数と文字変数，それぞれの要約統計量とグラフが表示される．

Picture C.3.1.2 は，文字型変数 area（住所）に関する度数表である．
Picture C.3.1.3 は，数値型変数 money（所持金）のグラフであり，平均値と中央値の値がグラフの脚注に表示される．

Picture C.3.1.2   Picture C.3.1.3

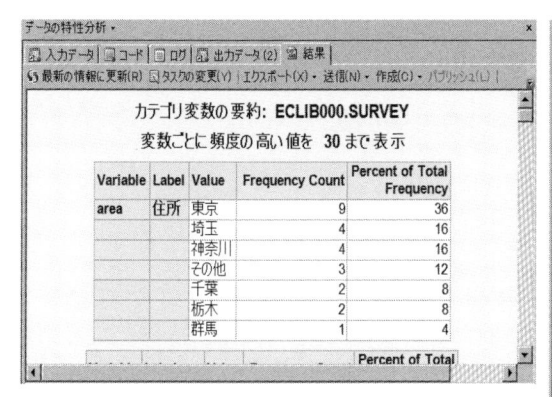

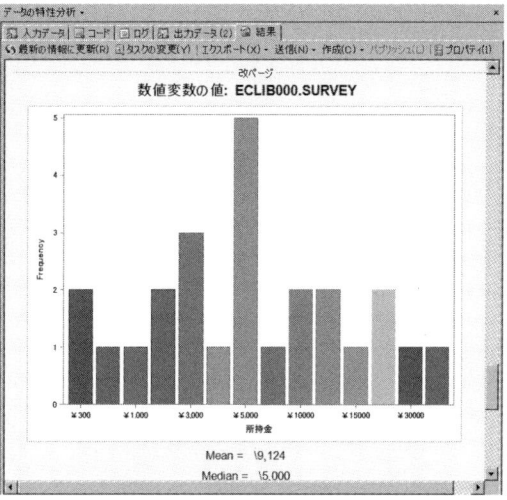

(C.3.2)　money 変数(所持金)を ctime 変数(通学時間)から求める回帰分析を行う

i)　「入力データ」のタブをクリックし，データシートを表示する．
ii)　「分析」→「回帰分析」→「線形回帰分析 ...」を選択する．
iii)　money 変数を従属変数，ctime 変数を説明変数に割り当てる．

Picture C.3.2.1　線形回帰分析の変数割り当て

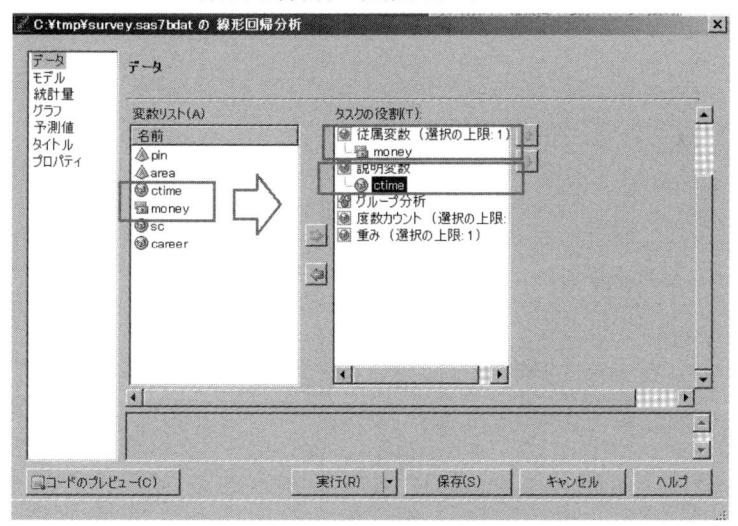

　実行をクリックし，結果タブで出力を見る．Picture C.3.2.1 の回帰分析の出力には，分析結果と関連するグラフがデフォルトで表示される．最初に表示される分析結果から p 値 (0.9488) や R2 乗の統計量を見ると，ctime 変数は，money 変数と有意な線形の関係があるとは言えないことがわかる．

Picture C.3.2.3 は，money 変数の ctime 変数への単回帰モデル式のグラフであるが，グラフ上にある回帰式の直線からも，この 2 つの変数間にほとんど関係がないことが視覚的に理解できる．

Picture C.3.2.2

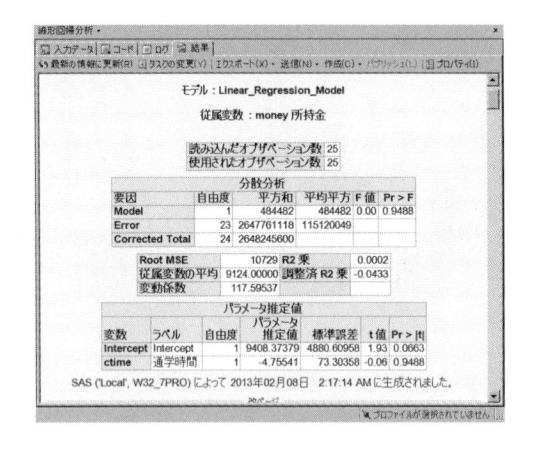

Picture C.3.2.3

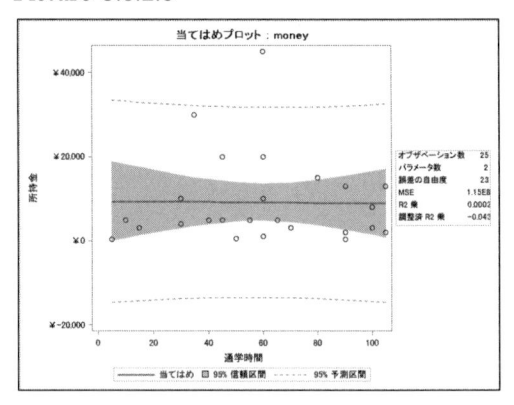

C.4　クエリビルダを使う

クエリビルダは，単純な SQL を自動的に生成する．ここでは，表示する変数を選択し，サマリー（集計）を行う．

survey データセットの sc 変数（学生生活満足度），carrer 変数（進路）と進路ごとの人数を数表に表す．

Picture C.4.1

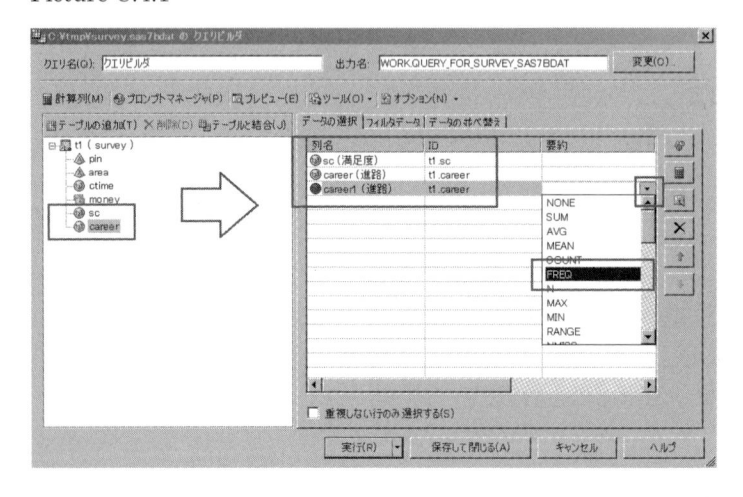

（ⅰ）「入力データ」タブから，「クエリビルダ」を選択する．
（ⅱ）sc, career, career の順に，右側にある「データ選択」タブに変数を指定する．
（ⅲ）2 つ目の career の要約にある ▼（下矢印）を選択して，freq（度数）を選択する．

実行をクリック．

Picture C.4.2 の career が 2 列表示されているが，最初は，カテゴリの文字列の値，2 列目は人数（度数）が表示される．

Picture C.4.2

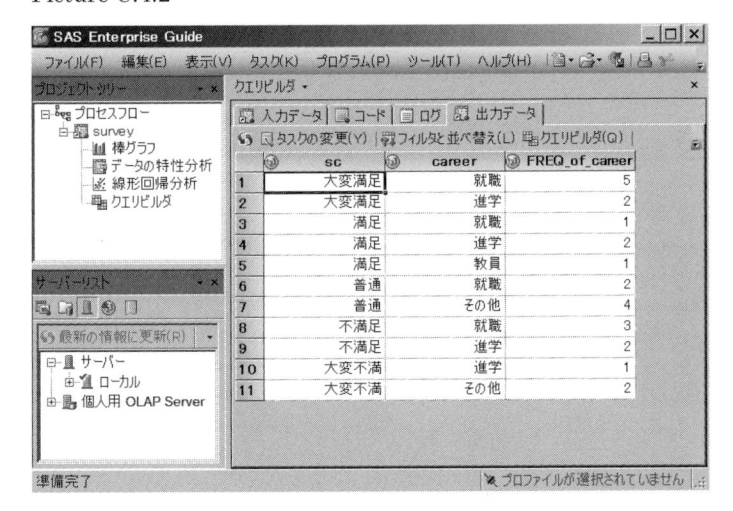

生成されたクエリの確認は，クエリビルダの「コード」タブから，SQL プログラムの参照をすることで行う．

Picture C.4.3

C.5 プロジェクトの保存とオープン

C.1 から C.4 までを実行すると，Picture C.1 のようなプロセスフローが作成される．これらの一連の作業，および，出力，ログ，SAS プログラムに至るまで，プロセスフローと一緒に保存することが可能である．名前をつけてプロジェクトとして保存をしておくと，セッション終了後も，次のセッション時に指定したプロジェクトを立ち上げることにより，処理の再検証や，再実行，データ分析の継続を行うことができる．

プロセスフロー（出力や生成した SAS プログラム）を保存するには，[ファイル] → [名前を付けて保存 ...] を選択して，保存先とファイル名を指定すればよい．

保存したプロジェクトを起動するときは，Enterprise Guide を起動し，初期画面の「プロジェクトを開く」から，保存したファイル名を指定すればよい．または，Windows のエクスプローラから，保存したファイル名のポップアップメニューから，「Enterprise Guide」を指定すると，そのプロジェクトを起動することができる．

Picture C.5　初期画面：オープンする既存プロジェクトを選択する

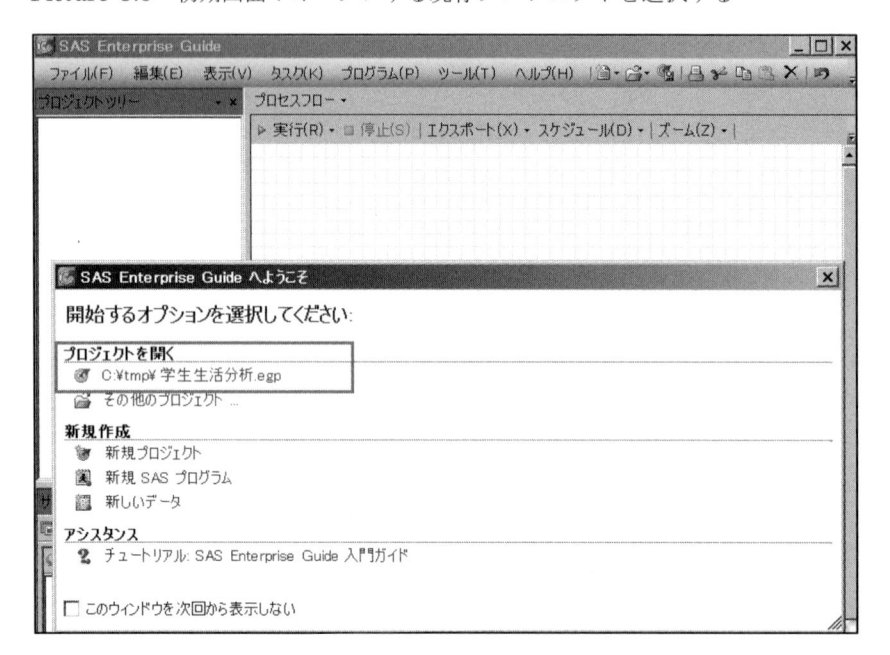

D データセット

1章1.1節(1.1.2)でExcelから読み込んで作成したhealthとsurveyデータセット(フォーマットについては1.2節(1.2.1))を直接作成するSASプログラムを次に示す.なお,ex11データセットは,1.1節(1.1.1)のProgram 1.1.1.1,ex11aデータセットは,1章1.2節(1.2.3)のProgram 1.2.3.1を参照.

D.1 データセットhealth

```
data health;
input id $ age gender height  weight sleeping smoking nsmoking;
cards;
s001      20    1    162    50    7    0    0
s002      20    0    .      .     7    0    0
s003      20    0    178    74    4    1    10
s004      20    1    165    66    5    1    5
s005      20    0    173    85    8    1    7
s006      21    1    170    65    8    0    0
s007      21    0    180    78    5    1    5
s008      23    0    181    75    7    1    3
s009      23    1    166    54    6    0    0
s010      20    0    175    59    8    0    0
s011      21    0    174    65    8    0    7
s012      21    1    155    47    6    1    5
s013      21    0    166    57    8    1    3
s014      20    1    .      .     6    0    0
s015      23    0    165    60    6    1    10
k021      20    0    .      75    8    0    0
k022      21    0    167    68    9    0    0
k023      21    1    160    50    7    0    0
k024      23    0    170    78    6    1    3
b025      25    0    171    45    5    1    15
k026      22    1    159    53    6    1    5
s103      41    0    172    80    5    1    40
s104      29    0    177    69    7    0    0
s105      30    0    166    58    5    1    20
s106      31    0    169    57    6    1    30
;
```

```
run;

proc format;
value  genderfmt  0="男"         1="女";
value  smkfmt     0="喫煙歴なし"  1="喫煙";
run;

data health;
 set health;
 label age="年齢" gender="性別" height="身長" weight="体重"
       sleeping="睡眠時間"      smoking="喫煙歴"
       nsmoking="1日の喫煙本数";
format gender genderfmt. ;
format smoking smkfmt. ;
 run;

title "health data";
proc print data=health label;
run;
```

SAS永久データセットを作成する．

```
    libname eg "ディレクトリのフルパス";
       data eg.health;
         set health;
       run;
```

ここで，eg は任意の名前．

D.2 データセット survey

```
data    survey;
input   pin $   area $   ctime   money   sc   career;
label   pin="学籍番号"   area="住所"   ctime="通学時間"
        money="所持金"   sc="満足度"   career="進路"   ;
informat   money   comma.  ;
format     money   yen.  ;
cards;
s001    東京      60     1,000     1     1
s002    埼玉      90       300     1     2
s003    東京      70     3,000     1     2
s004    神奈川    65     5,000     1     1
s005    東京       5       300     4     1
s006    東京      15     3,000     5     2
s007    千葉      30    10,000     5     4
s008    神奈川    80    15,000     5     4
s009    その他   105     2,000     3     1
s010    埼玉      55     5,000     4     1
s011    埼玉      60    20,000     3     4
s012    群馬     100     8,000     1     1
s013    栃木     100     3,000     3     4
s014    その他    90    13,000     2     1
s015    東京      50       500     1     1
k021    東京      40     5,000     2     2
k022    東京      45     5,000     4     2
k023    栃木     105    13,000     3     4
k024    千葉      60    10,000     1     1
k025    その他    90     2,000     3     1
k026    東京      30     4,000     4     2
s103    神奈川    45    20,000     2     3
s104    神奈川    35    30,000     3     4
s105    埼玉      60    45,000     4     1
s106    東京      10     5,000     2     2
;
run;
```

```
proc   format ;
value    scfmt 1="大変満足"   2="満足" 3="普通" 4="不満足" 5="大変不満" ;
value    careerfmt 1="就職"   2="進学" 3="教員" 4="その他" ;
run;

data survey;
  set survey;
  format sc scfmt.   career   careerfmt. ;

title "student survey";
proc print data=survey    label; run;
```

SAS 永久データセットを作成する．

```
      libname   eg   "ディレクトリのフルパス";
        data   eg.survey;
          set   survey;
        run;
```

ここで，eg は任意の名前．

参考文献

SAS institute, 各 user's guide, online help など.

Burlew, M.B. (2006). *SAS Macro Programming Made Easy, 2nd. ed.*, SAS Institute, Inc. Cary.

Carpenter, A. (2004). *Carpenter's Complete Guide to the SAS Macro Language, 2nd Edition*, SAS publishing.

Cassell, D.L. (2007). Don't Be Loopy:Re-Sampling and Simulation the SAS Way, SAS Global Forum 2007.

Cody, R. (2001). *Longitudinal Data and SAS,* SAS Institute, Cary.

Cody, R. (2012). *Cody's Collection of Popular SAS Programming Tasks,* SAS Institute, Cary.

Der, G. and Everitt,B.S. 田崎武信監訳 (2010).「事例」と「SAS」で学ぶデータ解析2, シーエーシー出版

Elliot, J.E. and Morell, C.H. (2010). *Learning SAS in the Computer Lab, 3rd ed.,* Brooks/Cole, Boston.

Gupta, S. and Edmonds, C. (2005). *Sharpening Your SAS Skills*, Chapman & Hall, London.

Li, A. (2013). *Handbook of SAS DATA Step Programming*, Chapman & Hall, London.

宮岡悦良, 眞田克典 (2007). 応用線形代数, 共立出版.

宮岡悦良, 吉澤敦子 (2008). データ解析のための SAS 入門, 朝倉書店.

宮岡悦良, 吉澤敦子 (2011). SAS ハンドブック, 共立出版.

大橋靖雄, 浜田知久馬 (1995). 生存時間解析―SAS による生物統計, 東京大学出版会.

Peng, C.Y.J. (2009). *Data Analysis using SAS*, SAGE Publications, California.

Perrett, J.J. (2010). *A SAS/IML Companion for Linear Models*, Springer, New York.

Prairie, K. (2005). *The Essential PROC SQL Handbook*, D SAS institute, Cary.

竹内啓 監修 (2011). SAS によるデータ解析入門 第3版, 東京大学出版会.

Wicklin, R. (2010). *Statistical Programming with SAS/IML Software*, SAS institute, Cary.

索 引

● 主なプロシジャ

ANOVA 249
CONTENTS 18
EXPORT 41
FORMAT 13,17
GCHART 5
IML 195
IMPORT 9,45
MEANS 5
PRINT 4
PRINTTO 273
REG 246
SG 51
SGPANEL 70
SGPLOT 51,82
SGRENDER 72
SGSCATTER 66
SORT 4
SQL 154
TEMPLATE 72

● 主なキーワード

%bquote 128,135
%by 115
%copy 141
%do 113,115,129
%do %until 118
%do %while 118
%else 112
%end 113
%eval 97,124
%global 108
%goto 119
%if 112,126

%index 127
%*label* 119
%let 93
%local 108
%macro 99
%mend 99
%nrstr 96,128
%put 96,100,145
%quote 128
%qupcase 127
%return 109
%str 96,128
%substr 125
%superq 133
%syserr 109
%sysevalf 97,124,135
%sysfunc 128
%then 112
%to 115
%upcase 127

&sqlobs 163
&sqlrc 163
&sysdate 102
&sysdate9 53
&sysday 109
&sysuserid 53,102,109

character 37
_n_ 22,38
NULL 44
numeric 26,37

abs 213
all 251
alpha 63

310　索　引

any　251
array　26,37
arrowheadshape　65
autoname　260
avg　157

barchart　81
barwidth　52
begingraph　72
border　70
by　4,33

call　130,133,218,254
cards　3
category　59
center　260
class　5
cli　62
clm　62
colname　259
color　61
columns　66,70,71
compare　66
count　157
create　265
create table　179,180

data　2,93
datafile　10
datalabel　52,54,56,59,61,63,65,66
datalabelattrs　62,65,86
datalabelpos　52
datalines　39
datarow　45
dbms　10
dde　12
define　72
degree　63
delete　185
density　60
design　212
designf　212
diagonal　69
dif　25
dim　26,37
distinct　158
dlm　13
do　22,26,34,37,200,251
drop　21

dsd　13
dynamic　72,78

echelon　228
eigen　207,231
eigval　207,231
eigvec　207,231
endgrph　72
endsubmit　264
eof　132
except　178
execute　133
exists　176
exp　213

file　23,135
filename　12,42
finish　254
first　32
fmtsearch　17
footnote　97,127
format　15,259
freq　52,61,62,157
from　154
full join　172
fuzz　261
fw　261

getnames　10
ginv　207,229
global　254
group　52,54,55,56,59,61,63,66
group by　154
groupdisplay　52

h　53
having　154
hbar　5,51
hbarparm　53
hbox　59
hermite　226
histogram　60
hline　55
homogen　230
html style　83

if-then　3,21,250
infile　13,35
inner join　168

input 3,26,39
inputn 40
insert into 180,184
int 39,213
intck 39

join 66,167

keylegend 61

label 4,15,97,157,259
lag 24
last 32
lattice 76
layout 70
layout overlay3d 73
left join 170
length 21,22
lib 17
libname 43,139
like 160,182
limitlower 54
limitupper 54
lineattrs 55,56,59,63,86
listing style 83
loess 63,66
log 213
lrecl 13

markerattrs 55,56,61,62,63,85
markers 55,56,61
matrix 66
mattrib 262
max 156
mean 3
merge 27
min 156
missing 161
missover 13,35
mixed 10
mmddyy10. 39
mod 34,213
mprint 100
mstore 139

n 157
nldate. 40
nmiss 156
noborder 70

normal 253
notab 13
noxsync 12
noxwait 12
null 157,161

objectlabel 72
obs 13
on 168,170,171,172
options 2,17,98,100,140,146,261
order by 154,159
outer join 170
output 22

panelby 70
pattern 61,86
pbspline 63
pie 5
plot 66
polyroot 224
print 23,259,260
printto 274
probnorm 129
proc 2
put 21,38

quit 154,195

rand 218
randgen 218
range 10,156
rank 237
ranktie 237
rannor 92
ranperk 134
ranseed 218
ranuni 35,41,92,135,136,218
refline 64
reg 62,66
regressionplot 75
replace 10
reset 260
response 52,55
retain 24
return 254
right join 171
rowname 259
rows 66,70
run 2,3,254

sas.exe 273
sasmstore 139
scantext 10
scantimes 10
scatter 61
scatterplot 75
select 154
series 56
set 16,21,27,49,131,169
sheet 10
showbins 60
solve 227
spaces 261
sqrt 213,253
ssq 243
start 254
stat 52,55
statgraph 72
std 156
stop 49
store 139
submit 264
substr 20
sum 156
surfaceplotparm 73
symbol 85
symbolgen 98
symput 130
symputx 132
-sysin 273

t 201,207
template 72
title 4,23,53,97
trace 207,226
transparency 60

update 30
usedate 10

validate 162
value 14
values 184
var 5,156
varnum 20
vbar 51
vbarparm 53

vbox 58
vector 65
vline 55

weight 62
where 95,154,185

X 12
xaxis 58

yrdif 39

● 記号

'（シングルクォート） 97,127,196
"（ダブルクォート） 53,94,97,127,196
$ 3,15,16
%（パーセント） 99,110
&（アンパサンド） 93,109,110
&& 120
*（アスタリスク） 37,106,155
** 124
.（半角ピリオド，ドット） 36,43,105,118
;（セミコロン） 2,3
¥（円表記） 39
`（バックスラッシュ） 201

● 用語索引

【英字】

.log 272
.lst 272
BMI 158
csv 9,45
DATA ステップ 2
DDE 11,41
EG 277
Enterprise Guide 277
eof 132
Excel 6,40,281
GTL 72
HTML 5,270
IML 193
Loess 曲線 63
MSE 243
ODS 51,83,271
Penalized B-spline 曲線 63

PROC ステップ　　2
Quantile 関数　　214
SQL　　153
SSE　　243
SSM　　243
SST　　243
tab　　9
web　　84

【ア行】

アウトプットウィンドウ　　1
当てはめ値　　242
余り　　213

一時ライブラリ　　17,43
一要因分散分析　　246
一様分布　　35,218
一様乱数　　41,92,135,136
一般化逆行列　　207,224,228,246
入れ子　　112
インポートウィザード　　7

永久 SAS データセット　　43
永久データセット　　179
永久ライブラリ　　17
エクスプローラ　　1
エクスポートウィザード　　41
エディタ　　1
エルミート型　　226
演算子　　187
円周率　　135,138
円表記　　39

大文字・小文字　　43,127
折れ線グラフ　　56

【カ行】

カーネル密度推定曲線　　60
回帰直線　　62,67,75,100
回帰分析　　299
回帰（モデル）平方和　　242
階数　　224
外部結合　　170
科学表記　　261
拡張子　　273
確率関数　　214

確率分布　　218
関数　　207

キー　　28,164,166
キーワードパラメータ　　104
記述統計量　　298
期待値　　256
逆行列　　207,227
　　一般化――　　207,224,228,246
行縮約行列　　207
行の数　　208
行の削除　　185
行の追加　　184
行ベクトル　　197
行列　　196,199
　　――の演算　　201
　　――の生成　　209
　　計画――　　207,212,242
　　散布図――　　69
　　相関――　　239
　　対角――　　207
　　単位――　　207
　　デザイン――　　212,242
　　転置――　　201,207
　　標本共分散――　　238
行列式　　207
行列成分　　220

クエリビルダ　　291,300
クォート　　4
組み合わせ　　214
グラフテンプレート　　72
グラフの重ね合わせ　　55
グラフの比較　　66
グループ化棒グラフ　　54
グローバルステートメント　　2
グローバルマクロ変数　　107
クロネッカー積　　203

計画行列　　207,212,242
ケースを選択　　49
結果タブ　　1,269
結果ビューア　　23,40
結合　　164,167
欠損値　　13,29,35,105,156,161,197
決定係数　　242

合計　　156
5 数要約　　235

コメント文　106
固有値　207,231
固有ベクトル　207,231

【サ行】

サイコロ　219
最小2乗推定値　241
最小値　156,235
最大値　156,235
サブセット　95,159,295
サブルーチン　207
差分　25
残差　242
残差平方和　242
3次元グラフ　73
参照線　61,64
散布図　61,75,78
散布図行列　69

シード　91,92,133,218
時系列データ　56
指数　213
システムオプション　146
システムマクロ変数　93
自然対数　213
自動変数　23
自動マクロ変数　53,93,109,144
修正済み総平方和　242
出力スタイル　5
順列　214
条件式　250
新規テーブル　180
シンボルの属性　57
信頼曲線　64
信頼区間　67,68,70,75,240
信頼楕円　69

数値型変数　3,15,26,37
スカラー　197
スタイル　83,270,271
ストアードマクロ　139
スプライン関数　63

正規分布曲線　60
正規乱数　253
整数　213
絶対値　213
線形回帰　241

線形モデル　241
線種　86

相関行列　239
相関副照会　175
ソート　4,28,159,208
属性　62

【タ行】

第1四分位点（25%点）　235
第2四分位点（50%点）　235
第3四分位点（75%点）　235
対応のある t 検定　240
対角行列　207
タイトル　4
ダイナミック変数　77
代入　93,197
多項方程式　224
縦棒グラフ　51
単位行列　207
単純移動平均　121

チェックポイント　275
中央値　235
直積　202
直線，曲線の当てはめ　62

定位置パラメータ　103
データ検索　154
データセットの表示　4
データセット名　43
データのインポート　6
データの結合　26
データラベル　86
テーブル　153,179
テキスト　4
デザイン行列　212,242
デバッグ　100,145,146,162
点線　61
転置　201,207
転置行列　207
テンプレート　72

同次連立方程式　230
通し番号　22
特殊文字　96,98,127,132,273
トレース　207

【ナ行】

内部結合　168
並べ替え　4,159

二項分布　215,257
ニモニック　128,132

ネスト　112
年齢の計算　38

【ハ行】

配列　26,36,37
箱ひげ図　58
バタフライ（型）グラフ　79
バッチジョブ　272
　　——の再実行　275
　　——の中止　275
バッチファイル　274
バッチモード　272
パラメータ　103
範囲　156
凡例　61

引数　103,255
ヒストグラム　60,69
日付値　10,38
日付データ　37
日付フォーマット　39
ビュー　153
評価関数　124,142
標準正規分布　91,129,216
標準正規分布表　215
標準正規乱数　92,253
標準偏差　156
標本共分散行列　238
標本相関係数　239
標本分散　237

フィールド　153
フィルタ　295
フォーマット　10,13,287
副照会　175
不偏標本共分散　238
不偏標本分散　234
ブラウザ　271
プリファレンスダイアログ　296
ブローカ式桂変法　158

プロセスフロー　277
分散　156,234,256

平均　3,221,234
平均値　220
平均二乗誤差　242
平方根　213,255
平方和　208,220
ベクトル　197
ベクトルプロット　65
ベルヌーイ分布　219
変数名　43
変数ラベル　3,4,97

ポインター　259
棒グラフ　51,296

【マ行】

マーカーシンボル　85
マクロ引用符関数　143
マクロ関数　124,142
マクロのネスティング　112
マクロ変数　93,100
　　——の属性　108
　　——名　93
　　システム——　93
　　自動——　53,93,109,144
　　ローカル——　107
マクロ名　99

密度曲線グラフ　60

文字型変数　3,15,26,37
文字関数　124,142
モジュール　254

【ヤ行】

ユーザー関数　255

要約棒グラフ　53
横棒グラフ　51
予測値　242

【ラ行】

ライブラリ名　43
ラインチャート　55

ラインプロット　56
ラベル　283
ランク　207, 224, 237
乱数　91, 133, 217, 218
　　―― 関数　214, 218
　　一様 ――　92, 135, 136
　　正規 ――　253
　　標準正規 ――　92

リスト　270
リダクション演算子　220

累乗　124, 201
累積合計　208

レコード　153
列の数　208
列ベクトル　197
連結　26, 202
連番　200
連立方程式　227
　　同次 ――　230

ローカルマクロ変数　107
ログ　273
ログウィンドウ　1
論理演算子　160, 202

著者略歴

宮岡悦良（みやおか えつお）
現　在　東京理科大学名誉教授
　　　　Ph. D.

吉澤敦子（よしざわ あつこ）
現　在　東京理科大学理学部非常勤講師
　　　　元 SAS institute 開発部マネージャー

SASプログラミング
SAS Programming

2013年9月25日　初版1刷発行
2021年9月1日　初版2刷発行

著　者　宮岡悦良・吉澤敦子　Ⓒ 2013
発行者　南條光章
発行所　共立出版株式会社
　　　　〒112-0006　東京都文京区小日向4丁目6番19号
　　　　電話　（03）3947-2511（代表）
　　　　振替口座 00110-2-57035 番
　　　　URL www.kyoritsu-pub.co.jp

印　刷
製　本　　藤原印刷株式会社

一般社団法人
自然科学書協会
会員

検印廃止
NDC 007.64, 007.63, 417
ISBN 978-4-320-11055-7

Printed in Japan

JCOPY ＜出版者著作権管理機構委託出版物＞
本書の無断複製は著作権法上での例外を除き禁じられています．複製される場合は，そのつど事前に，出版者著作権管理機構（TEL：03-5244-5088，FAX：03-5244-5089，e-mail：info@jcopy.or.jp）の許諾を得てください．

■数学関連書 (確率／統計／データサイエンス／データマイニング)　www.kyoritsu-pub.co.jp　共立出版

確率は迷う 道標となった古典的な33の問題……野間口謙太郎訳	統計学：Rを用いた入門書 改訂第2版……野間口謙太郎他訳
確率変数の収束と大数の完全法則 少しマニアックな確率論入門 服部哲弥著	Pythonで理解を深める統計学……長畑秀和著
例題で学べる確率モデル……成田清正著	数理統計学 統計的推論の基礎……黒木 学著
はじめての確率論 測度から確率へ……佐藤 坦著	現代数理統計学の基礎 (共立講座 数学の魅力11)……久保川達也著
数理モデリング入門 ファイブ・ステップ法 原著第4版 佐藤一憲他訳	数理統計学の基礎 (クロスセクショナル統計S 1)……尾畑伸明著
ランダムウォーク はじめの一歩 自然現象の解析を見すえて 秋元琢磨訳	入門・演習 数理統計……野田一雄他著
やさしいMCMC入門 有限マルコフ連鎖とアルゴリズム……野間口謙太郎訳	明解演習 数理統計……小寺平治著
データサイエンスのための確率統計 (探検DS) 尾畑伸明著	とある弁当屋の統計技師 データ分析のはじめかた 石田基広著
徹底攻略 確率統計……真貝寿明著	データ処理の手法と考え方……田中絵里子他著
統計学辞典……白旗慎吾監訳	教育実践データの統計分析 学校評価とよりよい実践のために……奥村太一著
「誤差」「大間違い」「ウソ」を見分ける統計学……竹内惠行他訳	文科系学生のためのデータ分析とICT活用……森 園子他著
統計学の要点 基礎からRの活用まで……森本義廣他著	基礎から学ぶ統計解析 Excel 2010対応……沢田史子他著
やさしく学べる統計学……石村園子著	統計解析入門……白旗慎吾著
統計学基礎……栗木進二他著	R Commanderによるデータ解析 第2版……大森 崇他著
統計学の基礎と演習……濱田 昇他著	スパース推定法による統計モデリング (統計学OP 6) 川野秀一他著
統計学の力 ベースボールからベンチャービジネスまで……福井幸男著	スパース推定100問 with R/Python (機械学習の数理100問S 3・4)……鈴木 讓著
経済・経営統計入門 第4版……稲葉三男他著	StanとRでベイズ統計モデリング (Wonderful R 2) 松浦健太郎著
経営系学生のための基礎統計学 改訂版……塩出省吾他著	Rによる地理空間データ解析入門……湯谷啓明他訳
看護系学生のためのやさしい統計学……石村貞夫他著	時系列解析 自己回帰型モデル・状態空間モデル・異常検知 (Advanced Python 1)……島田直希著
看護師のための統計学 改訂版……三野大來著	確率的グラフィカルモデル……鈴木 讓他編著
Excelで学ぶやさしい統計処理のテクニック 第3版 三和義秀著	Pythonによるベイズ統計モデリング……金子武久訳
一般化線形モデル入門 原著第2版……田中 豊他訳	コーパスとテキストマイニング……石田基広他編著
Rで楽しむ統計 (Wonderful R 1)……奥村晴彦著	データマイニングによる異常検知……山西健司著